黄河下游引黄灌区
供用水调查与节水分析

张金良　尚毅梓　景来红　杨立彬　李福生　等　著

中国水利水电出版社
www.waterpub.com.cn
·北京·

内 容 提 要

黄河下游地区降雨少且季节分布不均，农业高度依赖于引黄灌溉，近年来该地区工业和城市用水大幅度增加，水资源短缺成为黄河下游高质量发展主要的制约因素。实施节水必须在充分了解整个流域水资源承载能力的基础上进行，为此，"黄河下游引黄灌区节水潜力评估"项目组开展了黄河下游引黄灌区供用水的系统调查，提出黄河下游节水潜力评估方法及实施路径，这为合理确定下游灌区的适宜灌溉面积、进行节水技术改造、调整优化农业结构等提供了方法和思路，特别是，这项工作为提高农业水资源利用效率及有效减少黄河下游引黄灌区农业用水量意义重大。

本书有助于读者了解黄河下游引黄灌区的种植结构、水资源开发利用、黄河水对周边地区地下水侧渗补给等情况，可供水资源管理、生态环境、水利工程等专业科技人员及高等院校相关专业师生学习参考。

图书在版编目（ＣＩＰ）数据

黄河下游引黄灌区供用水调查与节水分析 / 张金良等著. -- 北京 ：中国水利水电出版社，2022.10
ISBN 978-7-5226-0895-2

Ⅰ．①黄… Ⅱ．①张… Ⅲ．①黄河－灌区－节约用水－研究 Ⅳ．①S275

中国版本图书馆CIP数据核字（2022）第145877号

审图号：GS（2021）3743号

书　　名	黄河下游引黄灌区供用水调查与节水分析 HUANG HE XIAYOU YINHUANG GUANQU GONG -YONGSHUI DIAOCHA YU JIESHUI FENXI
作　　者	张金良　尚毅梓　景来红　杨立彬　李福生　等 著
出 版 发 行	中国水利水电出版社 （北京市海淀区玉渊潭南路1号D座　100038） 网址：www.waterpub.com.cn E-mail：sales@mwr.gov.cn 电话：（010）68545888（营销中心）
经　　售	北京科水图书销售有限公司 电话：（010）68545874、63202643 全国各地新华书店和相关出版物销售网点
排　　版	中国水利水电出版社微机排版中心
印　　刷	北京印匠彩色印刷有限公司
规　　格	184mm×260mm　16开本　14印张　341千字
版　　次	2022年10月第1版　2022年10月第1次印刷
定　　价	**85.00元**

　　黄河水是上中游流域及下游沿黄地区重要的供水水源，在整个供水结构中占有重要的地位。黄河流域本身水资源贫乏，近年来随着上中游流域经济和社会的发展，黄河流域水资源供需矛盾日益加剧，黄河下游曾多次出现断流。同时，包括黄河下游引黄灌区在内的黄河流域还存在着严重的水资源浪费现象。黄河下游河南、山东两省是我国粮食大省，关系着国家粮食安全，必须意识到黄河下游引黄灌区水资源不足的严重性和开展相关研究的紧迫性。为了缓解黄河下游引黄灌区的水资源紧张问题，除了开展水资源调配、治理工作外，进行灌区节水潜力评估，实施节水改造，已成为一项刻不容缓的重要工作。

　　河南、山东两省虽然都是黄河下游引黄灌区的主要覆盖区域，但两者水资源状况、气象条件、地形地貌、种植结构、灌溉方式等都存在着明显的差异，同时地方的管理制度、政策也不尽相同，使得各片引黄灌区内水资源利用率、节水技术的选用、节水管理、生态影响等都有所不同，因此各片引黄灌区的用水管理都有其独特的复杂性和显著性。首先，通过对黄河下游引黄灌区实际用水量的调研分析发现，引黄灌区的亩均用水量大于河南、山东两省所设定的灌溉基本用水定额，表明在灌溉用水中存在着水资源浪费的现象，证明了节水潜力的存在。此外，黄河径流侧渗为地下水提供补给，成为地下水侧渗补给的源流，对黄河下游侧渗的进一步了解也有利于沿黄灌区农业节水挖潜。其次，灌溉基本用水定额代表了某种作物在一个生育期内的田间单位面积灌溉用水量的限额，含田间灌溉损失水量和附加用水定额。分析河南、山东两省的灌溉基本用水定额发现，两省的用水定额是粗放的，依据不同的地形地貌、水文气象、种植结构等因素，可以将该用水定额进一步细化，从而达到节水效果。最后，从农作物灌溉制度、农作物种植结构以及农业节水灌溉工程措施等三方面入手，进一步优化灌溉制度，建立灌区种植结构优化模型，改造灌溉节水工程，能提高灌溉水利用系数，实现节水目标。

　　三个层次的节水潜力分析证明了黄河下游引黄灌区未来节水空间巨大，

同时也说明了黄河下游引黄灌区在节水灌溉方面存在的不足。结合黄河下游引黄灌区农业产业结构、水资源状况、供用水情况、地下水侧渗等情况，能够从中发现问题、总结规律、认识不足，有助于加深对黄河下游引黄灌区供用水情况的了解，思考提高黄河下游引黄灌区节水潜力的途径，确定未来的工作方向，本书的研究正是基于此目的。一方面，为黄河下游引黄灌区节水灌溉的发展厘清思路；另一方面，为全国范围内节水问题的研究提供经验，促进全国农业灌溉节水体系的建立，确保国家农业安全和可持续发展。

尽管在编写过程中我们做出了巨大努力，但鉴于资料收集条件和知识水平的限制，本书还存在一定的不足，希望未来能进一步完善。对于书中的疏漏以及不当之处，热忱欢迎读者提出宝贵的意见和建议。

参与本书编写的还有崔长勇、陈豪、李德伟、刘权、赵泽阳、马鑫、朱洋、王孝三、杜洋、李艺嘉、段沛，在此一并致谢，同时对引用文献的作者表示感谢。本书的出版得到了黄河勘测规划设计研究院有限公司重大规划项目（2019GS007－WW03/20）和北京市杰出青年科学基金项目（JQ21029）的联合资助。

"黄河下游引黄灌区节水潜力评估"项目组

2019 年 12 月

目 录

前言

第1章 项目概述 ……………………………………………………… 1

1.1 项目背景 ………………………………………………………… 1

1.2 研究目标 ………………………………………………………… 1

1.3 主要任务及工作内容 …………………………………………… 1

1.4 资料来源 ………………………………………………………… 2

第2章 农业节水技术及其在黄河下游灌区的应用 ……………… 4

2.1 我国农业节水研究及技术应用效果 …………………………… 4

2.2 黄河下游地区水资源及其农业节水 …………………………… 11

2.3 黄河下游引黄灌区及农业节水管理 …………………………… 33

2.4 本章小结 ………………………………………………………… 47

第3章 河南段引黄灌区供水与农业节约用水 …………………… 49

3.1 河南省农业产业结构及灌区供水 ……………………………… 49

3.2 引黄灌区所在地市的水资源分析 ……………………………… 53

3.3 灌区用水与黄河径流关联性分析 ……………………………… 70

3.4 河南段典型引黄灌区的分析案例 ……………………………… 99

3.5 本章小结 ………………………………………………………… 105

第4章 山东段引黄灌区供水与农业节约用水 …………………… 107

4.1 山东省农业种植结构及农业用水 ……………………………… 107

4.2 山东省引黄灌区及其节用水情况 ……………………………… 110

4.3 引黄灌区所在地市的水资源分析 ……………………………… 123

4.4 山东省九地市引黄灌区供用水分析 …………………………… 132

4.5 山东段典型引黄灌区的案例分析 ……………………………… 141

4.6 本章小结 ………………………………………………………… 146

第5章 黄河径流对其下游地区的地下水影响 …………………… 148

5.1 黄河下游水文地质分析 ………………………………………… 148

5.2 沿黄区地下水流动特征 ………………………………………… 152

5.3 黄河下游侧渗影响分析 ………………………………………… 153

5.4 黄河渗漏量计算分析 ·· 155

5.5 本章小结 ·· 168

第 6 章 黄河下游引黄灌区的节水潜力评估 ···················· 170

6.1 灌区水循环机制及其解析方法 ····························· 170

6.2 灌区节水潜力分析及计算方法 ····························· 177

6.3 灌区节水潜力评估与计算结果 ····························· 182

6.4 有关灌区节水潜力计算的讨论 ····························· 192

6.5 本章小结 ·· 193

第 7 章 黄河下游农业及灌区节水效益分析 ···················· 195

7.1 农业节水层次分析 ··· 195

7.2 农业节水评价方法 ··· 197

7.3 农业节水效益计算 ··· 197

7.4 本章小结 ·· 203

第 8 章 结论与展望 ··· 205

8.1 主要结论 ·· 205

8.2 研究展望 ·· 206

参考文献 ··· 208

1.1 项目背景

黄河水是上中游流域及下游沿黄地区重要的供水水源，在整个供水结构中占有重要的地位。黄河流域大部分属干旱半干旱地区，水资源贫乏，近年来随着上中游流域经济和社会的发展，黄河流域水资源供需矛盾日益加剧[1]，黄河下游曾多次出现断流[2]，引起了社会各界的广泛关注[3]。与此同时，黄河水资源还存在着严重的浪费现象[4]，黄河流域（包括下游引黄灌区）年耗水量中农业灌溉耗水量约占90％，但灌溉水利用系数不足0.4，引黄灌区综合灌溉定额约为9000 m^3/hm^2，个别灌区高达20000～17000 m^3/hm^2。开展灌区节水潜力评估，实施节水改造，已成为缓解水资源紧张的一项重要工作。

2018年10月，黄河勘测规划设计研究院有限公司委托中国水利水电科学研究院就"黄河下游引黄灌区节水潜力评估"开展专项研究，并配合完成了《深化研究黄河流域上中游地区及下游引黄灌区节水潜力》的编制。2018年12月中旬项目组提交阶段性成果及报告，2019年4月中旬完成专题咨询研究报告的初稿，2020年11月提交研究报告的定稿。

1.2 研究目标

分析评估黄河下游引黄灌区水资源的供、用、耗、排等情况，选择典型灌区开展具体研究，以获得灌区所处位置、当地水资源情况、黄河径流量变化、种植结构调整、灌溉方式及节水器具等关键要素对农业用水量及节水量影响的全面认识；提出黄河下游节水潜力评估计算方法，建立引黄灌区水循环过程模拟数学模型，分析黄河径流对引黄灌区地下水及地表水的影响，进而定量评估黄河下游引黄灌区的节水潜力。

1.3 主要任务及工作内容

1.3.1 资料搜集及文献调研

项目组搜集河南省及山东省近10～15年的农业相关资料，包括耕地面积的变化情况、种植结构调整、灌溉技术升级及相关水文水资源情况。特别是，开展了典型灌区的调研，获取了黄河下游引黄灌区的详细资料。

1.3.2 典型灌区及黄河下游引黄灌区分析

本书选择河南省人民胜利灌区和山东省位山灌区这两个典型灌区，重点分析了典型灌区内的种植结构、灌溉方式、管理模式、资源配置、水资源情况等方面，寻找典型灌区存在的问题及解决对策和方法。分析了黄河下游引黄灌区的水资源情况，主要从水资源的供、用、耗、排这四个方面对引黄灌区的水资源利用、供用水、节水、排水以及生态等方面进行阐述。

1.3.3 黄河下游引黄灌区水循环机理分析

阐述黄河下游引黄灌区内各类水资源情况，包括大气降水、水资源蒸发、地表地下水以及河道渗漏等，进行灌区内水循环过程的模拟，分析灌区水循环的影响因子以及对黄河侧渗的研究，来计算黄河侧渗渗漏量等。

1.3.4 黄河下游引黄灌区节水潜力评估

针对黄河下游引黄灌区的具体情况，制定不同的方案对节水潜力进行评估计算，主要包括农作物灌溉制度的优化、种植结构的优化、资源配置以及灌溉工程的优化，对黄河下游引黄灌区进行节水潜力计算及节水灌溉技术效益的分析。

1.4 资料来源

全面搜集黄河下游河南、山东两省的经济社会发展、农业用地（耕地）和用水变化情况、种植结构调整，以及农田水利建设及节水改造等方面的数据，特别是详细调研了河南省和山东省引黄灌区资料，包含了水文地质、降雨径流、地表和地下水资源、种植结构、灌溉技术、管理模式等具体内容。本书主要开展如下六方面的资料收集（2007—2016 年资料）工作：

（1）河南、山东两省的经济社会发展数据。河南省数据主要来自中国统计出版社出版的《河南统计年鉴》，山东省数据来自《山东统计年鉴》。《河南统计年鉴》和《山东统计年鉴》分别是一种全面反映河南省和山东省经济和社会发展情况的资料性年刊，分别收录了河南省及山东省各市县以及重要历史年份的经济和社会各方面大量的统计数据。

（2）农业用地（耕地）数据资料。资料主要来自地质出版社出版的《中国国土资源统计年鉴》。它是一部全面反映中国国土资源状况和国土资源行政管理情况的资料性年鉴，收录了全国和各省（自治区、直辖市）2008 年之前国土资源及行政管理各方面大量的统计数据，以及近年来国土资源主要统计数据。该年鉴的统计范围是全国土地资源、矿产资源、海洋资源、国土资源调查、勘查，国家、省（自治区、直辖市）、市（地）、县四级国土资源行政主管部门对土地资源、矿产资源的行政管理和国家对海洋资源的行政管理，国土资源科学技术研究和国土测绘。该年鉴资料内容包括国土资源概况、国土资源调查、土地资源开发利用、国土资源行政管理、国土资源科学技术研究、测绘和其他资料共七部分。

（3）农业作物种植情况相关资料。资料主要来自《中国粮食年鉴》《河南统计年鉴》和《山东统计年鉴》。《中国粮食年鉴》是由国家粮食局、国家发展改革委、农业农村部、国家统计局和各地粮食行政管理部门等相关部门发布，全面、系统地记述了上一年度全国和各地粮食工作的主要情况，刊载有重要的粮食政策法规文件和完备的统计资料。

（4）用水量情况相关资料。资料主要来自《中国水资源公报》《河南省水资源公报》《山东省水资源公报》和《黄河水资源公报》。《中国水资源公报》总体介绍了我国现状年的水情、水资源量，各省水资源公报详细介绍全国各地的水资源量、蓄水动态、水资源蓄积状况、水资源开发利用、水体水质、水污染及防治情况以及重大水利事项等内容。《黄河水资源公报》是按年度反映黄河水资源情势的年报，资料来源以黄河水利委员会和沿黄各省（自治区）的实测数据和水利统计资料为主，并收集了气象、城建、环保、统计等部门的有关资料，内容主要包括水情概况、蓄水动态、水资源开发利用、水资源量分析、水质调查评价、泥沙状况及重要水事等。

（5）水利工程相关资料。资料主要来自中国水利水电出版社出版的《中国水利统计年鉴》、黄河年鉴社出版的《黄河年鉴》和中国统计出版社出版的《中国环境统计年鉴》以及河南省水利厅公布的《河南省水资源公报》。《中国水利统计年鉴》收录了全国和各省（自治区、直辖市）水资源、水环境、水利建设投资、水工程设施、水电等各方面的统计数据，以及中华人民共和国成立以来的全国主要水利统计数据，是一部全面反映我国水利发展情况的资料性年刊，涵盖了七大江河情况、降雨量、历年水资源量、各行业用水情况等统计数据。《黄河年鉴》是由黄河水利委员会主办，黄河年鉴社编辑出版的年刊，全面、系统地反映了黄河治理和开发、黄河流域水利发展信息的资料工具书。

（6）节水灌溉技术配置情况（如喷滴灌、微灌、渗灌）和作物种植结构等相关资料。资料主要来自《河南统计年鉴》和《山东统计年鉴》。河南省农业灌溉基本定额相关资料来自《农业用水定额》（DB41/T 958—2014）。山东省农业灌溉基本定额相关资料来自《山东省农业用水定额》（DB37/T 3772—2019）。

（7）黄河地质、水文资料。资料主要来自已发表的相关文献。另外，本书详细调研并分析了以往黄河下游相关节水研究成果，作为本书重要参考文献加以引用，将已有的研究结论与本书研究结果进行相互校验，进一步支撑该研究结论。

第 2 章
农业节水技术及其在黄河下游灌区的应用

  自 20 世纪 80 年代以来，全球用水量每年大约增长 1％。根据《2019 年世界水发展报告》，预计这一趋势将会以类似速率持续到 2050 年，相比目前水平，用水量将增加 20％～30％，全球水资源短缺形势日趋严峻。农业用水为第一用水大户，约占总用水量的 65％。而在我国每年总供水量中，约有 80％用于农田灌溉，这一比例比全世界的 65％还高出 15％。20 世纪 90 年代以来，我国以高效节水灌溉增效示范区建设为引导，以灌区续建配套与节水改造项目为支撑，逐步构建并形成了工程节水、农艺节水和管理节水紧密结合的农业综合节水模式，节水灌溉面积逐年稳定并扩大。

2.1 我国农业节水研究及技术应用效果

  我国农业节水研究开始于 20 世纪 50—60 年代。70 年代，土地平整、渠道防渗、小畦灌溉等节水措施已得到大面积推广[5]。80 年代，重点推广低压管道输水灌溉，并对喷滴灌和微喷灌等节水灌溉技术进行了试点示范和推广[6]。90 年代，在节水灌溉技术、节水灌溉设备、节水灌溉工程方面已较大范围地应用[7]。"九五"期间（1996—2000 年），在全国建设 300 多个节水增产重点县，在有地下水开发利用条件的地方打井建设节水型灌区，在不到 3 年的时间里，全国共投入节水灌溉资金 187 亿元，发展扩建了节水灌溉面积 428hm²，水稻节水灌溉等非工程节水面积 1733hm²，取得了节水 150 亿 m³，增加了粮食生产能力 230 亿 kg 的显著经济效益和社会效益。此外，在全国范围内还建设了 209 个高标准节水增效示范区，对 99 个大型灌区、240 个中型灌区进行了以节水增效为中心的配套续建和更新改造，同时建设了一批国家级的节水示范市，使我国灌区节水的水平迈上了一个新台阶[8-9]。具有中国特色的节水灌溉理论体系也在此时形成，建立节水有关规范 67 项[10]。

  国际上，农业节水相关研究起步得早。早在 20 世纪 30 年代，欧洲就逐渐采用薄壁金属管做地面移动输水管，用缝隙或折射喷头浇灌作物[11]。第二次世界大战后，世界各国投入大量精力研制喷灌技术和机具设备，其中欧洲的薄壁金属移动式喷灌系统和卷管式喷灌机、美国的圆形和平移式大型自动喷灌机被广泛应用于生产[12-13]。50 年代后，以塑料为原材料的滴灌和喷灌系统开始发展起来。70 年代中期，节水灌溉技术在全世界得到推广[14]，到 1998 年全世界喷灌面积已达 160 万 hm²[15]。国际上发达的国家在农田灌溉发展上，追求单方水达到最高经济效益，称为"高效用水"[16]。其中效果较好的当属以色列[17]，该国地处中东地区的东部，共有耕地 43.6 万 hm²，人均耕地 0.08hm²，人均水资源不足 370m³，可谓水土资源贫乏，与我国华北地区的水土资源占有量的水平相近。以色列在过去的 40 多年里，灌溉面积增加了 6 倍多，达到全国耕地面积的 44%。

　　总体来看，虽然我国农业节水取得了一定的成就，但与我国农业和整个经济、社会发展要求相比，还存在很大的差距，如工程质量标准低、农田灌排技术落后、管理制度不健全、工程老化失修、运行能力和经济效益下降、灌溉水的利用率低。

2.1.1　工程节水

　　经过百年发展，工程节水技术得到了长足发展，形成了包括喷灌、微灌、滴灌、膜下灌以及痕量灌等在内的系列先进技术[18-58]，已有大部分灌区采用低压管道输水和渠道防渗工程[59-74]，使水资源的利用率大大增加，节水灌溉工程技术见图 2-1。

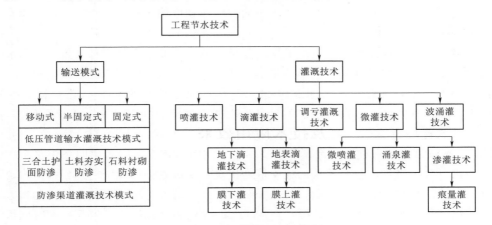

图 2-1　节水灌溉工程技术

　　喷灌是利用专门的仪器和设备（动力设备、水泵、管道等）将水加压（或利用水的自然落差加压）后送到喷灌地段，通过喷洒器（喷头）将水喷射到空中，将水流散成细小水滴后，均匀地散落在农田中来进行灌溉的一种方法。喷灌与地面灌相比，具有节水、省力、节约耕地，对地形和土质的适应能力强，保持水土等优点，其灌溉水利用系数可达0.85。喷灌可以依据农作物的需水状况，适时适量地进行灌水，一般不会造成深层渗漏或地面径流，喷灌后地面的湿润均匀度可达 0.9。喷灌技术采用管道输水，输水损失小，管道水的利用系数可达 0.9 以上，比明渠水进行地面灌溉节水 30%～50%。全国多年大范围喷灌实践证明，喷灌与传统的地表漫灌相比，粮食作物可增产 10%～20%，经济作物可增产 20%～30%，果树可增产 15%～20%，蔬菜可增产 1～2 倍。同时适应性强，适于不同的土壤、地形，因此被广泛应用于灌溉大田作物、经济作物、蔬菜和园林草地等。滴灌与喷灌相比具有更高的节水增产效果，是目前针对干旱缺水地区最为高效的一种节水灌溉方式，水的利用率可达 95%，同时可以与施肥相结合，提高肥效 1 倍以上。适用于蔬菜、果树、经济作物以及温室大棚的灌溉，在比较干旱缺水的地方还可用于大田作物灌溉。但是也存在不足之处，滴头易结垢和堵塞，因此需要对水源进行严格的过滤处理。

　　微灌是利用输水管道系统将有压力的水输送到田间，通过安装在末级管道上的灌水器以较小流量的水来湿润作物根部附近土壤的一种局部灌水技术，主要包括滴灌、微喷灌、小管灌和渗灌等具体技术形式。微灌系统全部由管道输水，把农作物生长所需要的水分和养分以较小的流量均匀、准确地直接输送到农作物根部附近的土壤表面或者土层中，基本没有沿途渗漏和蒸发损失，不会产生地表径流或深层渗漏，相较于地面灌可省水 50%～70%，比喷灌省水 15%～20%；还能有效控制压力，使每个灌水器的出水量大致相等，其均匀度可达 80%～90%；能为农作物生长提供良好的条件，较地面灌一般可增产15%～30%；可适应不同的复杂地形，且能有效控制用水和用肥，微灌渠道的水利用率可达 0.95，灌溉水的利用系数可达 0.9。微灌兼具有省水、省工、节能、灌水均匀、增产及对土壤和地形适应性强的优点，不过微灌系统投资相对于地面灌高，而且灌水器出口易堵塞等导致重复投入。目前，我国的微灌技术主要是应用于灌溉经济作物和温室大棚蔬菜，随着微灌技术发展及设备价格降低，微灌正向粮食作物应用扩展，在干旱缺水的粮食产区逐步会成为主流灌溉模式。

在微灌技术中，渗灌技术出现的最早，是继喷灌、滴灌之后又一种高效的节水灌溉技术，已经在农业灌溉中尤其是在干旱、半干旱地区树木的灌溉中获得大量的应用。与传统渠道灌溉技术相比，渗灌技术可节水 48%～55%，累计节水达 65% 以上，同时可增产30% 以上。但是渗灌技术也存在很多不足之处，如投资高、施工复杂、管理维修困难等，而且容易造成深层渗漏，尤其是对透水性较强的轻质土壤，易造成渗漏损失。美国于20 世纪 70 年代推出了一种新兴地面灌溉技术——波涌灌技术，它采用间歇供水、大流量的方式向沟（畦）输水，整个灌水过程需依据田块长度被划分为几个周期，入地水流不是一次性的连续推进到沟（畦）末端，而是分阶段的由首端推进至末端。其最大的特点是在长沟中分次进行灌水，即第一次的灌水在沟中经一段距离后即停止，停灌一段时间后开始下一次的脉冲灌水。其优点是加速水在灌水沟中的流速，减少水流在灌水沟中的渗漏损失。一般相同灌水量，流程可扩大 1 倍，比连续灌省水 10%～23%，沟的长度可达 100m以上，增产 10% 左右，节水增产效果显著。

渠道防渗技术是一种减少输送水由渠道渗入渠床的工程节水技术和方法，同时也是我国农业灌溉的主要输水手段。渠道防渗层一般采用混凝土、土料、水泥土、浆砌石、沥青混凝土等刚性材料及 PE、PVC 及其改性薄膜材料，防渗渠道断面一般用 U 形断面。其优点为：使粗糙度下降，流速提高，便于引高含沙水灌溉，同时可以提高渠系水的利用系数，采取渠道防渗措施后，水流量减少渗漏损失 70%～90%，渠系水利用系数可提高20%～30%，节约投资和运行费用，可有效防止杂草丛生、渠道冲刷、淤积及坍塌，同时调控地下水位，防止次生盐碱化。渠系防渗的方法能够减少输水过程中的蒸发损失量，提高渠道的输配水速度，缩短轮灌周期，有利于节约水量和渠道维修费用。根据黑河干流灌区对渠道防渗效果检验，渠道衬砌后平渠的水利用系数平均为 0.92，支渠为 0.85。

膜上灌是由我国首创的新兴灌溉技术，它是在地膜覆盖的基础上将膜侧水流改为膜上水流，利用地膜运输水，通过放苗孔或膜侧缝给作物供水的一种可控制的局部灌溉技术。灌水时水流由膜上流向膜侧，加快水流运动速度，减少水渗漏，同时提高灌水均匀度。水体分布在农作物根部和耕层，提高了水分利用率，具有节水增温、保墒抑盐、与喷灌和滴灌相比成本较低等特点，膜上灌水还提高了土壤的热容量、地温和透气性，为作物生长发育创造了良好的生长环境。因此受许多地区尤其是干旱半干旱地区的青睐，在小麦、玉米、水稻、花生、西红柿及草莓等作物上得到广泛应用。采用膜上灌水，薄膜会在土壤耕层产生提水上升的保墒效应，使深层土壤水分较不覆膜有所降低，使土壤深层水得到有效利用，提高了作物水分利用率和产量。地膜覆盖可促进干物质积累，改善小麦生育前期的土壤水温条件。膜上灌具有使地面糙率明显下降、水流前锋流速加快、膜孔入渗、水流的流程时间缩短、深层渗漏减少、灌水均匀度高等特点，其节水效率达到 20% 以上，提高了灌溉效率。同时，也带来了很大的经济效益和生态效益。

我国于 20 世纪 80 年代初开始在全国范围内推广低压管道输水灌溉技术，该技术可使灌溉水的有效利用率得到提高。低压管道输水灌溉简称"管灌"，它利用低压输水管道代替普通渠道将水送到田间浇灌作物，可以有效减少水在输送过程中的渗漏和蒸发损失。低压管道输水灌溉系统有移动式、固定式和半固定式三种，常用材料有 PVC 管、水泥沙管、现浇混凝土管等。其优点是输水快，灌水及时，管道输水利用率可达 95%～97%，节能增产、省时、省工、省地，投资少见效快，管理方便便于推广；缺点是维修不太方便。这项灌溉技术在我国北方平原井灌区快速发展。低压管道输水灌溉技术具有许多优点：①省水，用管道代替渠道可以有效减少输水过程中的渗漏和蒸发损失，水利用系数可达 0.95 以上，毛灌水定额减少 30% 左右。②节能，与普通渠道输水相比，提高了渠系水的利用系数，大量减少井内抽水量，因此可减少能耗 25% 以上。③节省土地，提高土地利用率，一般在井灌区可减少占地 2% 左右，在扬水灌区可减少占地 3% 左右。④管理方便，由于低压输水管道埋于地下，方便养护和机耕，减少耕作破坏和人为破坏，另外管道输水流速比普通渠道大，灌溉速度大大提高，灌水效率显著提升。

上述节水灌溉技术需要人们依据作物当前的生长状况和土壤的含水量来确定是否灌溉，而且管道容易堵塞，对作物的生长造成影响。华中科技大学诸钧于 2013 年提出痕量灌溉技术，该技术以毛细力为基础力，根据植物的需求，以微小的速率（1～500mL/h）输水到作物根系附近，该技术可以均匀、适量、不间断地湿润植物根层土壤，能够有效防止蒸发和渗漏损失，比滴灌节水 40%～60%。该技术将植物-土壤-毛细管-灌水系统组合成一个水势平衡系统，然后通过膜过滤技术、特殊的控水头和输送管道，将水和营养液等缓慢、适量、持续地输送到作物根系周围，以满足植物对养分的需求，实现植物主动吸水。

在引黄灌区，这些新的灌溉技术也已得到应用，如 20 世纪 80 年代后期，中国水利水电科学研究院首次引进波涌灌溉技术，并在河南引黄人民胜利渠灌区进行了试验研究；90 年代西安理工大学水资源研究所也进行了浑水条件下的波涌灌溉技术研究。"九五"期间，国家科技攻关"节水农业技术研究与示范"项目对浑水条件下的喷灌技术及其设备适应性能做了研究。但是，由于自然地理、工程状况的影响，尤其是高含沙水流的制约，一些高新灌溉技术在引黄灌区的应用推广受到限制。

2.1.2 农艺节水

所谓农艺节水，就是根据当地条件，包括自然、地形、地势和经济条件等，合理选择种植植物物种，并与各种种植技术结合起来，有效减少作物蒸散发，提升水资源利用效率的技术措施[75-87]，主要有两种类型：①保墒节水。农作物种类以及生长阶段的不同，需要的水资源也不同，所谓保墒节水根据作物生长和需水划分阶段，按照不同阶段农作物的实际用水需求进行水资源供给，按需灌溉。这种方式不仅能够保证土壤和农作物都能够得到充足的水资源，同时避免水资源浪费。②蒸散控制。就是通过提高群体叶面积指数，来提高农作物的光合作用，可有效降低农作物在生长过程中的蒸散发，从而间接地减少用水，达到提升水资源利用效率的目的，见图 2-2。

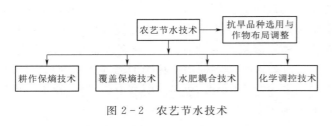

图 2-2　农艺节水技术

保墒节水可以有多种形式，包括耕作保墒、覆盖保墒等。耕作保墒的原理是利用耕锄等方式，对农作物的土壤结构进行调整，使其能够充分存储水资源，降低水资源的蒸发数量。在深耕蓄墒的过程中，通常情况下，时间的确定需要根据农田水分的存储情况而定，最佳时间为早秋。深耕的深度需要根据气候、土壤、农业工具等条件确定，通常情况下，深度为 20～22cm，特殊部分可以适当加深深度。在应用耕作保墒技术的过程中，需要将蓄水、除草等措施作为辅助措施，降低土壤中水分的蒸发量，减少地表径流，这种方式能够从根本上控制水分流失。中耕保墒包括锄地、铲地等方式，时间为下雨之前或者下雨之后，根据农作物的实际发育情况确定时间，中耕深度需要在幼苗生长期进行，降低中耕对农作物产生的影响，提升水资源的使用效率。另外，在种植过程中还需要将土壤表面的土块打碎，对土壤结构进行调整，这一措施通常在春天或者秋天进行，使土壤能够在雨季充分蓄水，保障土壤中水分的充足。在立秋之后，土壤中的水分含量会降低，每次雨后需要进行耙耱，进一步提升土壤的蓄水量。在昼消夜冻间，需要终止毛管水的运行，降低土壤中水分的蒸发量，另外这种方式还能够降低土壤出现板结的情况，耙耱深度需要根据实际情况确定，早春时期的深度为 3～5cm，播种区域的深度为 8～10cm。为了抗旱保墒，还可以使用镇压提墒的方式，根据播种气候土壤的结构情况、种子发芽情况展开镇压，对土壤中的水分进行调节，避免出现土壤结块的情况，使农作物能够更好地吸收水分。

覆盖保墒阻隔了土壤与大气之间的水分交换，使其中的水分能够存储在覆盖膜中，水分聚集到一定体积之后，覆盖膜中的水分就能够重新滴落到土壤中，避免水分蒸发。另外，覆盖保墒技术还能够使土壤上层的水分含量高于下层的水分含量，进而保证土壤结构的稳定性。覆盖保墒技术最初出现在国外，目前在我国华北、西北等地区得到了广泛应用，覆盖保墒技术在实际应用的过程中，需要在土壤表面覆盖一层塑料薄膜或者秸秆，防止土壤中的水分蒸发。在敷设覆盖膜的过程中需要注意，保证覆盖膜与含水量之间的贴合性，提升整体的密封效果，最后对覆盖膜进行固定，在敷设保鲜膜之前，需要在地势平坦以及土层肥厚的地区敷设，保证土壤表面的松散性，不能在已经结块的土壤中敷设覆盖膜，将两端的膜压实在土壤内沟中。该技术能够提升农作物对土壤深层中水分的吸收，为农作物生长提供了良好环境，因此这一技术已经在干旱区域广泛应用，既能够提升农作物的生长效率，还能将水资源的利用效率提升到 80% 以上，具有非常好的节水效果[51]。譬如，黄河下游河南、山东两省的小麦大多使用了覆盖保墒技术，不仅减少了地表径流，而且提升了耕层的供水量。

化学调控技术主要是利用植物激素对农作物生长进行调节，调整植物代谢速度，进而促进农作物的正常生长。在化学调控技术应用的过程中，主要利用保水剂对水资源进行节约，目前这一措施已经得到了广泛应用。保水剂能够降低农作物在生长中水分的损耗量，并对土层中的水分进行调节，提升水资源的利用效率，该技术具备以下特点：①化学试剂的用量较少，农民在种植过程中不需要较高的成本，就能够完成技术应用。②化学调控技术的应用简单，需要对机器进行简单控制，就能够完成操作，大大降低了技术应用的难度。③化学调控技术具有较强的灵活性，能够根据农作物生长阶段的不同，调节使用剂量，并将自身的应用价值充分发挥出来。

水肥耦合技术需要根据土壤条件的不同，采取相应的种植措施，针对灌溉、施肥展开控制，其中包括时间控制以及数量控制两方面内容。促进植物根系的生长，提升根系在土壤中的吸水量，利用土壤深层的储水机制，提升农作物的光和强度，最终达到提升水资源利用效率的目的。例如，在玉米种植的过程中应用水肥耦合技术，地面灌溉节水能够达到15%~20%，化肥使用效率提升15%，水资源生产率提升到1.5~2.1kg/m³。另外，水肥耦合技术还能够提升土壤中氮、磷等元素的含量，提高土壤中的营养性，最终达到提升农作物种植数量的目的。

农艺节水技术需要根据农作物种植的实际情况进行，不能随意选择应用技术，这是其中最关键的内容之一，只有保障技术与种植之间的吻合性，才能够将农艺节水技术作用充分发挥出来。总体上来看，农艺节水技术已在我国农业种植中得到了广泛的应用，并取得了良好的应用效果。

2.1.3 节水管理

传统灌溉理论认为，作物灌溉就是让作物和土壤"喝足吃饱"。然而随着灌溉理论的深入研究和灌溉实践，节水灌溉新理论认为灌溉是"适时适量灌""精细灌水""灌作物而不是灌地"。灌溉制度已不再是过去单一的充分（或称为充足）灌溉，而是以充分灌溉、非充分灌溉、局部灌溉3种制度相结合，在实践中不断发展，并形成比较成熟的理论[88-107]。图2-3展示了我国农业节水技术及模式的发展历程。

我国农业节水技术一直是精细化节水理念指引下的技术发展，其核心是减少水资源耗用量。20世纪70—80年代的单一工程节水，90年代以后融合工程节水、农艺节水等各种节水措施的综合节水，2000年以来逐步提出强化节水。农业节水工艺也一直朝着精细化的方向发展，由原来的渠系和田间的工程节水，到后面的保墒增粮的农艺节水，再到近期提出进一步减少颗间蒸发节水措施，都有力强化了农业节约用水。中华人民共和国成立以来，我国引进国外先进灌溉技术工艺，制定了用水定额管理、水权交易、阶梯水价等一系列节约用水的制度政策，有力地促进了农业节约用水。特别是在国家政策指引和宏观调控下，全社会对农业节水及灌区可持续发展有了更深层次的理解，传统灌溉方式正在被新的灌溉方式如非充分灌溉、喷灌、滴灌、间歇灌、膜上灌等取代，与此同时，还制定了灌溉定额、灌水方式等，在地面灌溉技术研究及应用方面取得了较大进展。

无论国内还是国外，以往的农业灌溉大多是采用大水漫灌，这种方式持续了几千年，

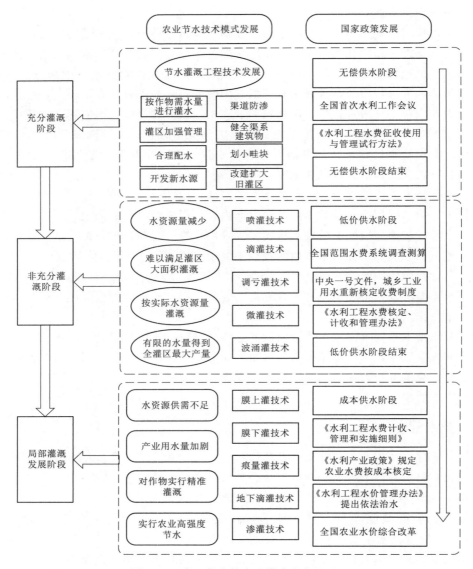

图 2-3　农业节水技术及模式的发展历程

譬如，在尼罗河流域，人们以低的围堤引水；在美索不达米亚平原建有发达的渠网，在印度河流域以引洪渠道工程为主。中华人民共和国成立后，特别是 2000 年以来，我国针对传统灌水技术用水量大、水的利用率低的缺点，以节水、高效为目的，开展了大量有关作物需水、生态灌区建设方面的研究，目前黄河流域灌区采用了综合的节水方法，包括工程节水、农艺节水和管理节水。20 世纪 80 年代，水利部农村水利水电司组织有关部门在全国各地建立灌溉试验站，对农作物需水量进行了全国范围的试验研究，水利部农田灌溉研究所根据各地的试验成果计算了我国各地不同作物的需水量，绘制出了我国主要农作物需水量等值线图，使我国农作物需水量研究迈上了一个新台阶。已开展的农作物需水研究，主要是研究作物在适宜的土壤水分和肥力条件下，经过正常生长发育，获得高产时的植株蒸发、棵间蒸发以及构成植株体的水量之和，即作物产量最大时的需水量。不过，随着水资源的日益紧缺，节水灌溉又为作物需水量研究提出了新的内容和要求，研究农田水分不足或非充分灌溉条件下作物蒸发蒸腾量及其变化规律已成为目前农作物需水研究的重点，为灌区灌溉制度的制定提供科技支撑。

农作物需水量是制定灌溉制度必须回答的核心问题之一，要进行农业节水就必须有一定的标准，而这个标准的依据主要是农作物需水量。因作物类别、生长环境以及灌溉技术不同，灌溉制度也会相应变化。灌溉制度具有一定估算成分，确定作物灌溉制度通常采用以下 3 种方法：①总结当地群众灌溉经验。群众积累了当地灌溉生产经验，对这些生产经验加以调查分析总结，可以得到符合当地实际、具有实用意义的灌溉制度。②根据灌溉试验制定灌溉制度。开展田间作物灌溉试验研究工作，积累一定灌溉制度、灌水方法、灌溉效益等技术资料，可作为制定作物灌溉制度的依据。但是，在选用试验资料确定灌溉制度时，需注意原实验的条件，不可生搬硬套。③水量平衡分析计算确定。根据农田水量平衡原理确定作物灌溉制度。所以，需以作物种植经验、耗水规律历年降雨资料等作为参考依据，根据灌水地区的实际情况，按照不同的水文年份，设定湿润、一般、中等以及特干旱等不同的灌溉制度。多年的灌水实践以及群众在农业灌溉中总结的经验，这些都可为灌溉制度的制定工作提供可靠的参考意见。多地的灌溉试验站在多年的科学实验中，获得了很多宝贵实验数据，为制定灌溉制度所需参数提供科学依据。

生态型灌区是在灌区发展过程中，一项用来解决灌区生态环境安全和资源节约、农业高产的重要措施。关于灌区生态建设的概念基础、研究内容、建设理论、关键技术等方面的研究一直都备受关注。2004 年，姜开鹏等运用生态文明的观点对灌区进行了剖析，提出了建设生态灌区的任务和内容。2005 年，顾斌杰等对生态灌区构建原理、建设技术进行研究，提出了生态型灌区概念及相关技术体系。灌区是一个人类活动-自然资源-物质生产高度集中的生态系统，在自然资源特别是水资源有限以及强人类活动的干扰下，如何更好实现灌区生态系统良性发展、资源节约与绿色排水，仍需要进一步加强生态节水型灌区关键技术的研究与实践。

2.2　黄河下游地区水资源及其农业节水

黄河下游流经河南、山东两省。从水资源管理角度出发，本书主要分析黄河下游河南、山东两省引黄灌区农业用水、节水情况，考虑到节水行政管理对农业节水效果影响，本节主要分析河南和山东两省水资源情势、用水管理定额及节水措施落实方法。

2.2.1　河南省农业节水与节水管理

河南省是我国人口大省和农业大省，是全国的粮食主产区[108]，同时也是水资源相对较少的省份，全省水资源总量在全国居 19 位，人均占有量为 $524m^3$，耕地平均占有水资源量为 $5805m^3/hm^2$。近几年来，不断增长的粮食产量与水资源匮乏的突出矛盾，始终制约着全省农业的快速发展。据资料表明，河南省粮食产量已经连续五年实现增产，同期农业用水总量却有一定程度的减少，而实现这一增减目标的关键就在于实施了合理开发利用水资源、大力发展节水农业战略[109-111]。

20 世纪 50—60 年代，河南省农业节水主要以水土保持工程技术、深耕松土、畦灌等技术为主，创造出了鱼鳞坑、隔坡梯田等就地拦蓄利用技术。70—90 年代在水土保持工程技术、深耕松土、畦灌等技术的基础上，管灌、喷灌、微灌等节水技术逐渐开始有所应用，但在全省还处在引进、试验、示范和推广阶段。20 世纪以来，尤其最近 10 年，随着国外先进技术的大量引进，旱作农业节水技术发展较快，除了继续沿用传统的节水技术外，效率更高、更科学的综合性节水技术开始在部分旱作区域得到引用，推广应用面积呈逐年扩大趋势。

2.2.1.1　河南省省域水资源分析与评价

河南省地跨黄河、淮河、海河和长江四大流域，省域多年平均年降水量为 778mm，自北向南由 600mm 递增至 1200mm。多年平均水资源总量为 407.7 亿 m^3，其中地表水资源量为 311 亿 m^3，浅层地下水资源量为 198.9 亿 m^3，重复量为 102.2 亿 m^3。河南省天然河川径流量的主要补给来源是大气降水，多年平均天然河川径流量为 312.7 亿 m^3，折合径流深为 189mm，其中黄河流域为 47.3 亿 m^3，淮河流域为 178.5 亿 m^3，海河流域为 20.0 亿 m^3，长江流域为 66.9 亿 m^3。省内入境河流有洛河、沁丹河和史河，过境河流有黄河、漳河和丹江，多年平均实测入过境水量达 351 亿 m^3，可引水资源总量约 350 亿 m^3。图 2-4 为 2007—2016 年河南省省域水资源总量变化图。

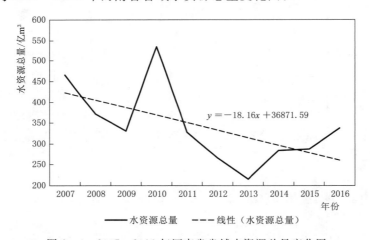

图 2-4　2007—2016 年河南省省域水资源总量变化图

图 2-4 显示河南省水资源总量近年来呈下降趋势，2010 年最高达到 534.9 亿 m^3，2013 年最低为 215.2 亿 m^3。图 2-5 为 2007—2016 年河南省省域地表及地下水资源量变化图，地下水资源主要分布在黄淮海大平原、山前倾斜平原及山间河谷平原和盆地。由图 2-5 可以看出，全省地表水资源量与水资源总量变化趋势一致，总体呈明显下降趋势，地下水资源量略有降低，变化不明显。

河南省水资源时空分布不均，全省多年平均年降水量为 778mm，汛期（6—9 月）降水量占全年总降水量的 60%～70%，丰水年径流量是枯水年的 7 倍左右，且连枯连丰明显，旱涝交替，图 2-6 为 2007—2016 年河南省年降水量变化情况。

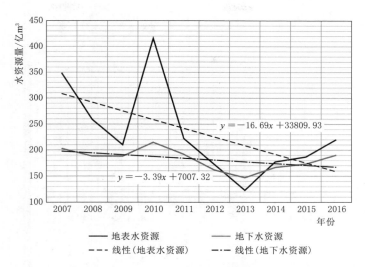

图 2-5 2007—2016 年河南省省域地表及地下水资源量变化图

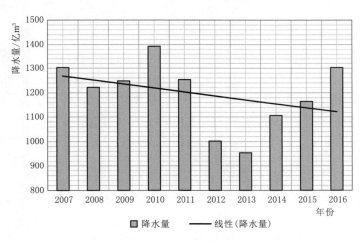

图 2-6 2007—2016 年河南省年降水量变化情况

河南是旱作农业大省,频繁发生的旱灾对河南农业和农村经济造成了巨大损失。据气象资料统计,中华人民共和国成立以来,不同程度的旱灾几乎年年发生,历年出现的频率为:一般旱率为 78%,大旱率为 13%,特大旱率为 10%。例如 1994 年,受旱面积为 475.7 万 hm²,严重受旱面积为 198.5 万 hm²,绝收面积为 12 万 hm²,造成全省粮食减产 39 亿 kg,1998 年 8 月下旬以来持续 5 个月的特大干旱,使全省受旱面积达 378 万 hm²,造成 90 万 hm² 小麦播种受到严重影响,2000 年受旱面积为 299.9 万 hm²,2004 年受旱面积为 47.1 万 hm²,2007 年受旱面积为 75.5 万 hm²。

2000 年以来,河南省在农业节水技术应用及示范成效方面开展了大量工作,耕地面积、农田有效灌溉面积、灌区有效灌溉面积三者近 10 年来总体都呈上升趋势,其中耕地面积部分上升趋势较为明显,图 2-7 为 2007—2016 年河南省各类土地面积变化情况。此外,河南省还充分利用国家黄淮海平原开发、节水改造和节水灌溉示范项目建设的大好机遇,不断加大农业节水的资金、科技投入和扶持力度,积极推广渠道渗砌、低压管道输水、小白龙灌溉、喷灌、滴灌、渗灌等技术，大力发展高效节水农业。

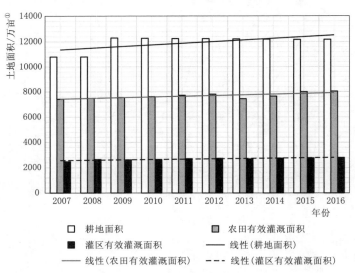

图 2-7　2007—2016 年河南省各类土地面积变化情况

图 2-8 为河南省 2007—2016 年农业用水量、地表供水量以及引黄河水量。由图 2-8 可以看出，2007—2016 年河南省农业用水量变化趋势较为平稳，平均约为 125 亿 m³，地表供水量总体呈缓慢上升趋势，由 2007 年的 83.44 亿 m³ 上升到 2016 年的 105 亿 m³，引黄河水量变化趋势不明显，每年约为 50 亿 m³。

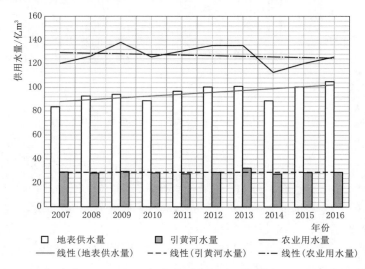

图 2-8　河南省 2007—2016 年农业用水量、地表供水量以及引黄河水量

总的来说，河南省可利用的水资源总量约为 230 亿 m³，目前消耗的水量为 175 亿 m³，其中农业耗水量达 123 亿 m³（折合成用水量为 160 亿 m³）。在黄河水引用方面，黄

---

① 1 亩≈666.67m²。

河干流横穿北中部干旱地区，多年实测年平均径流量为 413 亿 m^3，可引水量为 173 亿～213 亿 m^3。据统计，自中华人民共和国成立 60 年来，全省引用黄河水累计达 1500 亿 m^3。另外小浪底水利枢纽工程自 2001 年建成启用以来，黄河下游灌溉保证率由以前的 32％提高到 75％。期间全省共建造引黄设施 41 处，建成并发挥效益的引黄灌区 26 处，设计灌溉面积为 157.47 万 hm^2，有效灌溉面积为 85.33 万 hm^2。

2.2.1.2 河南省农业灌溉用水定额管理

河南省是我国人口大省和农业大省，是全国的粮食主产区，同时也是水资源相对较少的省份。不断增长的粮食产量与水资源匮乏的突出矛盾，始终制约着全省农业的快速发展。特别是，2007—2016 年以来经济快速发展和人口不断增长，水资源供需矛盾日益突出，农业作为最主要的用水部门，建立节水型社会、发展节水农业就成为全省工作的重中之重[112-114]。河南省根据所处地理位置和气候，对所有的农业灌溉地区进行分区，制定了农业灌溉定额及节水标准。

河南省水土资源组合不协调，地区分布不平衡，南部山区水多地少，西部、北部和东部平原区水少地多，造成地区间人均和亩均水资源量相差很大。河南省的水文气象条件和自然地理特征，决定了农业生产的区域特点：黄河沿岸及以北地区年降水量不足 600mm，水资源短缺，土地资源条件良好，以灌溉农业为主；中东部地区地势平坦，旱涝并存，发展农业需要灌排保障。南部地区年降水量近 900mm，农田以补灌为主，是全省主要暴雨中心之一，地势低洼，涝灾严重影响粮食生产特别是秋粮的稳产高产。

2020 年，河南省发布了新修订的《农业与农村生活用水定额》（DB41/T 958—2020）。该地方标准介绍了农业用水定额的术语、定义、总则和灌溉用水定额使用说明，规定了河南省灌溉分区、农业灌溉用水单位基本定额调节系数、农业灌溉用水基本定额、蔬菜和水果用水定额、林业用水定额、畜牧业用水定额、渔业用水定额等。河南省灌溉分区见表2-1，农作物灌溉基本用水定额见表2-2～表2-4，农业用水定额修正系数见表2-5。

表 2-1　　　　　　　　　　　　河南省灌溉分区表

一级区	二级区	省辖市	县（市、区）	县（市、区）数	
Ⅰ. 豫北区	Ⅰ₁. 豫北平原区	安阳市	安阳市区、安阳县、汤阴县、滑县、内黄县	5	26
		濮阳市	濮阳市区、清丰县、南乐县、范县、台前县、濮阳县	6	
		新乡市	新乡市区、新乡县、获嘉县、原阳县、延津县、封丘县、长垣市、卫辉市	8	
		焦作市	博爱县、武陟县、温县、沁阳市、孟州市	5	
		鹤壁市	浚县、淇县	2	
	Ⅰ₂. 豫北山丘区	安阳市	林州市	1	6
		新乡市	辉县市	1	
		焦作市	焦作市区、修武县	2	
		鹤壁市	鹤壁市区	1	
		济源市	济源市	1	

续表

一级区	二级区	省辖市	县（市、区）	县（市、区）数	
II.豫西区		洛阳市	洛阳市区、孟津县、新安县、栾川县、嵩县、汝阳县、宜阳县、洛宁县、伊川县、偃师市	10	23
		三门峡市	三门峡市区、渑池县、卢氏县、义马市、灵宝市	5	
		郑州市	上街区、巩义市、荥阳市、新密市、登封市	5	
		平顶山市	石龙区、鲁山县、汝州市	3	
III.豫中、豫东区	III₁.豫中平原区	郑州市	郑州市区（不含上街区）、中牟县、新郑市	3	15
		平顶山市	平顶山市区（不含石龙区）、宝丰县、叶县、郏县	4	
		漯河市	漯河市区、舞阳县、临颍县	3	
		许昌市	许昌市区、鄢陵县、襄城县、禹州市、长葛市	5	
	III₂.豫东平原区	开封市	开封市区、杞县、通许县、尉氏县、兰考县	5	22
		商丘市	商丘市区、民权县、睢县、宁陵县、柘城县、虞城县、夏邑县、永城市	8	
		周口市	周口市区、扶沟县、西华县、商水县、沈丘县、郸城县、太康县、鹿邑县、项城市	9	
IV.豫南区	IV₁.南阳盆地区	南阳市	南阳市区、南召县、方城县、西峡县、镇平县、内乡县、淅川县、社旗县、唐河县、新野县、邓州市、桐柏县	12	12
	IV₂.淮北平原区	驻马店市	驻马店市区、西平县、上蔡县、平舆县、正阳县、确山县、泌阳县、汝南县、遂平县、新蔡县	10	13
		平顶山市	舞钢市	1	
		信阳市	息县、淮滨县	2	
	IV₃.淮南山丘区	信阳市	信阳市区、罗山县、光山县、新县、商城县、潢川县、固始县	7	7

表 2-2 谷物种植灌溉基本用水定额

行业代码	行业名称	作物名称	水文年型	定 额/(m^3/亩)							
				I₁	I₂	II	III₁	III₂	IV₁	IV₂	IV₃
A011	谷物种植	小麦	50%	125	120	110	95	88	80	47	0
			75%	155	150	140	130	120	110	95	45
		玉米	50%	98	90	85	80	75	45	40	0
			75%	127	116	110	105	95	83	75	40
		水稻	50%	423	413	405	395	380	340	322	265
			75%	497	485	475	463	450	420	400	358

表 2-3 豆类、油料和薯类种植灌溉基本用水定额

行业代码	行业名称	作物名称	水文年型	定　额/(m³/亩)							
				I₁	I₂	II	III₁	III₂	IV₁	IV₂	IV₃
A012	豆类、油料和薯类种植	大豆	50%	85	80	75	70	65	48	40	0
			75%	108	100	95	90	85	75	70	40
		花生	50%	80	75	70	65	60	45	40	0
			75%	105	98	90	85	80	70	65	40
		油菜	50%	100	95	90	82	75	55	40	0
			75%	120	115	110	103	98	85	75	40
		红薯	50%	50	50	45	40	40	0	0	0
			75%	85	85	80	75	75	40	40	0

表 2-4 棉、麻、糖、烟草种植灌溉基本用水定额

行业代码	行业名称	作物名称	水文年型	定　额/(m³/亩)							
				I₁	I₂	II	III₁	III₂	IV₁	IV₂	IV₃
A013	棉、麻、糖、烟草种植	棉花	50%	105	98	90	85	80	47	40	0
			75%	135	127	120	112	105	90	80	40
		烟草	50%	—	—	130	125	115	95	80	40
			75%	—	—	165	155	145	125	110	75

表 2-5 灌溉基本用水定额修正系数

灌　溉　方　法				种　植　条　件	
地面灌溉	管灌	喷灌	微灌	露底	温室
1.00	0.88	0.76	0.63	1.00	1.85

2.2.1.3　农业节水发展及技术推广应用

近年来，河南省对农业投资力度的不断加大，针对全省不同区域，因地制宜，开展并实施了一系列旱作节水农业项目，逐渐探索、总结出适合当地成熟的农业节水技术模式[115-125]，农业节水技术的推广应用在农业生产、生态环境和经济发展等方面取得了显著成效。

1. 农业节水发展总体情况分析

图 2-9 为 2007—2016 年河南省省域耕地面积变化，图 2-10 为 2007—2016 年河南省农田有效灌溉面积变化。由图 2-9 和图 2-10 可知，2009—2016 年，河南省耕地面积稍有下降，但下降幅度较小，到 2016 年减少了 122 万亩，农田有效灌溉面积自 2007 年以来一直呈上升趋势，到 2016 年增加了约 600 万亩。

此外，图 2-9 显示在 2008—2009 年河南耕地面积骤增，这主要由"退还占用耕地依法复垦"所导致的。在 2008 年《国务院关于河南省土地利用总体规划的批复》（国函〔2009〕80 号）中第三项要求，到 2010 年，新增建设占用耕地控制在 6.33 万 hm² 以内，

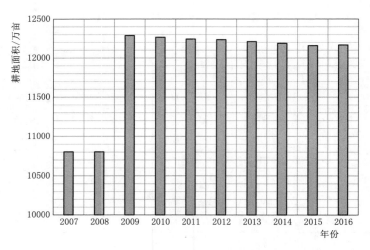

图 2－9　2007—2016 年河南省省域耕地面积变化

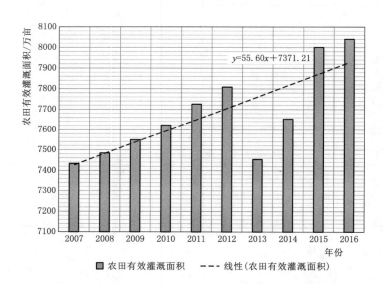

图 2－10　2007—2016 年河南省农田有效灌溉面积变化

土地整理复垦开发补充耕地不少于 6.65 万 hm² 。到 2020 年，全省耕地保有量要保持在 789.80 万 hm² 以上（11847 万亩），基本农田面积不少于 678.33 万 hm² 。

由图 2－9 和图 2－11 可知，2009—2016 年，河南省耕地面积在几乎保持不变的情况下，节水灌溉面积呈逐步上升趋势。2012 年河南省发布《河南省土地整治工程质量检验与评定标准》，提高了对灌溉及排水等工程的质量要求，因此只统计了符合标准的节水灌溉面积，导致在 2012 年节水灌溉面积急速下降。在实际情况下，对不符合标准的节水灌溉区域进行了技术改造，之后节水灌溉面积又快速提高。

由图 2－9～图 2－13 可知，2011—2014 年，河南省耕地面积几乎不变，节水灌溉面积有所减少，作物播种面积变化不大，但是作物总产量稳步提升，且提升较为明显，这是由于在 2012 年后，对节水灌溉质量提高了要求，节水灌溉质量得到了提升，提高了灌溉

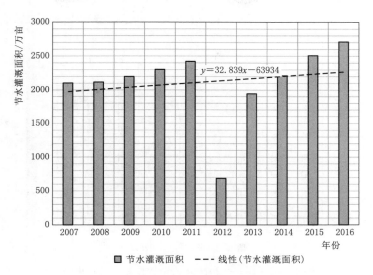

图 2-11   2007—2016 年河南省节水灌溉面积变化

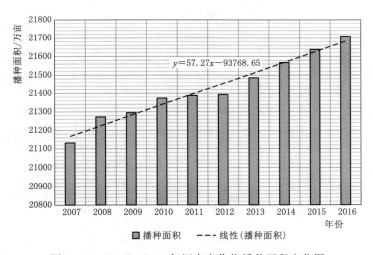

图 2-12   2007—2016 年河南省作物播种面积变化图

水的利用效率，同时提高了作物产量。

由图 2-6 和图 2-14 可知，农业用水量与降水量呈负相关关系，2007—2009 年，降水量呈减少趋势，农业用水量持续增加。2009—2010 年，降水量增加，农业用水量减少。2010—2013 年，降水量持续减少，农业用水量持续增加。2013—2016 年，降水量总体呈增加趋势，农业用水量总体呈减少趋势。

由图 2-9、图 2-13 和图 2-14 可知，自 2012 年河南省发布《河南省土地整治工程质量检验与评定标准》提高了对灌溉及排水等工程的质量要求以来，虽然耕地面积一直在小幅度下降，农业用水量也在持续下降，但是作物总产量一直上升，这是由于改善了原来的灌溉制度，改善了节水技术，提升了节水质量，充分说明了灌溉制度的优化对农业造成的深远影响。

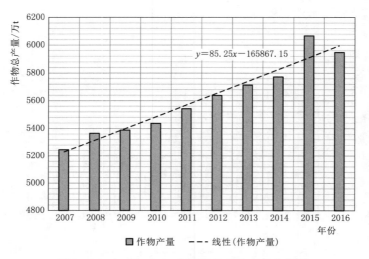

图 2-13　2007—2016 年河南省作物产量变化图

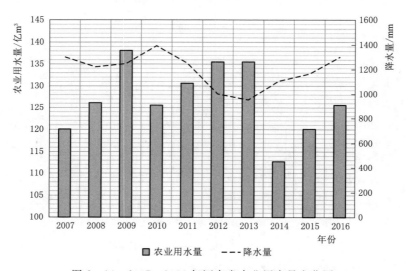

图 2-14　2007—2016 年河南省农业用水量变化图

2. 农业节水技术的推广及应用

河南省开展的与节水相关的农业工作包括集雨补灌节水技术、耐旱高产型品种推广、深松耕技术、地面覆盖技术、增施有机肥技术、地面节水灌溉技术和作物节水高产的化学调控技术等。

（1）集雨补灌节水技术。集雨补灌节水技术是利用自然和人工营造的集流面把降水径流收集到特定的场所，如蓄水窖（井）等，通过先进的节水灌溉技术实现降水资源的合理调配和高效利用。对于降水的收集一般采用庭院、场院、屋顶、路面、自然坡面和塑料大棚棚面等。目前全省集雨补灌节水技术主要是通过实施国家旱作农业项目，在豫西、豫西北严重缺水的丘陵山区推广应用较多。据调查统计，近几年全省主要作物每年应用集雨补灌技术面积达 3.55 万 hm²，占全省耕地面积的 0.37%。

（2）耐旱高产型品种推广。

1）根据降雨时空分布特征、地下水资源和当地水利工程现状，合理调整当地种植结构，因地制宜选用需水与降水耦合性好以及耐旱、水分利用率高的作物品种，以充分利用当地水资源。

2）适当调整了作物熟制，使之与当地水资源条件相适宜。

3）科学调整了播种期，使作物生育期耗水与降水相耦合，以提高作物对降水的有效利用，避免了干旱的不利影响。例如在黄淮豫东平原，春夏播种作物需水和降水的耦合关系较好，生长期降雨量占年降雨量的 60%以上，尤以棉花最高达 82%；其次是春播花生、红薯和高粱等。据调查统计，近几年全省各类作物每年推广耐旱品种种植面积达 28 万 hm²，占全省耕地面积的 3.9%。

（3）深松耕技术。目前河南省南部等地土壤耕层只有 10~15cm，耕层以下是坚实的犁底层，限制了土壤蓄水能力。而采取机械深松耕技术，逐年加深耕层，深松深度可达 30cm 以上。通过打破紧密的犁底层，改善心土层的障碍程度，从而加深耕层疏松土壤厚度，增加土壤渗透性和入渗速度。据测算，深松耕后底层土壤容重可由 1.5g/cm³ 降到 1.35g/cm³，孔隙度由 45%增加到 54%。深松耕后底层土壤根系下扎，增加了对深层土壤水的利用量。据测定，采用"上翻下松"的深松耕做法，疏松深度在 20cm 以上，耕层有效水分可增加 4.0%~5.6%，渗透率提高 13%~14%，在伏雨前深松，可使 40~100cm 土体蓄水量增加 73%，小麦增产 5.9%~29.6%。据调查统计，近几年全省耕地每年采取机械深松耕面积达 84.17 万 hm²，占全省耕地面积的 11.7%。

（4）地面覆盖技术。降雨和灌溉进入农田后的水量，除少量补给地下水外，大部分转化成了土壤水。土壤水的棵间蒸发是农田节水可以调控利用的潜在水量。据调查分析，土壤表面蒸发量占农田总蒸发量的 25%~50%。研究表明，地面覆盖具有增加土壤蓄水、减少无效蒸发、延长水分积蓄时间、提高土壤有机质等多种功效，是提高降水资源利用率的有效途径之一。我国的地膜覆盖技术自 20 世纪 70 年代末才开始引入。河南省应用的地面覆盖技术主要以地膜覆盖和秸秆覆盖为主。

1）地膜覆盖不仅能阻断土壤水分的垂直蒸发和乱流，使水分横向迁移，而且增大了水分蒸发的阻力，能有效抑制土壤水分的无效蒸发，抑蒸力可达 80%以上。覆膜的抑蒸保墒效应促进了土壤-作物-大气连续体系中水分的有效循环，增加了耕层土壤储水量，加大作物利用深层水分，改善作物吸收水分条件，水热条件及作物生长状况的改善同样还有利于矿质养分的吸收利用。据调查统计，近几年全省各类作物每年应用地膜覆盖技术面积达 74.62 万 hm²，占全省耕地面积的 10.4%。

2）通过在小麦或玉米行间覆盖秸秆，能有效减少地表蒸发和降雨径流，提高耕层供水量，从而取得明显的增产效果。据调查测定，秸秆覆盖的抑蒸保墒效应可波及土体 100cm 深处，减少耗水量 895.5m³/hm²，节约灌溉用水 2100m³/hm²。据调查统计，近几年全省各类作物每年应用秸秆覆盖面积达 41.93 万 hm²，占全省耕地面积的 5.8%。

（5）增施有机肥技术。增施有机肥，可以增加土壤有机含量，有机质经微生物分解后形成腐殖质中的胡敏酸，它可把单粒分散的土壤胶结成团粒结构的土壤，使土壤容重变小，孔隙度增大，能使雨水和地表径流水渗入土层中。有团粒结构的土壤能把入渗土壤中的水变成毛管水保存起来,以减少蒸发。因此,增施有机肥不仅能提高土壤肥力,改善土壤结构,而且还能有效增大土壤的蓄水能力,增强根系吸收水分的能力,达到以肥调水、提高水分生产率的效果。河南省有机肥资源非常丰富,据调查统计,2006 年全省农作物施用商品有机肥达 122 万 t,各类秸秆还田量达 4726 万 t,施用各类农家肥达11163 万 t。

(6) 地面节水灌溉技术。目前生产上应用的地面节水灌溉技术主要有管灌、喷灌、畦灌、沟灌、滴灌、间歇灌、膜上灌、坐水种等。其中,管灌可将水的有效利用率提高到60%以上,喷灌可将水的有效利用率提高到 80%,膜上灌适用于所有实行地膜种植的作物,与常规沟灌玉米、棉花相比,可省水 40%～60%,并有显著增产效果。坐水种主要是利用坐水单体播种机,使开沟、浇水、播种、施肥和覆土一次完成,特别适用于有水源的旱作区,与常规沟、畦灌玉米相比,可节水 90%,增产 15%～20%。据调查统计,近几年全省各类作物每年应用地面节水灌溉面积达 189.4 万 hm²,占全省耕地面积的26.3%。

(7) 作物节水高产的化学调控技术。保水剂是一种高效吸水性树脂,能迅速吸收相当于自身重量数百倍到千倍以上的水分。保水剂拌种包膜后,播入土中能很快吸收水分形成水分黏液保护膜,以这种有效的方式将水富集于种子周围,改善了种子萌发时的土壤水分微环境,扩大了种子与土壤的接触面积,降低了土壤水分移向种子的传导阻力,对种子的萌发和成苗十分有利。据调查,目前该项技术在河南省的区域试验效果很好,但还未进行大面积推广。

2.2.2　山东省农业节水及节水管理

2.2.2.1　山东省省域水资源分析与评价

大气降水是山东省地表水和地下水的主要来源,全省多年平均淡水资源总量为305.82 亿 m³,产水模数为 19.9 万 m³/km²。山东省多年平均河川年径流量为 22.39 亿m³,50%、75%、95%水平年年径流量分别为 193.9 亿 m³、120.4 亿 m³、51.3 亿 m³。地下水资源计算分为山丘区与平原区,平原区以总补给量扣除井灌回归补给量作为地下水资源量,平原区多年平均地下水资源量为 89.98 亿 m³,资源模数为 16.1 万 m³/km²,山丘区多年平均地下水资源量为 67.42 亿 m³,资源模数为 8.6m³/km²,扣除山丘区与平原区 4.83 亿 m³ 的重复计算量,全省多年平均地下水资源量为 152.57 亿 m³,资源模数为11.4 亿 m³。山东省水资源特点如下:

(1) 水资源总量不足。山东省水资源总量仅占全国水资源总量的 1.1%,人均水资源占有量为 344m³(2000 年年底),仅占全国人均占有量的 14.7%,为世界人均占有量的4%,位居全国各省倒数第三位,属于人均占有量小于 500m³ 的严重缺水地区。按 2000年年末耕地面积计算,亩均占有水资源量 307m³,仅为全国均亩占有量的 16.7%。水资源总量不足,是造成全省水资源供需矛盾十分突出的主要原因。

(2) 水资源年际年内变化剧烈,开发利用难度大。山东省各地降水量存在明显的丰枯交替现象,连续丰水年与连续枯水年交替出现,年际之间降水差别较大,1964 年丰水年降水量为 1169.3mm,年径流量为 690 亿 m³,而 1981 年枯水年降水量仅为 445.5mm,

年径流量为 53.9 亿 m^3，长系列资料分析表明，山东省具有 60 年左右的丰枯变化周期。水资源年内分配还具有明显的季节性，全年降水量 70% 以上集中在汛期（6—9 月），春秋季节干旱少雨，春灌期仅占全年降水量的 14%，秋灌期仅占 8%。天然径流量的 90% 集中在汛期，主要集中在 7—8 月。鲁西北平原地区缺少拦蓄雨水条件，汛期易涝，而胶东半岛降雨量虽大，但源短流急，山洪暴发，难以拦蓄利用。年际和年内水资源丰枯不均、变化剧烈的特点是造成山东省洪涝、干旱等自然灾害的根本原因，给水资源利用带来很大困难。2008—2017 年山东省水资源总量变化见图 2-15。2008—2017 年山东省地表水、地下水及农业用水量见图 2-16。

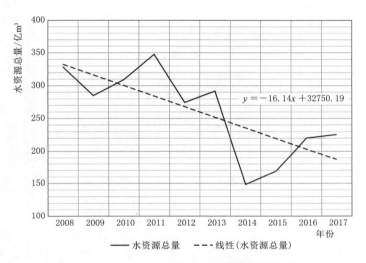

图 2-15 2008—2017 年山东省水资源总量变化

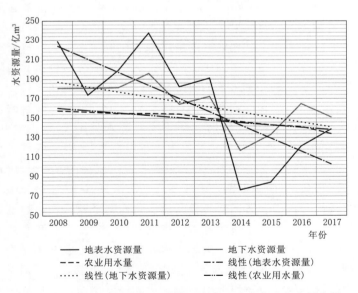

图 2-16 2008—2017 年山东省地表水、地下水及农业用水量

由图 2-15 和图 2-16 可知，近年来水资源总量呈下降趋势。按 1956—1999 年实测降水资料分析，山东省多年平均年降水量为 676.5mm，折合水量为 103.7 亿 m³；50%、75%、95% 水平年年降水量分别为 665.5mm、571.1mm、451.6mm。2014 年全省平均年降水量为 518.8mm，比上年 681.7mm 偏少 23.9%，比多年平均 679.5mm 偏少 23.7%，属枯水年份。2007—2016 年山东省降水量变化见图 2-17。图 2-17 显示，近年来山东省降水量总体呈下降趋势，2014 年的降水量为最低，属于枯水年。

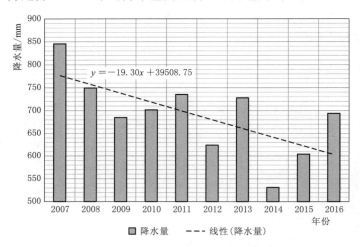

图 2-17　2007—2016 年山东省降水量变化

2014 年全省水资源总量为 148.44 亿 m³，其中地表水资源量为 76.61 亿 m³、地下水资源与地表水资源不重复量为 71.83 亿 m³。当地降水形成的入海、出境水量为 46.50 亿 m³。2014 年年末全省大中型水库蓄水总量为 24.93 亿 m³，比年初蓄水总量 41.70 亿 m³ 减少 16.77 亿 m³。2014 年年末与年初相比，全省平原区浅层地下水位总体上有所下降，平均下降幅度为 0.52m，地下水蓄水量减少 12.54 亿 m³。

（3）水资源地区分布不均。各地区之间降水量、径流量差别大，水资源分布不均。总的趋势是山脉南麓大于北麓，山丘区大于平原区，从东南沿海向鲁西北内陆递减，从胶东半岛东南部向半岛西北部递减。多年平均年降水量从鲁东南沿海的 850mm 向鲁西北递减到 550mm，从胶东半岛的 800mm 向莱州湾递减到 600～650mm，降水的高值区比低值区大 60% 以上。受季风影响，降水量年内变化很大，降水量的 70% 左右集中在 6—9 月，7—8 月占 50%。春旱少雨，秋季多涝。河川径流量占全年径流的 75%～90%，分布趋势由东南向西北减少，东南沿海及泰沂山南麓多年平均径流深为 260～300mm，高值区达 350mm 以上，而鲁西北、鲁西南平原，多年平均径流深只有 30～60mm。

（4）黄河水可用而不可靠。黄河水是鲁西北、鲁西南平原区农业的主要水源，黄河水的高效利用将关系到今后山东省水资源能否可持续利用。黄河水的开发利用为山东省国民经济和社会发展发挥了巨大作用。出于流域内降水减少，中上游的开发加快，进入 80 年代来，黄河经常断流，1997 年利津站断流达 226d。2000 年以来，尽管采取了多种措施，黄河山东段未发生断流，但随着黄河上中游引水量大幅度增加，山东黄河取水量将继续减少，每年分配的 70 亿 m³ 引黄河水量难以保证，黄河水"可用而不可靠"的状况日趋明显。2007—2016 年山东省农业用水量、地表供水量以及引黄河水量变化见图 2-18。

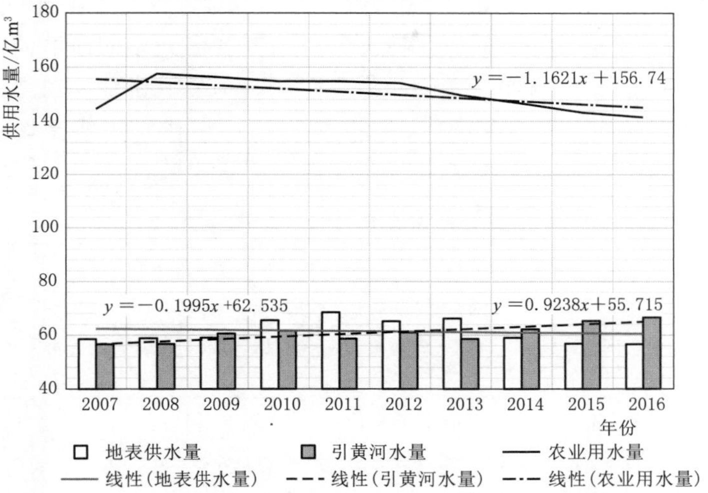

图 2-18　2007—2016 年山东省农业用水量、地表供水量以及引黄河水量变化

由图 2-18 分析可知，2007—2016 年山东省农业用水量呈缓慢下降的趋势，说明农业节水灌溉措施取得了良好的效果，引黄河水量总体呈上升趋势，变化不是特别大，每年 60 亿 m³ 左右，地表供水量总体看来没有太大变化。

2.2.2.2　山东省农业灌溉用水定额管理

山东省东临黄海、渤海，丘陵起伏，西北接华北平原，泰沂山脉横贯中央，地形地貌复杂。山区丘陵占 29%，平原占 55%，洼地、沼泽占 8%，其他占 8%。按地形特征分为鲁西南、鲁西北平原区，胶莱平原区，鲁中山地丘陵区和胶东半岛低山丘陵区。鲁西南、鲁西北平原从潍西到胶莱河谷呈一大弧形环绕在鲁中山地丘陵区的西北两侧，是黄河自孟津出山后进行增大扇形堆积形成的产物，境内地势平坦，海拔高度不足 70m，90% 以上的地面在海拔高度 50m 以下，地面坡度小于 5°。由济南上溯的黄河河道是鲁西、鲁北平原的分界线，黄河以南的鲁西平原实际上是古黄河三角洲，顶部在菏泽、曹县，海拔高度 70m，东边运河湖泊是前缘，海拔高度 25m 以下，黄河以北的鲁北平原则是现代黄河三角洲。

山东省气候具有明显的区域性差异。鲁东南沿海（包括半岛东端和东南沿海低山丘陵）为湿润气候区；半岛中部，鲁中、鲁西南（包括半岛中部丘陵、大沽河中下游平原、胶莱河和潍河中上游平原，鲁中南山地丘陵及鲁西南平原）属半湿润气候区，干燥度为 1.0～1.5。泰山地区以北的鲁西、鲁北平原和莱州湾沿海地区属半干旱地区，干燥度为 1.5～1.8。全省年平均气温为 1～14℃，由西南向东北递减，内陆高于沿海，平原高于山区。全省气温 1 月最低，平均为 -4.0～-1.0℃，最高气温内陆出现在 7 月，平均为 25～27℃，东部沿海出现在 8 月，平均气温低于 25℃。无霜期为 180～250d，大部地区 200d 以上，由东部沿海向西南递增。平均日照时数为 2290～2890h。全省多年平均陆地蒸发量为 450～600mm，多年平均水面蒸发量为 1000～1400mm，自西北向东南递减，蒸发量年内变化大，3—6 月占全年蒸发量的 50%，5 月蒸发量最大。

山东省地形、气候具有明显的区域性差异，对农业生产用水影响极大，决定了发展农业节水必须因地制宜地实行区域化分类指导。2019 年山东省发布了最新的农业用水定额标准。《山东省农业用水定额》（DB37/T 3772—2019）对省域的农业水利进行分区，并给出了山东省不同分区的主要农作物地面灌溉 50％、75％保证率的净灌溉定额、毛灌溉定额，水稻地面灌溉 75％、85％保证率的净灌溉定额、毛灌溉定额，主要作物喷灌、微灌85％保证率的净灌溉定额、毛灌溉定额。山东省种植业水利分区见表 2-6，农作物灌溉基本用水定额见表 2-7～表 2-9，农业用水定额调节系数见表 2-10。

表 2-6　　　　　　　　　　　　　　　种植业水利分区表

编号	分区	涉及城市	城市所辖县（区）	辖县（区）数	总数
Ⅰ区	鲁西南	菏泽	牡丹区、开发区、高新区、郓城县、鄄城县、曹县、定陶县、成武县、单县、巨野县、东明县	11	17
		济宁	任城区、做山县、鱼台县、嘉祥县、梁山县、金乡县	6	
Ⅱ区	鲁北	德州	德城区、陵城区、乐陵市、宁津县、禹城市、齐河县、平原县、夏津县、武城县、临邑县、庆云县	11	38
		聊城	东昌府区、临清市、阳谷县、莘县、东阿县、茌平县、冠县、高唐县、经济技术开发区、高新区	10	
		滨州	滨城区、沾化区、惠民县、无棣县、阳信县、博兴县、开发区、北海新区、高新区	9	
		东营	东营区、河口区、广饶县、利津县、垦利区	5	
		济南	济阳县、商河县	2	
		淄博	高青县	1	
Ⅲ区	鲁中	济南	市中区、历下区、天桥区、槐荫区、历城区、长清区、章丘区、莱芜区、钢城区、平阴县	10	40
		济宁	汶上县、泗水县、曲阜市、兖州区、邹城市	5	
		滨州	邹平市	1	
		泰安	泰山区、岱岳区、新泰市、肥城市、宁阳县、东平县	6	
		淄博	张店区、淄川区、博山区、周村区、临淄区、桓台县、沂源县	7	
		潍坊	奎文区、潍城区、寒亭区、坊子区、临朐县、昌东县、青州市、寿光市、安丘市、高密市、昌邑市	11	
Ⅳ区	鲁南	临沂	兰山区、罗庄区、河东区、高新区、经济开发区、郯城县、兰陵县、莒南县、沂水县、蒙阴县、平邑县、费县、沂南县、临沭县、临港区	15	28
		潍坊	诸城市	1	
		枣庄	市中区、峄城区、薛城区、台儿庄区、山亭区、滕州市	6	
		日照	东港区、莒县、五莲县、岚山区、经济技术开发区、山海天旅游度假区	6	
Ⅴ区	胶东	烟台	芝罘区、福山区、牟平区、莱山区、龙口市、莱阳市、莱州市、蓬莱市、招远市、栖霞市、海阳市、高新区、开发区、保税港区、长岛综合试验区	15	34
		青岛	市南区、市北区、李沧区、黄岛区、崂山区、西海岸新区、城阳区、即墨区、胶州市、平度市、莱西市	11	
		威海	环翠区、文登区、经济技术开发区、火炬高技术产业开发区、临港经济技术开发区、南海新区、荣成市、乳山市	8	

表 2-7 　　　　　　　　　　　　　　主要农作物灌溉基本用水定额

行业代码	行业名称	作物名称	保证率/%	分区灌溉基本用水定额				
				Ⅰ区	Ⅱ区	Ⅲ区	Ⅳ区	Ⅴ区
A0111	稻谷种植	水稻	75	420	446	478	420	
			85	446	478	510	446	
A0112	小麦种植	小麦	50	180	232	220	160	158
			75	207	258	245	195	187
A0113	玉米种植	玉米	50	43	90	77	40	40
			75	65	116	103	65	65
A0121	豆类种植	大豆	50	90	103	110	77	58
			75	130	142	160	116	97
A0122	油料种植	花生	50	40	45	40	32	32
			75	58	65	58	52	52
A0131	棉花种植	棉花	50	150	155	123	116	116
			75	180	195	155	155	155

表 2-8 　　　　　　　　　　　　　　主要蔬菜灌溉基本用水定额

行业代码	行业名称	作物名称	保证率/%	栽培方式	灌溉基本用水定额
A0141	蔬菜种植	番茄	50	露地	160
			75	露地	205
			90	设施栽培	330
		黄瓜	50	露地	187
			75	露地	230
			90	设施栽培	345
		青椒	50	露地	136
			75	露地	170
			90	设施栽培	265
		马铃薯	50	露地	98
			75	露地	129
			90	设施栽培	219
		茄子	50	露地	159
			75	露地	204
			90	设施栽培	330
		大葱	50	露地	127
			75	露地	166
		大蒜	50	露地	128
			75	露地	160
		姜	50	露地	160

续表

行业代码	行业名称	作物名称	保证率/%	栽培方式	灌溉基本用水定额
A0141	蔬菜种植	姜	75	露地	210
		大白菜	50	露地	101
			75	露地	126
			90	设施栽培	196
		芹菜	50	露地	81
			75	露地	100
			90	设施栽培	152
		西葫芦	50	露地	108
			75	露地	133
			90	设施栽培	199
		胡萝卜	50	露地	158
			75	露地	188
		青萝卜	50	露地	155
			75	露地	179
			90	设施栽培	238
		西瓜	50	露地	80
			75	露地	95
			90	设施栽培	150
		甜瓜	50	露地	90
			75	露地	108
			90	设施栽培	150

表 2-9　　　　　　　　　　　　主要水果灌溉基本用水定额

行业代码	行业名称	作物名称	保证率/%	分区灌溉基本用水定额				
				I 区	II 区	III 区	IV 区	V 区
A0151	仁果类和核果类水果种植	苹果	50	210	215	190	180	200
			75	260	270	240	230	250
		梨	50	190	195	170	160	180
			75	260	270	240	230	250
		桃	50	136	145	129	118	124
			75	153	156	151	129	156
		樱桃	50	126	130	122	117	120
			75	134	136	133	122	136
A0152	葡萄种植	葡萄	50	115	120	105	100	110
			75	145	150	135	130	140
A0159	其他水果	草莓	90	160	160	160	120	120

表 2-10 农业用水定额调节系数

水利分区	工程类型					取水方式			灌区规模		
	土渠输水	渠道防渗	管道输水	喷灌	微灌	自流引水	提水	地下水	大型	中型	小型
Ⅰ区	1.00	0.98	0.88	0.75	0.65	1.00	0.95	0.94	1.12	1.08	1.00
Ⅱ区	1.00	0.95	0.87	0.75	0.65	1.00	0.95	0.94	1.12	1.08	1.00
Ⅲ区	1.00	0.95	0.87	0.75	0.65	1.00	0.95	0.94	1.12	1.07	1.00
Ⅳ区	1.00	0.92	0.85	0.70	0.63	1.00	0.94	0.93	1.11	1.06	1.00
Ⅴ区	1.00	0.92	0.85	0.70	0.63	1.00	0.94	0.93	1.11	1.06	1.00

2.2.2.3 农业节水发展及分区节水情况

山东省多年平均年降水量为 676.5mm（1956—1999 年降水资料分析），降水量在地区分布上不均衡，分布趋势由东南沿海的 850mm 向西北递减到鲁中山区南侧的 550mm。鲁东南沿海年降水量为 800～900mm；胶东半岛丘陵南侧年降水量为 800mm 左右；胶东半岛东部、鲁中山区、鲁西南平原年降水量为 600～700mm；鲁北、鲁西北平原年降水量为 550～600mm。

山东省地貌大体分为中山、低山、丘陵、山间谷地、山前倾斜地、山前平原、沼泽平原、沿海低地、滩涂地、河滩高地、决口扇形地、冲积平原、洼地和现代黄河三角洲等类型。东部及中南部山地丘陵区以断裂构造形成的构造地貌为主，鲁西北平原主要是冲积地貌，以黄河泛滥沉积为主，地貌复杂。山东省的复杂地形与多种水源决定了灌区的特点。按水源类型全省分为引黄灌区、水库灌区、井灌区、引河引湖灌区及井渠结合灌区。总体上来看，全省 80% 以上灌区为提水灌区，20% 灌区为自流灌区。

截至 2016 年年底，山东省设计灌溉面积万亩以上灌区 765 处，有效灌溉面积为万亩以上的有 485 处，全省有效灌溉面积 7237 万亩，占耕地面积的 72.7%，其中水库灌溉面积 1060.5 万亩，引黄灌溉面积 2873 万亩，井灌区灌溉面积 3520.3 万亩。

1. 山东主体类型灌区调查结果

引黄灌区分布在鲁西南、鲁西北平原区沿黄地带，主要在东营、滨州、德州、聊城、菏泽及济南、济宁、淄博部分地区，灌溉面积达 2000 万亩以上，占全省有效灌溉面积的 30% 以上，以蓄引提灌溉为主。有效灌溉面积 30 万亩以上的大型灌区 9 处，10 万～30 万亩以上的中型灌区 18 处，1 万～10 万亩的中型灌区 39 处。引黄灌区灌溉水受上游水量的控制，春季断流时有发生，下游引黄灌区受到严重影响。该区上游地下水较丰富，可采取井渠结合的灌溉方式。引黄灌区灌溉仍比较粗放而且渠系配套不完善，用水管理难度大，灌溉水利用系数低，大多为 0.4～0.5。

水库灌区主要分布在鲁中南山丘区及胶东半岛低山丘陵区，以临沂、泰安、日照、烟台、青岛、威海六市为主，有效灌溉面积占全省有效灌溉面积的 15% 以上，约 1060.5 万亩，灌溉方式以自流为主。30 万亩以上的大型灌区 2 处，10 万～30 万亩的中型灌区 15 处，1 万～10 万亩的中型灌区 127 处，万亩以下的小型水库灌区 5424 处。水库灌区的水源以拦蓄地表径流为主，受降水影响，蓄水年际变化大。2007—2016 年以来，由于城市工业发展迅速，用水量增加，全省 32 座大型水库中已有 20 处水库转向城市供水，农业用水受到严重影响，水库灌区渠系工程老化严重，防渗效果差，跑水漏水，渠系水利用系数低，田间配套工程差，灌水浪费。近年来，大中型灌区续建配套工程的实施提高了灌区灌溉水平，但总体上渠系配套工程远不适应节水灌溉的要求。

2. 农业节水发展总体情况分析

山东省近年来作物种植面积不断提升，粮食产量也在不断提升。图 2-19 和图 2-20 分别为 2007—2016 年山东省作物播种面积和作物产量。

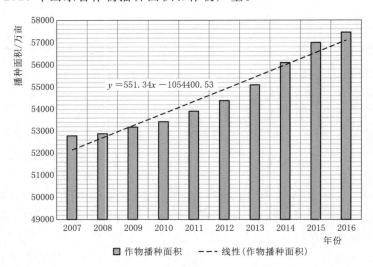

$$y = 551.34x - 1054400.53$$

图 2-19　2007—2016 年山东省作物播种面积

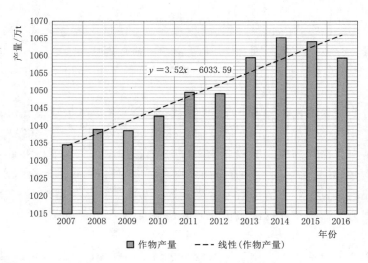

$$y = 3.52x - 6033.59$$

图 2-20　2007—2016 年山东省作物产量

2010 年以来，大力发展节水灌溉技术，山东省耕地面积总体保持不变，农业用水量变化不大，而节水灌溉面积持续增长。图 2-21 和图 2-22 分别为 2007—2016 年山东省耕地面积和农田有效灌溉面积。

2010 年，山东省耕地面积增加明显，其原因是《2006—2020 年山东省土地利用总体

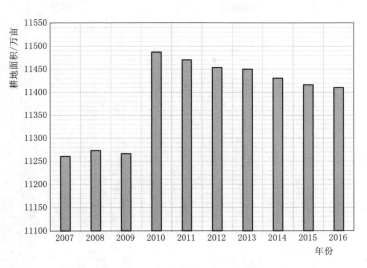

图 2-21　2007—2016 年山东省耕地面积

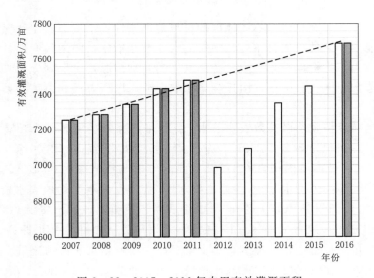

图 2-22　2007—2016 年农田有效灌溉面积

规划》中，计划要保质保量补充耕地面积，且以 2010 年为基准年，所以促使耕地面积增加。2010 年以后，耕地变化量不明显，总体保持在 1.14 亿亩左右。2011 年后，灌溉面积减少，其原因是山东省自 2011 年 1 月 1 日起，开始实施《山东省土地征收管理办法》，导致土地面积减少。

2007—2016 年山东省节水灌溉面积见图 2-23。2010 年以来，山东省耕地面积总体保持不变，农业节水灌溉面积呈持续增长趋势。

总体来看，山东省采取节水灌溉措施后，不仅促进了水资源的合理利用，而且使粮食增产增收，创造了巨大的社会经济效益。

3. 农业节水区特点及节水情况

山东省不同地区的自然、社会、经济、水资源、技术水平等因素决定其农业节水将实

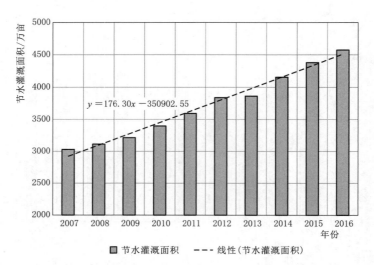

图 2 - 23　2007—2016 年山东省节水灌溉面积

行区域化的发展模式。充分考虑不同地区的自然地理条件、水资源供需状况、土地资源的利用基础、农业生产条件、作物布局、现有的农业节水措施，归纳相似性，因地制宜制定农业节水措施。山东省根据其东、中、西部发展的差别情况，主要划分为胶东半岛经济发达区高效农业节水分区、鲁中南低山丘陵渠灌农业节水区、鲁西北引黄井渠结合灌溉农业节水区。

（1）胶东半岛经济发达区高效农业节水分区。胶东半岛主要是低山丘陵渠井灌区高效农业节水分区，总面积为 5.29 万 km²，总人口为 2953.77 万人（2000 年），耕地面积为 206.237 万 hm²，有效灌溉面积为 141.508 万 hm²，耕地灌溉率为 0.68。区内地表径流较大，中小型水库较多，大型水库 16 座，中型水库 77 座。多年平均地表水资源量为 93.13 亿 m³，地下水水资源量为 40.09 亿 m³，扣除重复计算量，该区水资源总量为 108.93 亿 m³。该地区是山东省最缺水的地区，区内大部分为丘陵，小部分为平原区。由于生活用水量、工业用水量增长迅速，环境生态用水要求高，农业用水所占的比重小，水资源供需矛盾尖锐，农业收入在农民收入中占的比重较小，农业劳动力资源缺乏，农民对农业高效用水技术的需求迫切，不得不走农业节水的路子，多年来在节水灌溉工程标准、技术水平、技术引进、工程规模等方面都处于全国的前列，农业种植以高效经济作物为主，高标准节水灌溉面积绝大部分分布在该区。如威海市的乳山市引进以色列的重力式滴灌技术，烟台的招远市引进美国雨鸟的微喷技术，在果园中推广应用，起到了很好的示范作用。该区农业节水的特点是工程标准高，管理水平高，技术含量高，经济效益好。

（2）鲁中南低山丘陵渠灌农业节水区。该区位于山东省的中偏南部，总面积 4.76 万 km²，总人口为 3126.83 万人，耕地面积为 194.808 万 hm²，有效灌溉面积为 137.699 万 hm²，耕地灌溉率为 0.71。农业灌溉以水库渠灌为主，有一定的井渠结合面积，纯井灌面积部分分布在这一区域的南部平原。该区属陆地半湿润季风性气候，多年平均年降水量为 621～803mm，降水量充沛。降雨年份、年际分配不均，季节性缺水严重。该区面积较大，灌溉面积和人均耕地相对较少，农业生产水平不高。区内主要种植小麦、玉米等作物。近年农业结构调整力度大，特色农业发展较快，农业节水潜力也大，全省50%的水库集中在这一区域，对于水库灌区特别是大中型水库灌区，投资主体是国家，大都为国有资产，且承担着防洪、灌溉、供水等任务，一般均跨行政区，但灌区工程标准低，灌区老化退化严重，灌溉水的利用系数仅为0.405。

下一阶段，该农业节水区主要工作任务集中在：①加快灌区节水技术改造的配套，使有限的水资源发挥更大的效益。要加强灌区的建设和管理，在确保工业、生活、生态用水的同时，减少灌溉用水量。②结合山丘区小流域水土资源的综合治理，通过梯级拦蓄使分散水源高效利用。③应用旱地农业技术，发展不同类型的农业节水技术，形成集工程、农艺、生物等各种措施于一体的区域技术体系。

（3）鲁西北引黄井渠结合灌溉农业节水区。该区位于山东省的西部、西北部、西南部，总面积为5150万 hm²，总人口为2841.06万人，耕地面积为259.702万 hm²，有效灌溉面积为2083.276万 hm²，耕地灌溉率为0.78。农业灌溉水源以引黄为主，区内的纯渠、纯井灌面积较少。井渠结合灌溉是该区的灌溉特点，该区是该省粮、油、棉生产基地，农村经济欠发达，农业灌溉用水量较大，用水管理粗放，灌溉水的利用率较低。自20世纪80年代以来，全省及黄河中上游地区持续干旱，平均降水量少于常年5%～10%，黄河进入山东省的流量逐年减少，随着工农业生产的迅速发展，黄河下游需水量逐年增加，沿黄地区水资源供需矛盾日益加剧。灌区上游主要靠引黄河水灌溉，地下水利用率很低，而远离黄河的灌区主要依赖开采地下水灌溉。

"三分建，七分管"，灌区的运行管理是重中之重。而统一调度、计量供水是引黄灌区管理的主要核心。当前，引黄灌区地表水、地下水联合运用已成为引黄灌区农业节水的重要任务。下一步要建立县、乡、村测水、量水站点，形成多点计量的供水网络，制定切实可行的经营管理制度，在科学分区确定上、中、下游水费的基础上，实行灌区的计划用水、优化配水，落实政府-市场"两手发力"强化农业及农村节水。

2.3　黄河下游引黄灌区及农业节水管理

2.3.1　黄河下游引黄灌区概况

黄河下游引黄灌区主要涉及河南、山东两省。黄河从三门峡市灵宝市进入河南，经洛阳、济源、焦作、郑州、新乡、开封，至濮阳市台前县流入山东，在河南省境内的长度为710多千米。河南省引黄灌区涉及郑州、开封、洛阳、安阳、鹤壁、新乡、焦作、濮阳、许昌、三门峡、商丘、周口、济源等13个市、45个县（市、区），面积为3.8万 km²，农业人口3342万人。山东省引黄灌区处于鲁西北黄泛平原、沿黄山前平原和河口三角洲平原，包括黄河以北全部，黄河以南的菏泽地区，小清河以北，以及平阴、长清两县的部分地区和小清河以南沿河部分地区。灌区涉及济南、菏泽、淄博、济宁、滨州、聊城、德州、泰安、东营等53个县（市、区），面积为5.39万 km²。

图2-24为黄河下游引黄灌区及其供水工程分布图，表2-11为黄河下游流域外引黄灌区灌溉面积统计表。截至2016年年底，河南省黄河灌区总有效灌溉面积为1982.71万亩，

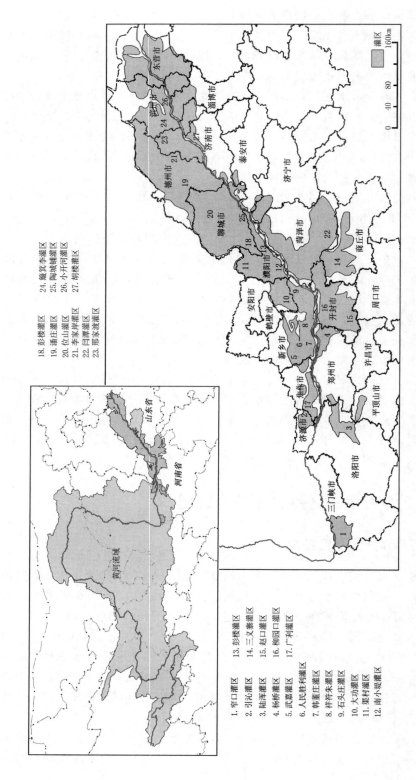

图 2 - 24　黄河下游引黄灌区及其供水工程分布图

其中，农田有效灌溉面积为 1909.13 万亩，林牧灌溉面积为 73.58 万亩；山东省黄河灌区总有效灌溉面积为 3070.37 万亩，其中，农田有效灌溉面积为 2816.27 万亩，林牧灌溉面积为 254.1 万亩。

表 2-11 　　　　　黄河下游流域外引黄灌区灌溉面积统计表（2016 年）

省		现状灌溉面积/万亩				现状用水量/万 m³	现状灌溉水利用系数	现状节水灌溉面积/万亩				
		总面积	农田有效灌溉面积	林果草	农田实灌			渠道防渗	管灌	喷灌	微灌	小计
流域外引黄灌区	河南	715	698	17	640	184158	0.47	43	89	16	2	150
	山东	2690	2673	18	2524	693446	0.50	617	510	6	4	1137
	合计	3405	3371	35	3164	877604	0.49	660	599	22	6	1287

超过 30 万亩以上为大型灌区，1 万～30 万亩为中型灌区，小于 1 万亩为小型灌区。下面对河南、山东两省灌区范围及所处行政区域边界进行界定，这是为灌区水资源供-用-耗-排进行分析的基础。

2.3.1.1　河南省域引黄灌区

河南灌区涉及郑州、开封、洛阳、安阳、鹤壁、新乡、焦作、濮阳、许昌、三门峡、商丘、周口、济源等 13 个市 45 个县（市、区）。农业人口 3342 万人，占全省的 43.60%。耕地面积为 234 万 hm²，占全省耕地面积的 35.50%。2005 年以来，全省多年平均引黄取水量为 28.20 亿 m³，占流域分配取水量 55 亿 m³ 的 51%。

引黄灌区河南段大型灌区占据了主导地位，中型灌区数量虽多，但面积不大。表 2-12 和表 2-13 分别为河南省域大型、中型引黄灌区所在地区情况。

表 2-12　　　　　　　　河南省域大型引黄灌区所在地区　　　　　　　　单位：万亩

灌区名称	所 在 地 区	设计灌溉面积	灌区灌溉面积
窄口灌区	三门峡市	35.5	22.2
引沁灌区	济源市、焦作市、洛阳市	31.73	31.73
陆浑灌区	洛阳市、平顶山、郑州市	31.22	31.22
杨桥灌区	郑州市	134.28	64.41
武嘉灌区	焦作市、新乡市	36	26.4
人民胜利灌区	新乡市、焦作市、安阳市	85	75.53
韩董庄灌区	新乡市	58.16	38.48
祥符朱灌区	新乡市	36.5	18.44
石头庄灌区	濮阳市	35	25.8
大功灌区	新乡市、濮阳市、安阳市、鹤壁市	140.96	128.38
渠村灌区	濮阳市	145.7	145.7
南小堤灌区	濮阳市	83.34	83.34
彭楼灌区	濮阳市	31.08	27.21
三义寨灌区	开封市、商丘市	41.26	33.21

续表

灌区名称	所 在 地 区	设计灌溉面积	灌区灌溉面积
赵口灌区	郑州市、开封市、许昌市、周口市	366.54	196.4
柳园口灌区	开封市	29.99	29.99
广利灌区	济源市、焦作市	181	181
合计		1503.26	1159.44

表 2－13　　　　　　　　　河南省域中型引黄灌区所在地区　　　　　　　　单位：万亩

灌区名称	所 在 地 区	设计灌区面积	灌区灌溉面积
三刘寨灌区	郑州市中牟县	28.95	21
李村灌区	郑州市荥阳市	6	4.5
花园口灌区	郑州市中牟县	24.17	3.5
提黄灌区	洛阳市新安县	7.21	0.5
青沟水库灌区	洛阳市嵩县	2.5	1.5
孟津	洛阳市孟津县	15	15
宜洛南渠	洛阳市宜阳县	3	1.4
宜洛北渠	洛阳市宜阳县	3.1	1.5
寻村渠	洛阳市宜阳县	1.5	1.25
张午渠	洛阳市宜阳县	2	1.3
韩城渠	洛阳市宜阳县	2.05	1.03
丹西灌区	焦作市沁阳市	5.3	3.3
丹东灌区	焦作市沁阳市	16.9	12.3
王召灌区	焦作市沁阳市	5	3.3
王称固	濮阳市濮阳县	13.28	12
邢庙	濮阳市范县	17.11	17.55
于庄	濮阳市范县	10.14	4.76
孙口	濮阳市台前县	10.26	9.11
王集	濮阳市台前县	10.35	7.09
满庄	濮阳市台前县	13.47	5.97
包公庙灌区	商丘市睢阳区	10	10
左寨灌区	新乡市长垣县	17	17
后寺河水库灌区	郑州市巩义市	0.6	0.6
沟水坡灌区	三门峡灵宝市	5.6	5.6
小河灌区	三门峡灵宝市	3.3	3.3
黑岗口灌区	开封市	18.6	11.47
北滩灌区	开封市兰考县	8.43	8.43
辛庄灌区	新乡市封丘县	17.1	17.1
堤南灌区	新乡市原阳县	25.7	25.7
合计		305.62	228.36

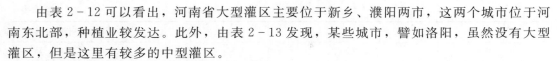

由表 2-12 可以看出，河南省大型灌区主要位于新乡、濮阳两市，这两个城市位于河南东北部，种植业较发达。此外，由表 2-13 发现，某些城市，譬如洛阳，虽然没有大型灌区，但是这里有较多的中型灌区。

2.3.1.2　山东省域引黄灌区

山东段引黄灌区有大中小型灌区近百处，主要集中在聊城市、菏泽市、滨州市、济宁市、济南市、东营市、淄博市、德州市、泰安市等地市。表 2-14 和表 2-15 分别为山东省域大型、中型引黄灌区所在地区情况。

表 2-14　　　　　　　　　山东省域大型引黄灌区所在地区　　　　　　　　单位：万亩

灌区名称	所　在　地　区	有效灌溉面积	地级市引黄灌区面积
彭楼灌区	聊城市	130	729.8
陶城铺灌区	聊城市阳谷县	66.66	
位山灌区	聊城市	500.67	
郭口灌区	聊城市东阿县东部	32.47	
闫潭灌区	菏泽市西南部	113.48	343.74
谢寨灌区	菏泽市中南部	45.66	
刘庄灌区	菏泽市牡丹区	60	
苏泗庄灌区	菏泽市鄄城县	46	
苏阁灌区	菏泽市郓城县	37	
杨集灌区	菏泽市郓城县	41.6	
簸箕李灌区	滨州市最西部	73.71	341.11
韩墩灌区	滨州市	40	
打渔张灌区	滨州市博兴县	66.4	
白龙湾灌区	滨州市惠民县	33.25	
胡楼灌区	滨州市邹平县	61.75	
小开河灌区	滨州市	66	
邢家渡灌区	济宁市东北部	89	154.37
陈垓灌区	济宁市梁山县	42.21	
国那里灌区	济宁市梁山县	23.16	
田山灌区	济南市平阴县	24	105.1
胡家岸灌区	济南市章丘区	34	
陈孟圈灌区	济南市历城区	25	
雪野水库	济南市莱芜区市西北部	22.1	
王庄灌区	东营市河口区	47	109.36
麻湾灌区	东营市	38.27	
双河灌区	东营市垦利区	24.09	
马扎子灌区	淄博市高青县西部	30.4	60.38
刘春家灌区	淄博市高青县东部	29.98	

续表

灌区名称	所 在 地 区	有效灌溉面积	地级市引黄灌区面积
潘庄灌区	德州市西部	339.15	569.15
李家岸灌区	德州市东部	230	
堽城坝灌区	泰安市宁阳县	26.32	26.32
合计		2439.33	2439.33

表 2-15　　　　　　　　　山东省域中型引黄灌区所在地区　　　　　　　单位：万亩

灌区名称	所 在 地 区	有效灌溉面积	地级市引黄灌区面积
沟杨灌区	济南市济阳县	3.21	74.7
葛店灌区	济南市济阳县	3.09	
张辛灌区	济南市济阳县	2.07	
外山灌区	济南市平阴县	0.7	
龙桥灌区	济南市平阴县	1	
柳山头灌区	济南市	0.9	
望口山灌区	济南市栾湾乡	0.7	
东风电灌站灌区	济南市长清区	0.4	
钓鱼台水库灌区	济南市长清区	16.96	
吴家堡引黄灌区	济南市槐荫区	15.28	
大冶水库灌区	济南市莱芜区	1.35	
鹁鸽楼水库灌区	济南市莱芜区	1.05	
公庄水库灌区	济南市莱芜区	1	
杨家横灌区	济南市莱芜区	7.36	
葫芦山灌区	济南市莱芜区	5.97	
乔店灌区	济南市莱芜区	3.52	
段店井灌区	济南市	8.99	
杨庄灌区	济南市	1.15	
曹店灌区	东营市	1.09	13.26
胜利灌区	东营市	1.2	
宫家灌区	东营市利津区	1.15	
路庄灌区	东营市垦利区	1.1	
五七灌区	东营市垦利县	1	
垦东灌区	东营市	1.04	
东水源灌区	东营市河口区	1.03	
丁庄引黄灌区	东营市	5.65	

灌区名称	所 在 地 区	有效灌溉面积	地级市引黄灌区面积
黄前水库灌区	泰安市岱岳区	0.78	
胜利水库灌区	泰安市	1	
颜谢引河灌区	泰安市	19.21	
安孙灌区	泰安市肥城市	8.17	
尚庄炉水库灌区	泰安市肥城市	8.23	
东引汶灌区	泰安市宁阳县	6.17	
月牙河水库灌区	泰安市宁阳县	4.5	
直界水库灌区	泰安市宁阳县	19.75	
贤村水库灌区	泰安市宁阳县	11.5	
东周灌区	泰安市新泰市	12.5	
光明水库灌区	泰安市新泰市	3.8	137.61
黄花岭灌区	泰安市新泰市	0.3	
金斗水库灌区	泰安市新泰市	8.6	
龙池庙灌区	泰安市新泰市	8.6	
田村灌区	泰安市新泰市	0.5	
苇池水库灌区	泰安市新泰市	0.5	
祝福庄灌区	泰安市	13	
二十里铺引湖灌区	泰安市东平县	6.3	
无盐引汶灌区	泰安市东平县	1.1	
引汶灌区	泰安市宁阳县	1.2	
引湖灌区	泰安市东平县	1.5	
姜沟灌区	泰安市东平县	0.4	
引卫灌区	德州市德城区	16.5	
豆腐窝灌区	德州市齐河县	6.4	24.1
韩刘灌区	德州市齐河县	1.2	
班庄灌区	聊城市冠县	0.25	
仲子庙灌区	聊城市莘县	1.5	
魏楼灌区	聊城市	5.76	31.9
桃园灌区	聊城市东阿县	0.7	
姚寨灌区	聊城市东阿县	23.69	

续表

灌区名称	所 在 地 区	有效灌溉面积	地级市引黄灌区面积
滨城张肖堂灌区	滨州市	1.5	
大崔灌区	滨州市惠民县	1.3	
归仁灌区	滨州市惠民县	1	
张桥引黄灌区	滨州市邹平县	1	32
南部山区灌区	滨州市邹平县		
张肖堂灌区	滨州市	14.3	
兰家灌区	滨州市	8.9	
大道王灌区	滨州市	4	
高村灌区	菏泽市东明县	1.9	
旧城引黄灌区	菏泽市鄄城县	10.6	23.66
周集灌区	菏泽市	5.96	
夹河赵灌区	菏泽市	5.2	
石集水库灌区	济宁市鱼台县	17.5	17.5
合计		354.73	354.73

2.3.2　农业用水定额差异分析

农业地耗水具体是指农林地的陆面蒸发、作物净灌溉定额和吸取地下水量，耗水定额参照区域的作物实际用水情况及需水实验来确定的，反映了当地农业用水及节水水平。

2.3.2.1　引黄灌区所涉区域的用水定额

根据对灌区的情况调查，黄河下游引黄灌区涉及河南省省辖市 14 个，山东省省辖市 5 个，其中涉及平顶山市的灌区面积较小，在分析河南省和山东省农业用水定额差异时可以忽略不计。

1. 河南引黄灌区所处水利分区

河南省域内引黄灌区所涉区域及主要农作物灌溉基本用水定额见表 2 - 16 和表 2 - 17。

表 2 - 16　　　　　　　　河南省域内引黄灌区所涉区域

一级区	二级区	省辖市	县（市、区）
I．豫北区	I₁．豫北平原区	安阳市	安阳市区、安阳县、汤阴县、滑县、内黄县
		濮阳市	濮阳市区、清丰县、南乐县、范县、台前县、濮阳县
		新乡市	新乡市区、新乡县、获嘉县、原阳县、延津县、封丘县、长垣市、卫辉市
		焦作市	博爱县、武陟县、温县、沁阳市、孟州市
		鹤壁市	浚县、淇县

一级区	二级区	省辖市	县（市、区）
Ⅰ．豫北区	Ⅰ₂．豫北山丘区	安阳市	林州市
		新乡市	辉县市
		焦作市	焦作市区、修武县
		鹤壁市	鹤壁市区
		济源市	济源市
Ⅱ．豫西区		洛阳市	洛阳市区、孟津县、新安县、栾川县、嵩县、汝阳县、宜阳县、洛宁县、伊川县、偃师市
		三门峡市	三门峡市区、渑池县、卢氏县、义马市、灵宝市
		郑州市	上街区、巩义市、荥阳市、新密市、登封市
		平顶山市	石龙区、鲁山县、汝州市
Ⅲ．豫中、豫东区	Ⅲ₁．豫中平原区	郑州市	郑州市区（不含上街区）、中牟县、新郑市
		平顶山市	平顶山市区（不含石龙区）、宝丰县、叶县、郏县
		许昌市	许昌市区、鄢陵县、襄城县、禹州市、长葛市
	Ⅲ₂．豫东平原区	开封市	开封市区、杞县、通许县、尉氏县、兰考县
		商丘市	商丘市区、民权县、睢县、宁陵县、柘城县、虞城县、夏邑县、永城市
		周口市	周口市区、扶沟县、西华县、商水县、沈丘县、郸城县、太康县、鹿邑县、项城市

表 2-17　　　　　河南省域内引黄灌区主要农作物灌溉基本用水定额

行业代码	行业名称	作物名称	水文年型	用水定额/（m³/亩）				
				Ⅰ₁	Ⅰ₂	Ⅱ	Ⅲ₁	Ⅲ₂
A011	谷物种植	小麦	50%	125	120	110	95	88
			75%	155	150	140	130	120
		玉米	50%	98	90	85	80	75
			75%	127	116	110	105	95
		水稻	50%	423	413	405	395	380
			75%	497	485	475	463	450
A012	豆类、油料和薯类种植	大豆	50%	85	80	75	70	65
			75%	108	100	95	90	85
		花生	50%	80	75	70	65	60
			75%	105	98	90	85	80
		油菜	50%	100	95	90	82	75
			75%	120	115	110	103	98
		红薯	50%	50	50	45	40	40
			75%	85	85	80	75	75

续表

行业代码	行业名称	作物名称	水文年型	用水定额/(m³/亩)				
				I₁	I₂	II	III₁	III₂
A013	棉、麻、糖、烟草种植	棉花	50%	105	98	90	85	80
			75%	135	127	120	112	105
		烟草	50%	—	—	130	125	115
			75%	—	—	165	155	145

在水文年型 75% 时，河南省引黄灌区主要农作物中水稻的用水定额最高，区域内水稻的平均灌溉基本用水定额达 475m³/亩。小麦、棉花、玉米、油菜、大豆、烟草、花生、红薯，区域内平均灌溉基本用水定额分别为：140m³/亩、120m³/亩、110m³/亩、110m³/亩、95m³/亩、165m³/亩、90m³/亩 和 80m³/亩。图 2-25 给出了河南省引黄灌区主要农作物灌溉基本用水定额。

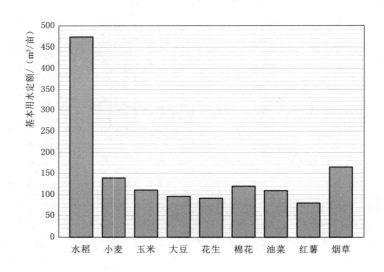

图 2-25　河南省引黄灌区主要农作物灌溉基本用水定额（水文年型：75%）

图 2-26～图 2-28 分别给出了水稻、小麦和玉米 3 种农作物的基本用水定额。如图 2-26～图 2-28 显示，河南省域引黄灌区中豫北平原区（I₁）种植各类谷物所需灌溉基本用水定额最高，其次是豫北山丘区（I₂）、豫西区（II）、豫中平原区（III₁）、豫东平原区（III₂）。此外，大豆、花生、棉花等农作物的不同灌溉分区灌溉基本用水定额变化规律与谷物一致。

2. 山东引黄灌区所处水利分区

山东省域内引黄灌区所涉区域及主要农作物、水果灌溉基本用水定额见表 2-18～表 2-20。

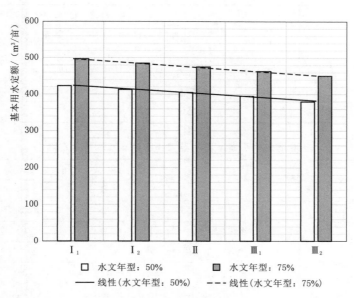

图 2-26 河南省引黄灌区不同灌溉分区水稻灌溉基本用水定额

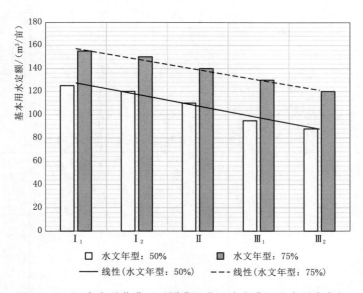

图 2-27 河南省引黄灌区不同灌溉分区小麦灌溉基本用水定额

表 2-18 山东省域内引黄灌区所涉区域

编号	分区	涉及城市	城 市 所 辖 县 （市、区）
Ⅰ区	鲁西南	菏泽	曹县、成武县、单县、东明县
Ⅱ区	鲁北	德州	陵城区、乐陵市、宁津县、禹城市、齐河县、平原县、夏津县、临邑县、庆云县

续表

编号	分区	涉及城市	城市所辖县（市、区）
Ⅱ区	鲁北	聊城	东昌府区、临清市、阳谷县、莘县、东阿县、茌平县、冠县、高唐县、经济技术开发区
		滨州	滨城区、惠民县、无棣县、阳信县
		济南	济阳县、商河县
Ⅲ区	鲁中	济南	天桥区

表 2 - 19　　　　　　　　山东省域内引黄灌区主要农作物灌溉基本用水定额

行业代码	行业名称	作物名称	水文年型	用水定额/(m³/亩)		
				Ⅰ区	Ⅱ区	Ⅲ区
A0111	稻谷种植	水稻	75%	420	446	478
			85%	446	478	510
A0112	小麦种植	小麦	50%	180	232	220
			75%	207	258	245
A0113	玉米种植	玉米	50%	43	90	77
			75%	65	116	103
A0121	豆类种植	大豆	50%	90	103	110
			75%	130	142	160
A0122	油料种植	花生	50%	40	45	40
			75%	58	65	58
A0131	棉花种植	棉花	50%	150	155	123
			75%	180	195	155

表 2 - 20　　　　　　　　山东省域内引黄灌区主要水果灌溉基本用水定额

行业代码	行业名称	作物名称	保证率	分区灌溉基本用水定额/(m³/亩)		
				Ⅰ区	Ⅱ区	Ⅲ区
A0151	仁果类和核果类水果种植	苹果	50%	210	215	190
			75%	260	270	240
		梨	50%	190	195	170
			75%	260	270	240
		桃	50%	136	145	129
			75%	153	156	151
		樱桃	50%	126	130	122
			75%	134	136	133
A0152	葡萄种植	葡萄	50%	115	120	105
			75%	145	150	135
A0159	其他水果	草莓	90%	160	160	160

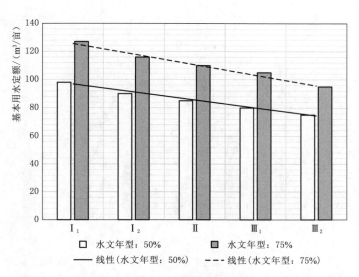

图 2-28 河南省引黄灌区不同灌溉分区玉米灌溉基本用水定额

在水文年型 75％时，山东省引黄灌区主要农作物中水稻的灌溉基本用水定额最高，区域内水稻的平均灌溉基本用水定额达 448m³/亩。随后依次为：小麦、棉花、大豆、玉米、花生，区域内平均灌溉基本用水定额分别为：236.67m³/亩、176.67m³/亩、144m³/亩、94.67m³/亩和 60.33m³/亩。图 2-29 为山东省引黄灌区主要农作物灌溉基本用水定额对比图。

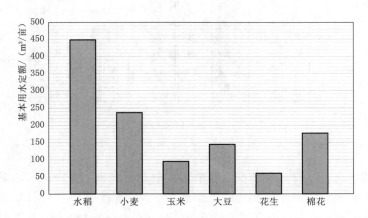

图 2-29 山东省引黄灌区主要农作物灌溉基本用水定额对比图（水文年型：75％）

图 2-30 和图 2-31 为山东省引黄灌区不同区域主要农作物、水果灌溉基本用水定额。

山东省引黄灌区涉及的灌溉分区包括Ⅰ区鲁西南、Ⅱ区鲁北、Ⅲ区鲁中，各类主要农作物的灌溉基本用水定额在不同灌溉分区中呈不同的变化规律。其中水稻、大豆的灌溉基本用水定额在Ⅰ区鲁西南、Ⅱ区鲁北、Ⅲ区鲁中依次递增；小麦和玉米的灌溉基本用水定额在Ⅱ区鲁北最高，其次是Ⅲ区鲁中，最后是Ⅰ区鲁西南；花生的灌溉基本用水定额在Ⅱ

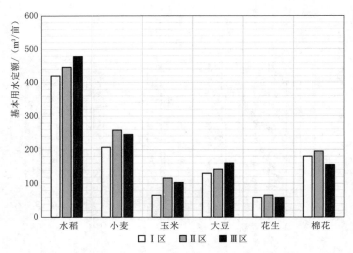

图2-30 山东省引黄灌区不同区域主要农作物灌溉基本用水定额（水文年型：75%）

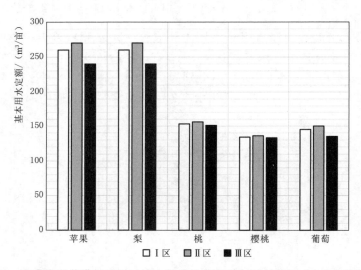

图2-31 山东省引黄灌区不同区域主要水果灌溉基本用水定额（水文年型：75%）

区鲁北最高，其次是Ⅰ区鲁西南和Ⅲ区鲁中，其中鲁西南和鲁中的花生灌溉基本用水定额一致；棉花的灌溉基本用水定额在Ⅱ区鲁北最高，其次是Ⅰ区鲁西南，最后是Ⅲ区鲁中。

此外，对比分析图2-31和表2-20发现，山东省域内引黄灌区主要水果灌溉基本用水定额有着明显的规律，除了草莓的灌溉基本用水定额为三个灌溉分区相同，其他主要水果的灌溉基本用水定额均为Ⅱ区鲁北最高，Ⅰ区鲁西南次之，Ⅲ区鲁中最低。

2.3.2.2 两省农业用水定额差异比较分析

引黄灌区所涉及河南、山东两省区域的农业灌溉基本用水定额存在着明显的差异。这些差异包括两部分：一部分是各个省内涉及区域不同农作物、不同灌溉分区灌溉基本用水定额存在着明显的不同；另一部分是河南、山东两省之间的农业灌溉基本用水定额存在着明显的区别，包括同种农作物灌溉基本用水定额的不同以及主要农作物种类的差别。图

2-32为河南、山东两省引黄灌区主要农作物灌溉基本用水定额对比图。

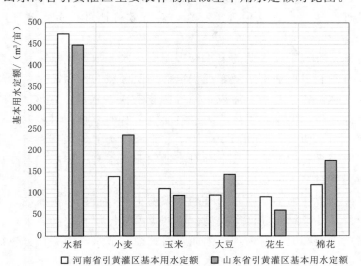

图2-32 河南、山东两省引黄灌区主要农作物灌溉基本用水定额对比图（水文年型：75%）

图2-32显示，主要农作物中河南省引黄灌区的灌溉基本用水定额高于山东省引黄灌区的灌溉基本用水定额的包括水稻、玉米、花生；而山东引黄灌区内灌溉基本用水定额较高的农作物包括小麦、大豆、棉花。此外，除了水稻、小麦、玉米、棉花等主要农作物，山东省域内引黄灌区相较于河南省域内引黄灌区种植了更多种类的水果，包括苹果、梨、葡萄、草莓等。

2.4 本章小结

我国作为全球13个人均水资源最贫乏的国家之一，用水大户的农业节水问题一直是社会关注的重点。我国农业用水量大概占总用水量的70%，我国全部耕地中只有40%确保灌溉，农业年缺水量超过300亿 m^3 ，每年因缺水造成农业损失超过1500亿元。2000年以来，一方面，我国大力推广节水灌溉，我国农田亩均灌溉用水量由420m^3下降到361m^3；另一方面，粮食不断增加，采用节水灌溉措施亩均增产粮食10%～40%。黄河下游引黄灌区主要涉及河南、山东两省。在国家农业节水的大背景下，本章主要分析黄河下游河南、山东两省农业节水技术研究及节水管理的相关情况，结论如下：

（1）农业节水技术已在河南、山东两省大范围推广应用，节水、增产、增粮效果明显。数据分析结果显示，2007年以来两省的耕地面积在总体保持稳定的情况下，均小幅度减小，但是农田有效灌溉面积及节水灌溉面积一直呈上升趋势，表明节水资金持续投入。粮食持续增产、增收，农业总用水量变化不大，特别是河南省，近5年，粮食产量实现五连增，农业总用水量略有下降，表明农业节水技术应用效果明显。

（2）国家等政策对两省耕地、节水等农业工作影响较大。《国务院关于河南省土地利用总体规划的批复》（国函〔2009〕80号）后，2008—2009年"退还占用耕地依法复垦"

增加约 2000 万亩耕地。实际上，地方由于经济社会发展需要占用耕地，2010 年出台《山东省土地征收管理办法》允许这种现象存在，对有效耕地进行重新梳理，导致耕地面积减少。

（3）灌溉定额是我国一项重要的节水管理制度。农业地耗水具体是指农林地的陆面蒸发、作物净灌溉定额和吸取地下水量，耗水定额参照区域的作物需水实验确定。农业节水与灌区所处不同地理位置、气候、灌溉水源等因素有关，河南、山东两省在 2020 年颁布农业灌溉节水标准，新标准反映了这些因素对灌溉节水的影响，对境内农业节水将会产生促进作用。河南、山东两省大部分面积处于华北平原，类似地区灌溉定额不同，实际用水也存在差异，表明节水管理制度、政策等对当地农业用水有一定影响，在后面节水分析需考虑水行政管理因素对节水的影响。

（4）根据水源划分，河南、山东两省灌区类型主要包括：引黄灌区、水库灌区、井灌区、引河引湖灌区及井渠结合灌区等类型。不同类型灌区用水差异较大，在已发布的灌溉定额标准和实际用水定额上均有体现。因而，引黄灌区节水潜力评估分析需要根据不同水源特点开展具体的节水分析，譬如黄河水、地下水、渠系水、地下水等。

（5）黄河下游仍然有较大节水潜力。发展节水农业，能够有效地提高水分利用率和效益，扩大有效灌溉面积，保障粮食安全生产，促进水资源利用、经济发展和环境治理的有机统一，此外，还能促进农业结构调整。已有的节水实践表明，节水技术及管理实践不仅有效改善了两省的农业基本生产条件，提高了抗旱防灾能力和水资源利用率，缓解了水资源紧缺状况，而且扩大了旱涝保收田面积，减轻了因旱灾给农业生产造成的经济损失。特别是农艺节水深松耕、地面覆盖、增施有机肥等农艺措施的应用，减少了地表径流和水土流失，改良了土壤条件，达到了蓄水保墒、培肥地力的目的。

第 3 章

河南段引黄灌区供水与农业节约用水

黄河是河南省最大的过境河流,其水资源量占全省入境水资源总量的近 90%,黄河水已经成为中原地区经济社会发展的重要支撑。河南省 18 个地市中,8 个地市位于黄河两岸,另有 5 个地市引用黄河水灌溉。自 1999 年至 2019 年,20 年来河南黄河干流累计调度供水 518 亿 m³,多次化解河南沿黄地区重大旱情,有效灌溉面积达 1280 万亩,抗旱补源 890 万亩,为河南沿黄 26 处大中型灌区粮食丰产提供了水资源保障。

本章为了分析整个黄河下游河南段引黄灌区的用水水平,采用以点带面的方法,考虑到河南灌区资料的系统性和完整性,选定郑州市、开封市、洛阳市、新乡市、焦作市、濮阳市、三门峡市、济源市、安阳市、鹤壁市、许昌市、周口市、平顶山市共计 13 个地市所在大型灌区做具体分析,对河南省中型、小型灌区做综合分析。

3.1 河南省农业产业结构及灌区供水

黄河从三门峡市灵宝市进入河南,经洛阳市、济源市、焦作市、郑州市、新乡市、开封市,至濮阳市台前县流入山东,在河南省境内的长度为 710 多千米。

3.1.1 主要农作物及种植情况

河南省是我国重要的粮棉油生产基地,主要作物有小麦、玉米、谷子、棉花、油料、烟叶等,尤其是小麦、玉米等农产品在全国占有重要地位[126]。各种农作物中种植比例大于 5% 的旱作物有 7 类,按面积大小依次是小麦、玉米、蔬菜瓜果、棉花、油料、豆类、薯类,另有少量的水稻、谷子、麻类、烟叶、高粱等作物。本书主要分析河南种植作物播种面积,图 3-1 给出了 2016 年河南省各地市农作物的种植面积。2010 年以后河南省种植结构虽有所调整,但变化不大,图 3-2 和图 3-3 主要给出 1985—2010 年河南省农口产业结构及各类型作物耕种面积的占比情况。

综合分析图 3-2 和图 3-3 发现:

(1)在河南省种植业内部,粮食作物的播种面积不断减少,而经济作物的播种面积不断扩大,其他作物种植面积基本稳定,这种变化也符合农业产业结构演进的一般趋势。经济作物种植面积的增加更能促进河南省经济的增长,而且随着工业化的推进,市场对于粮食的需求越来越少,而对经济作物的需求却与日俱增,这在客观上要求农业产业内部必须根据市场的变化来调整其种植结构。

(2)虽然经济作物的种植面积在不断地增加,但是在河南省种植业内部,粮食作物仍然是主导。经济作物的播种面积一直远远小于粮食作物,而经济作物的产出效益一般要高于粮食作物，所以目前的这种布局可能会直接降低农民的收入水平。

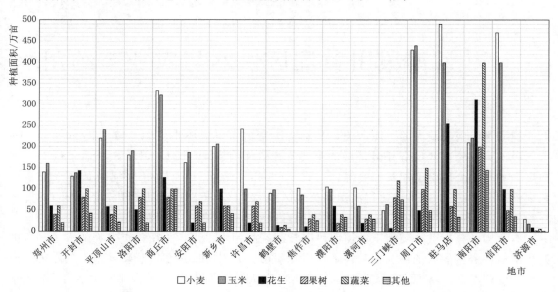

图 3-1　2016 年河南省各地市农作物的种植面积

注：在整个农业系统中，种植业生产属于第一支柱生产，主要包括三大部分：粮食作物、
经济作物和其他农作物。粮食作物主要包括小麦、玉米、大豆等；经济作物包括棉花、
油料、蔬菜、水果等；其他农作物包括青饲料、花卉等。

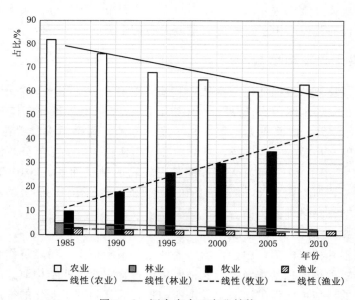

图 3-2　河南省农口产业结构

3.1.2　引黄灌区供水及其节水

黄河下游引黄灌区河南段地处华北平原，所处区域降雨少且季节分布不均，农业生产

高度依赖引黄灌溉，灌区内灌溉面积的 3/4 以地面渠灌为主。节水灌溉工程大多以管灌、喷灌、微灌为主，其中管灌在灌溉方式中占据主要地位[127-130]。图 3 - 4 为 2007—2016 年引黄灌区采用不同节水技术的灌溉面积。

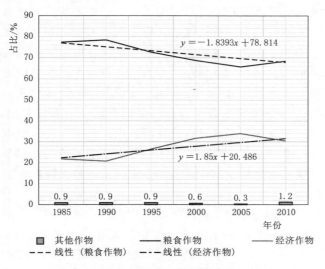

图 3 - 3　河南省各类型作物耕种面积占比

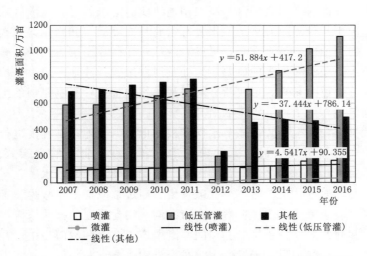

图 3 - 4　2007—2016 年引黄灌区采用不同节水技术的灌溉面积

图 3 - 4 显示，各种节水技术均得到了一定应用，特别是，低压灌溉技术应用面积增长较大。其他（主要为大水漫灌）从 2006 年以来呈下降趋势，由此可以看出节水灌溉技术逐渐被大力推广的趋势。

引黄灌溉方式概括起来主要有三种：自流灌溉模式、提水灌溉模式和补源灌溉模式。

（1）自流灌溉模式是引黄灌溉发展初期采用并发展起来的模式。其特点是：渠首自流引水、渠道输水自流入田、渠系工程灌排分设。它一般分布在引黄灌区上游，水源与地面高差大，引水条件便利，工程配套较好。

（2）提水灌溉模式的特点是：渠首自流引水，渠道输水提水入田，沟渠工程采用灌排合一或骨干渠沟工程灌排分设、斗级以下工程灌排合一。它一般分布在引黄灌区中下游或田间工程配套较差，地势高亢地区。

（3）补源灌溉模式的特点是：渠首自流引水，骨干渠道或排水河道输水，渠网、河网渗漏补给地下水，机井灌溉或沟渠沿线提水入田。沟渠工程大多利用现有排水河道，采用灌排合一的形式。它一般分布在引黄灌区下游边远地区。由于近年来气候干旱，原井灌区地下水位持续下降，形成大面积降落漏斗，导致机井报废、提水机械更新换代，灌溉成本提高，补源灌溉模式就是为解决这一问题而逐步发展起来的灌溉模式。目前，河南省将引黄灌区分为正常灌溉区和补源灌溉区两种。正常灌溉区一般靠近黄河，渠系工程较为完备，引、用水条件好，灌溉保证率高，以自流灌溉模式为主，提水灌溉模式为辅。这些地区引黄灌溉历史较早，灌溉水源主要为黄河水，是引黄灌区的主体和节水重点。补源灌溉区一般采用补源灌溉模式，灌溉以地下水为主、黄河水为辅。河南省补源灌溉区主要分布在豫北和豫东引黄灌区的下游地区。

由于黄河水量时间上分配不均且年内年际变化大，黄河水用于灌溉存在"可用而不可靠"现象。目前，河南引黄灌区供水主要有井渠双灌和井渠蓄排综合节水两种典型的模式，确保农业灌溉用水[131-132]。下面对这两种模式的应用场景及应用方式进行介绍。

（1）井渠双灌模式。①生产时节的需要。为赶时节灌溉，灌区农民采用打井措施，开采地下水满足灌溉急需。②引黄灌区灌溉末梢地块实时灌溉的需要。灌区的末梢地带远离灌溉渠道，轮灌周期长，需要开采地下水进行适时补充灌溉。③减少盐碱残留的需要。地下水清澈洁净，通过抽取地下水灌溉，可以有效地对残留在土壤表面的盐碱进行冲刷，减少盐碱残留量。④防止渍害发生的需要。地处黄河滩区或低洼地区地下水位较浅，依靠引黄灌溉会引起地下水位的升高，形成渍害，浸泡旱作物根系，影响作物的生长和产量。通过水井工程，有效地降低了地下水位的上升。

（2）井渠蓄排综合节水模式。该节水模式根据地势、土地盐碱程度进行划分，大体分为两种：渠＋沟＋井＋低压管灌模式和渠＋沟＋蓄＋井＋低压管灌模式。①渠＋沟＋井＋低压管灌模式主要用于低洼和沿黄滩区推广改善盐碱渍害的节水工程。在灌区灌溉范围内合理布置机井，通过井渠轮灌减少盐碱发生。通过抽取地下水减少渍害的发生。在旱季或枯水季节保障应急灌溉需求。在灌区密布深沟，构建畅通的排灌系统，促进自溢的地下水、灌溉余水和残留盐碱物质排泄。田间灌溉渠道以畦灌和沟灌为主，井灌以低压管灌为主，种植作物以油菜、水稻、玉米为主。②渠＋沟＋蓄＋井＋低压管灌模式。在灌区的纵深地带，灌区的两岸和灌溉末梢地带合理布置机井，通过井渠交替轮灌减少盐碱发生，淋洗土壤盐分，降低地下水位。末梢地带弥补水量不足，适时灌溉。建设蓄水池，一方面是在丰水期将黄河水和地面降水蓄积起来，在枯水期及抗旱时使用；另一方面是将灌区的水蓄积澄清，满足低压管灌、喷灌、微灌工程对水质的需要，发展地表水管道输水模式。同时，适当布置浅沟，将灌溉余水和地表降水排泄，减少田间积水和排泄残留盐碱。种植作物为小麦、玉米、棉花等大众作物。

本书通过调研认为引黄灌溉有效解决了沿黄两岸平原农业区的灌溉问题，对补充地下水、提高粮食产量和品质、改善灌区水资源状况起到了积极的作用。不过灌区引黄灌溉存在如下三方面问题：①引黄灌溉引起的盐碱渍害。黄河流经黄土高原，含有大量的泥沙，长期依赖黄河水灌溉，将泥沙残留在土壤表层，通过阳光暴晒，水分迅速蒸发，将残留的泥沙和水中的盐分留在土壤表面，形成盐碱残留层。此外，引黄灌区地处半干旱半湿润地区，地表降雨量少，田间排涝工程措施布置少，残留在地表的盐分很难被雨水冲刷排泄，日积月累形成盐碱渍害。②灌区的末梢地带往往灌溉水量少，轮灌周期长，需要开采地下水进行补充灌溉。③灌区需水与黄河水供水不匹配。黄河来水年际季节变化明显，每年的3—5月和9—10月是农业生产的需水旺季，这时黄河流域降水少，供水能力严重不足。黄河流域6—8月进入雨季，流量增加，有充足的黄河水向灌区输送，这时农业生产因雨季来临，对引黄灌溉的需求减弱，大量的黄河水付之东流[133]。

3.2　引黄灌区所在地市的水资源分析

河南省引黄灌区涉及郑州、开封、洛阳、安阳、鹤壁、新乡、焦作、濮阳、许昌、三门峡、商丘、周口、济源等13个市、45个县（市、区），面积为3.8万 km²，农业人口为3342万人（图3-5）。本节首先对大型灌区所处的河南省13个地市做总体分析（陆浑灌区部分在平顶山市，故本节增加了对平顶山市水资源的分析），然后逐个分析各个地市具体水资源情况，识别耕地面积、农业渔业用水、水资源量等之间的关系，找到不同行政区农业及其灌区用水差异及原因。

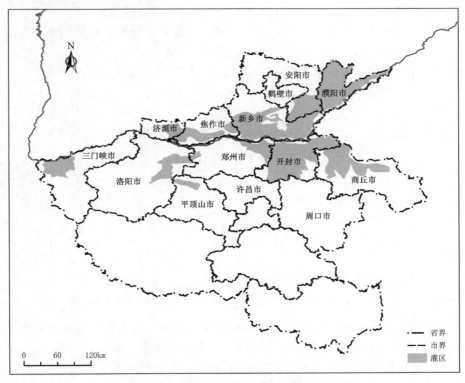

图3-5　河南省引黄灌区涉及的地区和城市

3.2.1　灌区涉及地市水资源总体分析

3.2.1.1　供水分析

水资源总量是地表水、地下水两部分量之和扣除地下、地表重复量得到的[134-136]。黄河主要为河南省 13 个地市供水，用于城市生产、生活和灌区灌溉等。考虑到陆浑灌区部分在平顶山市，故本节增加了对平顶山市水资源的分析，共计 14 个地市。图 3-6 是 14 个地市地表水供水情况。图 3-6 显示，从 2007—2016 年年底这 14 个地市整体地表水供水呈下降趋势，一些地市在若干年份，其供水量会出现一些突变。比如：洛阳市地表供水量常年在 10 亿 m^3 左右，2010 年、2011 年地表供水量分别达到 42.66 亿、37.209 亿 m^3，2011 年之后又恢复到正常水平，对比观察降水量数据发现，这是由于这两年降水较多。

黄河下游引黄灌区绝大部分处于平原区，地下水由当地降水入渗、灌溉入渗、地表水体入渗、山前侧渗等补给，通过人工开采、潜水蒸发、地下径流等形式排泄。河南省地市内引黄灌区地下水供水情况见图 3-7。图 3-7 显示 14 个地市的地下水情况总体也呈下降趋势，其中平顶山市、周口市和郑州市地下水降低情况最明显；新乡市、安阳市地下水情况有一定程度的上涨是因为新乡市和安阳市耕地面积较多。调查认为除了降水增加之外，这两市地下水的上涨跟当地农业灌溉水渗漏、损失等相关。

图 3-8 为引黄灌区所在 14 个地市水资源总量变化，图 3-8 显示除了新乡市、安阳市，其他地市近 10 年水资源总量呈明显的下降趋势。将新乡和安阳两座城市的地表水和地下水资源情况对比发现，二者均呈上涨趋势，地表水会对浅层地下水进行补给导致地下水资源量增加，估测农业灌溉水渗漏、损失等对地下水资源量增长密切相关。下面对引黄灌区所在 14 个地市的灌溉水损失原因调查结果进行介绍。

灌区一般是指将可靠水源通过引、输、配水渠道系统与相应排水沟三者组合起来的总面积，供水工程负责协调水、渠道、田地、作物四者间的关系，在其运行过程中不可避免地产生一些损失。调查发现这些损失包括：

（1）蒸发损失。表 3-1 统计了 14 个地市蒸散发量情况。

表 3-1　　　　　　　　　　　　14 个地市蒸散发量情况

时　段	年均降雨量/mm	年均灌溉量/mm	年均供水量/mm	年均蒸散发量/mm	灌溉量占供水量的比例/%	蒸散发量占供水量的比例/%
1984—1993 年	482	206	688	574	30	83
1994—2003 年	562	210	772	607	27	79
2004—2013 年	539	167	706	599	24	85
1984—2013 年	534	196	730	596	27	82

（2）工程损失。这种损失大体上可分为输配水环节管理损失和田间灌水环节管理损失两部分。表 3-2 为工程损失中各部分损失所占用水量的比重。表 3-2 显示，相较于输配水环节管理损失来说，田间灌水损失占据主要部分，占据用水部分的 30% 左右。从此种意义上讲，节约农业用水就应把重点放在解决田间灌水损失这一环节。

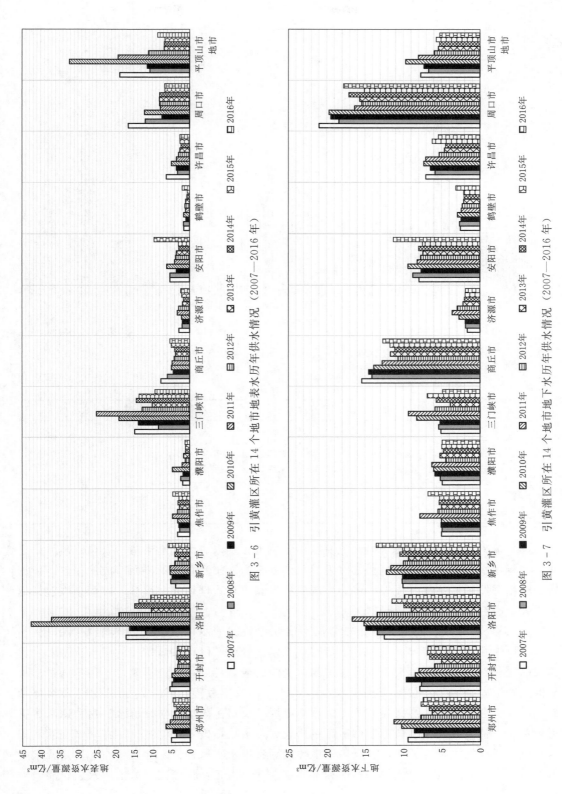

图 3 - 6 引黄灌区所在 14 个地市地表水历年供水情况（2007—2016 年）

图 3 - 7 引黄灌区所在 14 个地市地下水历年供水情况（2007—2016 年）

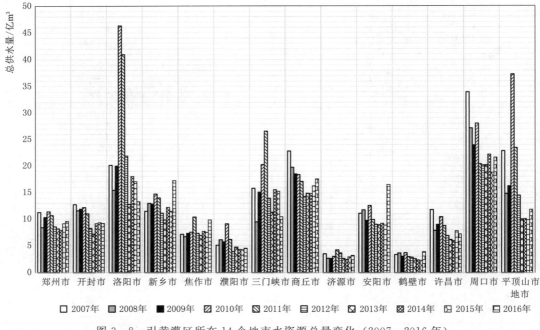

图 3-8　引黄灌区所在 14 个地市水资源总量变化（2007—2016 年）

表 3-2　各部分损失所占比重

损失类型	输配水环节管理损失						田间灌水环节管理损失		
	调配损失			工程管理损失			田间工程管理损失	地面径流损失	田间深层渗漏损失
	退水损失	漫溢损失	灌水延时损失	渠道、建筑物漏水损失	闸门漏水损失	管理决口损失			
所占灌溉用水比例/%	11	1	0.5	1	1.5~2	0.4	4.5~12.7	2.2	8

（3）输配水损失。输配水损失是灌溉用水从水源到末一级配水渠道（农渠）出水口之间，灌溉用水在输送、调配过程中因为用水调度不当或工程管理不善而造成的损失，根据损失产生的原因，这部分损失又可分为调配损失和工程管理损失两部分。调配损失包括退水损失、漫溢损失和灌水延时损失。

1）退水在灌区灌水过程中比较常见，由此导致的灌溉用水损失占有相当高的比例。退水由以下几种原因引起：①黄河水情变化无常，导致灌区在灌溉期间的引水流量发生比较大的变化。在引入流量大于配水渠道的承受能力或者计划用水流量时，不得不通过退水来保证渠道安全。②直接从干渠上开口引水的斗、农渠昼灌夜停，造成夜间渠道水位偏高，由此也会导致退水。③在下游渠道发生漫堤、决口等险情时应急退水。这种退水尽管不很常见，持续时间也不长，但由于流量比较大，水量损失不可忽视。④在灌溉期间，遭遇狂风、暴雨等灾害性天气，灌溉用水量骤减导致退水。这种情况多发生在小麦灌浆水或汛期灌水期间，且具有很强的偶然性和不确定性。⑤由于种种原因（如上游水、轮灌组划分不合理等），导致灌区下游灌溉进度落后于全灌区，从而形成单独为下游渠系配水的局面。考虑到灌区引用的黄河水为高含沙水流，为防止渠道发生淤积而不得不加大配水流量，由此导致退水。

2）漫溢损失。灌区多为填方土质渠道，输水安全性不高。在灌溉期间，由于调度、配水不当，在渠道过水流量超过渠道安全输水流量而得不到及时处理时，很容易诱发渠道决口，造成灌溉用水损失。现阶段，灌区的骨干渠道由专业人员管理，输水的安全性较高，决口发生频率低，水量损失不大。支渠、斗渠及农渠由于配套设施不全、管理不善，决口比较频繁，水量损失比较严重。

3）灌水延时损失。由于用水管理、调度配水等原因导致灌溉历时远大于正常情况下的灌溉过程，会使渠道的渗漏、水面蒸发等水量损失增加。近年来，由于灌区部分乡村拒交或拖欠水费，灌区管理部门被迫采用限制用水措施来促进水费征收。这样一来，正常的计划用水秩序被打乱，各乡村用水不是根据上、下游和渠系组合来调配，而是根据水费到位情况来确定，甚至于出现单独为一条或几条配水渠道供水的情况。由此导致灌水周期延长，渠道输水流量也比正常情况下要小。

工程管理损失包括渠道、建筑物漏水损失，闸门漏水损失，管理决口损失（因渠道维修管理不善，在不超过设计流量的输水条件下发生决口造成水量损失，同调度配水不当引起的渠道缺口有所区别）等。

1）渠道、建筑物漏水损失。漏水损失是指由于地质条件、生物作用、施工不良所形成漏洞或裂隙而损失的水量，或因管理不善、年久失修导致建筑物漏水造成的水量损失。

2）闸门漏水损失。其原因有两方面：①闸门老化、变形、或者是闸门本身封闭不严，在开启前和停水后漏水；②灌区内部分斗渠、农渠进水口和田间毛渠放水口没有闸门，灌水结束后，用编织袋装土封堵或填土封堵，因封堵不严而造成水量损失。

3）管理决口损失。灌区多为填方渠道，险工渠段多；部分渠段沿渠群众在渠堤上取土，形成决口隐患，尽管渠道过流量在设计流量以下，在灌溉期间还是很容易发生决口事故。

（4）田间灌水环节管理损失。田间灌水环节管理损失是指灌溉用水在由末一级固定渠道（农渠）出水口到均匀灌入农田的过程中产生的水量损失。灌区在灌水环节灌溉用水管理损失大体上又可分为以下几部分：田间工程管理损失、地面径流损失、田间深层渗漏损失。

1）田间工程管理损失。群众多是在毛渠上直接挖口浇地，灌水结束后，闸门多用泥土或者简易活塞封堵，常常因封闭不严而造成漏水损失。此外，由于灌区基层管理组织不够健全，田间用水缺乏协调，加之群众节水意识不够，不少用水户私自启闸浇地。灌水结束后只是堵好自家进水口门，而不立即关闭田间配水渠道的进水口门，导致渠水进入排水系统。

2）地面径流损失。渠灌区多以地面灌溉为主，相当一部分群众沿用大水漫灌的陋习，放入田间灌水畦（沟）的流量往往大于田间入渗流量，加上灌水管理粗放，改畦（沟）成数把握不准，从而在灌水畦（沟）尾产生地面径流，进入排水系统造成灌溉用水损失。

3）田间深层渗漏损失。在灌区目前的田间灌水技术及管理水平下，为达到必要的灌水均匀度而出现深层渗漏是不可避免的，尤其是在实际灌水定额超出计划灌水定额的情况下，深层渗漏损失所占的比例是很高的。灌区工程配套设施不全，田间进水口缺少必要的控制和量水设施，群众灌水普遍凭经验在毛渠上挖口放水，使得实际灌水定额远大于计划定额，加上田间灌水畦（沟）不够规范，地面平整度达不到节水灌溉的要求，从而在田间灌水环节造成较为严重的深层渗漏损失。

3.2.1.2 用水分析

用水部门主要包括农业、工业、城市生产和生活等。图 3-9 为河南省灌区所在 14 个地市的用水总体情况，显示灌区所在地市的用水量总体呈增加趋势。用水量较多的城市为郑州市、周口市、新乡市，不过由于不同地市实际情况不同，造成总用水量变化的原因也不同。譬如，郑州市近几年城市用水量增加，农业用水量减少；安阳市经济重心由农业转向工业，农业用水量减少导致了总用水量减少，鹤壁市和安阳市情况相似。

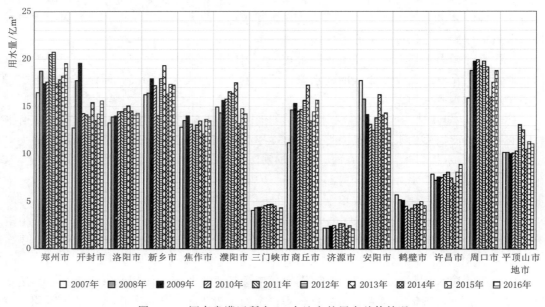

图 3-9 河南省灌区所在 14 个地市的用水总体情况

图 3-10 为 14 个地市的工业用水情况。工业用水指工业生产过程中使用的生产用水及厂区内职工生活用水的总称。工业用水量虽较大，但实际消耗量并不多，一般耗水量为其总用水量的 0.5%～10%，即有 90% 以上的水量使用后经适当处理仍可以重复利用。图 3-10 显示近 10 年来工业用水量整体呈增加趋势，其中以平顶山市工业用水量上升趋势最为显著。平顶山市发展重心偏向于工业。也有一些城市的工业用水量呈下降趋势，比如：济源市、焦作市、许昌市这三个城市。从 "2016 年河南省生态文明建设年度评审结果" 上看，济源市、焦作市、许昌市均位列前茅，间接证实了这三个城市逐渐转向绿色园林城市的道路，不可避免地牺牲部分工业，导致工业用水量下降。

图 3-11 为 14 个地市的城市用水（居民用水和公共用水）情况。图 3-11 显示，自 2007 年以来 14 个地市用水量总体呈增加趋势，其中以郑州市、开封市为主要代表，大量

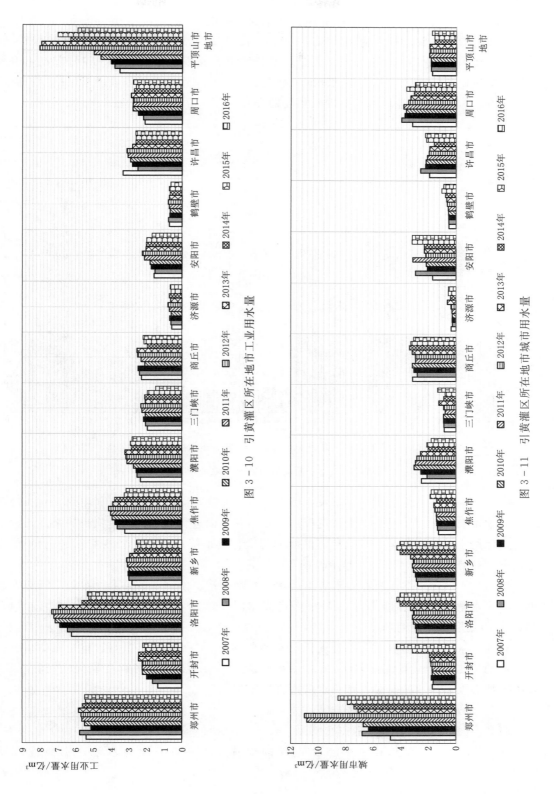

图 3-10 引黄灌区所在地市工业用水量

图 3-11 引黄灌区所在地市城市用水量

人口在城市安家落户，人口增多带来城市用水的大幅度增长。

农业一直以来都是最大的用水部门。图 3-12 为 14 个地市的农业用水情况。图 3-11 显示，近 10 年农业用水量基本保持稳定，部分城市农业用水量增加，一些城市农业用水量则呈减少趋势。譬如，郑州市逐渐向工业化、经济化城市转型，农业用水量减少。商丘市从 2006—2015 年农业用水量有着大幅度的提升。

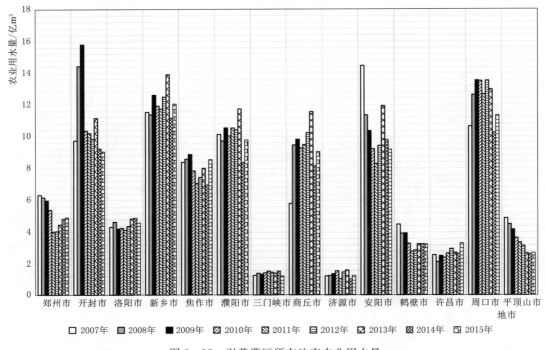

图 3-12　引黄灌区所在地市农业用水量

图 3-13 为引黄灌区所在地市农业用水与黄河关键断面径流量图。利用图 3-13 对黄河下游地市农业用水情况与河南省花园口、三门峡断面进行分析：从变化趋势来说，黄河下游地市用水量的变化呈上升趋势，两断面的变化呈下降趋势；三者在 2007—2008 年段均呈下降趋势，2010—2012 年呈上升趋势。

图 3-14 展示了灌区所在地市农业用水量与降雨量。由图 3-14 可以看出，河南省地市农业用水量与河南省降雨量二者变化趋势相同，总体均呈下降趋势；二者在 2014—2016 年均是呈明显的上升趋势。

总体上来看，导致农业用水量变化的原因有两个：①城市发展重点转移，比如由农业到工业的变化，其他用水量增加，农业用水量减少。②农业灌溉还存在靠天吃饭的现象，降雨或地表渠系来水情况对农业用水产生直接影响。

3.2.1.3　耗水分析

表 3-3 为河南省农业耗水占比情况。表 3-3 表明，不管从地表水还是地下水来看，农业耗水部分一直在总耗水中占据重要的位置，河南省农业耗水量占据总耗水量的 62.1%。

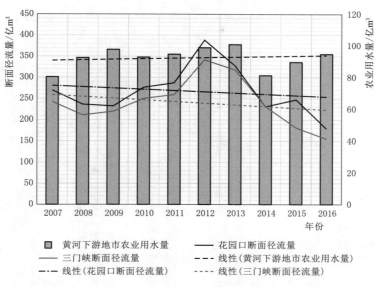

图 3-13 引黄灌区所在地市农业用水与黄河关键断面径流量

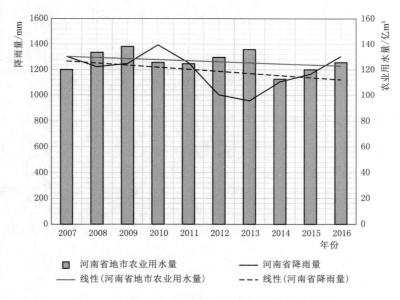

图 3-14 引黄灌区所在地市农业用水量与降雨量

表 3-3　　　　　　　　　河南省农业耗水占比情况

地 表 耗 水 量				地 下 耗 水 量				合　计				农业耗水占比/%
农业	工业生活	生态	小计	农业	工业生活	生态	小计	农业	工业生活	生态	合计	
29.9	11.6	5.2	46.7	9.3	6.8	0.3	16.4	39.2	18.4	5.5	63.1	62.1

图 3-15 为灌区所在 14 个地市的耗水。图 3-15 显示，各地耗水情况参差不齐，呈下降或者上升趋势都有存在。其中显现上升趋势中周口市、商丘市上升幅度较大。两地市均是以农业经济为主，农业耗水所占比重较大，农业耗水增加造成其耗水量上升。

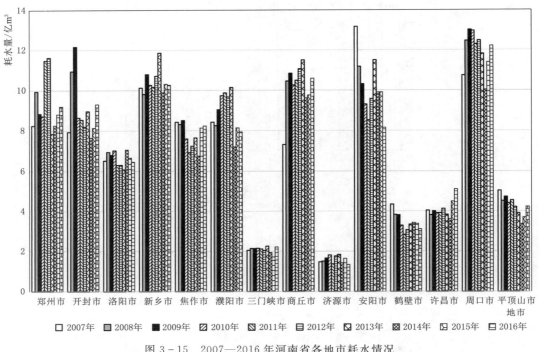

图 3-15　2007—2016 年河南省各地市耗水情况

3.2.2　灌区所在地市水资源分析

本节针对引黄灌区所在主要地市的水资源进行详细分析。

3.2.2.1　郑州市

图 3-16 为 2007—2016 年郑州市耕地面积、农业用水量与水资源总量。图 3-16 显示，自 2009 年至 2016 年，水资源总量和农业用水均呈下降趋势。耕地面积也呈一定程度的下滑。2008 年水资源总量达到 10 年最低值，为 8.427 亿 m^3，2014 年为农业用水的历年最低值，为 4.034 亿 m^3。针对 2011 年农业用水减少这一现象进行具体分析，发现 2011年较 2010 年总用水量变化不大，2011 年城市生产和生活用水量增加，挤占了农业用水。

3.2.2.2　开封市

图 3-17 为 2007—2016 年开封市耕地面积、农业用水量与水资源总量。开封与郑州在空间上距离很近，而且水资源情势也十分类似。图 3-17 表明，自 2007—2016 年，开封市农业用水与当地水资源量均呈下降趋势，耕地面积也小幅度下降。2013 年水资源总量最低为 7.196 亿 m^3，当年农业用水量为 11.156 亿 m^3，超过当地水资源量。这是因为开封毗邻黄河，农业用水主要为过境水——黄河水。

3.2.2.3　洛阳市

图 3-18 为 2007—2016 年洛阳市耕地面积、农业用水量与水资源总量。图 3-18 显

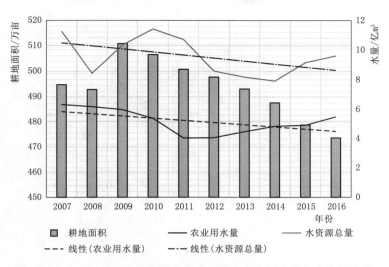

图 3-16 2007—2016 年郑州市耕地面积、农业用水量与水资源总量

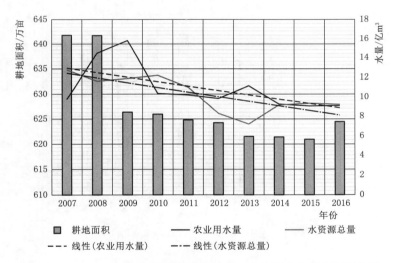

图 3-17 2007—2016 年开封市耕地面积、农业用水量与水资源总量

示当地水资源总量变化较大，且总体呈下降趋势，2010 年最高为 46.3 亿 m³，2013 年最低为 12.782 亿 m³。农业用水受水资源量变化影响不大，总体保持平稳且略有增加，农业用水基本稳定在 4.5 亿 m³ 左右。

3.2.2.4 新乡市

图 3-19 为 2007—2016 年新乡市耕地面积、农业用水量与水资源总量。图 3-19 显示水资源总量与农业用水量呈负相关。2013 年以后耕地面积出现下滑。总体来看，全市水资源总量处于 9 亿～15 亿 m³，2010 年为最大值 14.725 亿 m³，2013 年为最小值 9.84 亿 m³；农业用水量处于 11 亿～14 亿 m³。2013 年农业用水量最多，为 13.902 亿 m³。

3.2.2.5 濮阳市

图 3-20 为 2007—2016 年濮阳市耕地面积、农业用水量与水资源总量。图 3-20 显

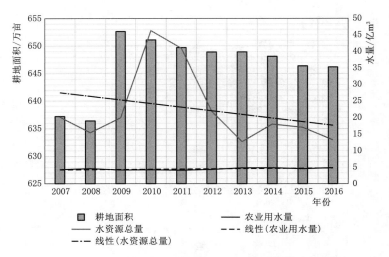

图 3-18　2007—2016 年洛阳市耕地面积、农业用水量与水资源总量

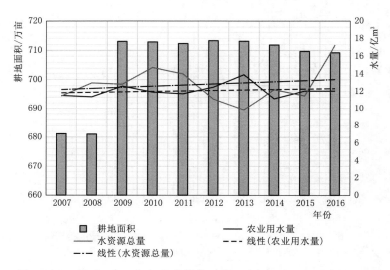

图 3-19　2007—2016 年新乡市耕地面积、农业用水量与水资源总量

示农业用水量超过当地水资源总量。2007—2016 年农业用水量为 8 亿～12 亿 m³，2014 年农业用水量最低，为 8.37 亿 m³，2013 年农业用水量最多，为 11.73 亿 m³；而其水资源总量则为 3 亿～10 亿 m³，2012 年水资源量最少，为 3.905 亿 m³，2010 年水资源量最多，为 9.112 亿 m³。农业用水量与当地水资源总量之间相关关系不显著。另发现，2009 年以来濮阳市耕地面积基本保持稳定，而其农业用水量保持减少趋势。

3.2.2.6　焦作市

图 3-21 为 2007—2016 年焦作市耕地面积、农业用水量与水资源总量。图 3-21 显示焦作市农业用水量总体呈下降趋势，其中，2014 年农业用水量最低，为 6.965 亿 m³；水资源总量呈增加趋势，其中，2011 年为近 10 年以来最大值 10.398 亿 m³。2010 年耕地面积最大，为 294.675 万亩。自 2009 年以来，耕地面积保持在 292 万亩以上，基本稳定。

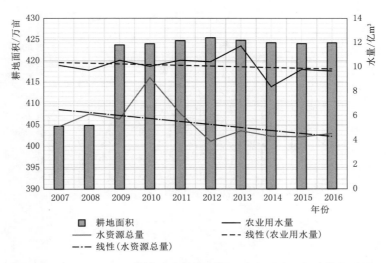

图 3-20   2007—2016 年濮阳市耕地面积、农业用水量与水资源总量

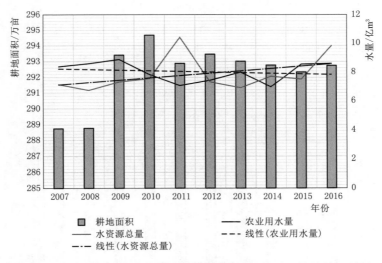

图 3-21   2007—2016 年焦作市耕地面积、农业用水量与水资源总量

3.2.2.7   商丘市

图 3-22 为 2007—2016 年商丘市耕地面积、农业用水量与水资源总量。图 3-22 显示商丘市农业用水量呈增长趋势，由 2007 年的 5.792 亿 m³ 增加到 2010 年的 10.426 亿 m³，2013 年为近 10 年以来最高，达到 11.555 亿 m³。水资源总量呈下降趋势，由 2007 年的 22.794 亿 m³ 衰减至 2016 年的 17.56 亿 m³，2012 年水资源总量最低，为 14.257 亿 m³。耕地面积自 2009 年以来基本保持稳定，为 1060 万亩左右。

3.2.2.8   济源市（县级市）

图 3-23 为 2007—2016 年济源市耕地面积、农业用水量与水资源总量。从 2007—2016 年这一时段来看，济源市水资源总量为 2.476 亿～4.227 亿 m³，2011 年为最多，

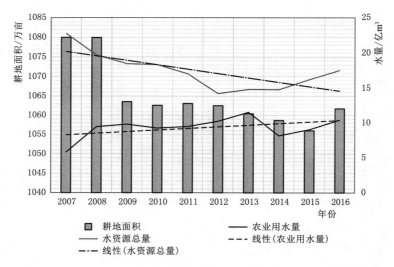

图 3-22 2007—2016 年商丘市耕地面积、农业用水量与水资源总量

2014 年为最少，总体呈衰减趋势；农业用水量为 0.912 亿~1.577 亿 m³，2010 年为近 10 年以来最高，达到 1.577 亿 m³，2016 年最低，农业用水量总体呈下降趋势。此外，图 3-23 还显示济源市耕地面积自 2009 年以来持续减少，由 2009 年的 70.74 万亩降低至 2016 年的 68.595 万亩。

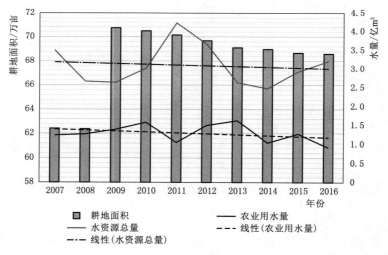

图 3-23 2007—2016 年济源市耕地面积、农业用水量与水资源总量

3.2.2.9 安阳市

图 3-24 为 2007—2016 年安阳市耕地面积、农业用水量与水资源总量。图 3-24 显示安阳市耕地面积保持在 610 万亩的水平。2009 年以来，耕地面积呈下降趋势，其中 2009 耕地面积最多，为 617.07 万亩。2007—2016 年，10 年间农业用水量为 7 亿~15 亿 m³，总体呈下降趋势，2007 年农业用水量最多，为 14.467 亿 m³，2016 年农业用水量为近 10 年来最少，为 7.905 亿 m³。水资源总量为 9 亿~16 亿 m³，2016 年最多，达到

16.49 亿 m³。

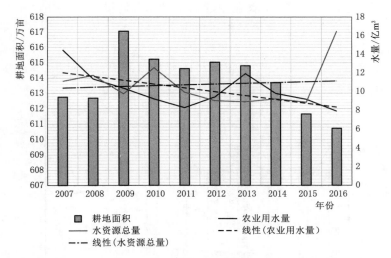

图 3-24　2007—2016 年安阳市耕地面积、农业用水量与水资源总量

3.2.2.10　鹤壁市

图 3-25 为 2007—2016 年鹤壁市耕地面积、农业用水量与水资源总量。图 3-25 显示，鹤壁市耕地面积基本保持在 180 万亩左右，近年来呈下降趋势，2009 年耕地面积最多时为 186.63 万亩。近 10 年以来，鹤壁市水资源总量为 2 亿～4 亿 m³，水资源总量总体呈现下降趋势，其中，2015 年水资源总量达到历史低点，为 2.281 亿 m³。2007—2016年，农业用水量为 3 亿～4.5 亿 m³，近年来，农业用水量呈递减趋势，其中 2011 年达到历史低点，为 2.807 亿 m³。

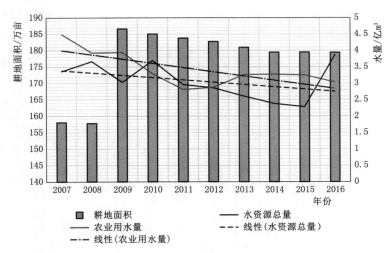

图 3-25　2007—2016 年鹤壁市耕地面积、农业用水量与水资源总量

3.2.2.11　许昌市

图 3-26 为 2007—2016 年许昌市耕地面积、农业用水量与水资源总量。图 3-26 显

示，2007—2016 年，许昌市水资源总量呈下降趋势，其中 2014 年水资源总量下降到历史最低点，为 5.957 亿 m³。近 10 年农业用水数据显示，许昌市农业用水量整体呈上升趋势，2016 年农业用水量为近 10 年最高，达到 4.022 亿 m³。从 2009—2016 年 8 年间，许昌市耕地面积呈减少趋势，其中，2009 年耕地面积为近 10 年来最多，达到 517.47 万亩，2015 年达到历史最低点，为 503.77 亿亩，2016 年耕地面积有所回升。总的来看许昌市耕地面积为 503 万～518 万亩。

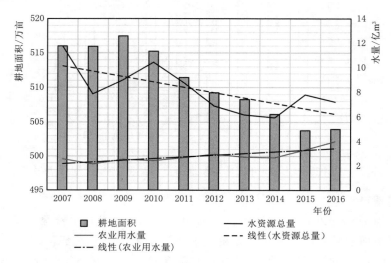

图 3-26　2007—2016 年许昌市耕地面积、农业用水量与水资源总量

3.2.2.12　周口市

图 3-27 为 2007—2016 年周口市耕地面积、农业用水量与水资源总量。如图 3-27 所示，耕地面积为 1280 万～1300 万亩，总体呈下降趋势，2015 年后耕地面积有一定的回升。从 2007—2016 年 10 年水资源总量和农业用水数据可以看到，水资源总量总体呈下降

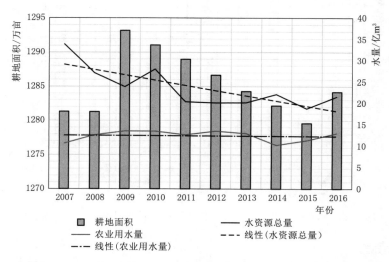

图 3-27　2007—2016 年周口市耕地面积、农业用水量与水资源总量

趋势，到 2015 年下降至历史最低点，为 18.582 亿 m^3。农业用水量整体呈微幅上升趋势，其中从数据上看 2009 年农业用水量达到最高点，为 13.528 亿 m^3。2015 年水资源总量最低，与 2014 年降水量 743.9mm 相比，2015 年降水量 674mm 有着明显的下降，所以导致整体水资源总量变低。2009 年农业用水量最高，与此同时 2009 年周口市耕地面积也为历年最高值，所以由此推断其农业耕地面积的增多，进而导致农业用水量的增加。

3.2.2.13 平顶山市

图 3-28 为 2007—2016 年平顶山市耕地面积、农业用水量与水资源总量。如图 3-28 所示：从 2009—2016 年耕地面积在 480 万亩左右，每年耕地面积有一些变化，从图 3-28 看出，耕地面积自 2009—2011 年明显下降，从 2011—2013 年耕地面积有了一定增长，2013—2015 年则出现下降，到 2016 年有了一定的回升。水资源总量变化幅度较大，在 10 亿~40 亿 m^3 之间大幅波动且近年来整体呈下降趋势，2015 年达到历史最低点，为 9.854 亿 m^3。农业用水量整体呈减少趋势，2014 年为近 10 年来最少，为 2.653 亿 m^3。

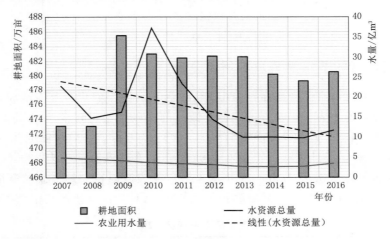

图 3-28   2007—2016 年平顶山市耕地面积、农业用水量与水资源总量

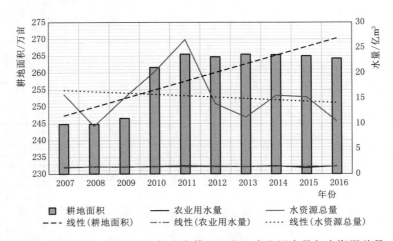

图 3-29   2007—2016 年三门峡市耕地面积、农业用水量与水资源总量

3.2.2.14　三门峡市

图 3-29 为 2007—2016 年三门峡市耕地面积、农业用水量与水资源总量。该图显示当地水资源总量超过了农业用水量。2007—2016 年农业用水量为 1 亿~2 亿 m³，2015 年农业用水量最少，为 1.24 亿 m³，2014 年农业用水量最多，为 1.56 亿 m³；而水资源总量则为 9 亿~27 亿 m³，2008 年水资源总量最少，为 9.48 亿 m³，2011 年水资源总量最多，为 26.56 亿 m³。农业用水量与当地水资源总量之间相关关系不显著。此外发现，2011 年以来三门峡市耕地面积基本保持稳定，而其水资源总量保持减少趋势。

3.3　灌区用水与黄河径流关联性分析

引黄灌区河南段设计灌溉面积为 2518.85 万亩，耕地面积为 1.18 亿亩，占全省耕地面积的 21.3%。全省灌溉面积 1982 万亩，有效灌溉面积的粮食产量为 115.2 亿 kg，全省粮食总产量为 537 亿 kg，有效灌溉面积粮食产量占全省粮食总产量的 21.5%。引黄灌区对河南省农业生产及农村经济发展起到了重要作用。

3.3.1　引黄灌区的节水灌溉及其用水分析

河南省黄河灌区总有效灌溉面积为 1982.71 万亩，其中农田有效灌溉面积为 1909.13 万亩，林果草灌溉面积为 73.59 万亩，各个灌区的灌溉情况见表 3-4。河南省灌区分布中，大型引黄灌区有 17 处，设计灌溉面积为 1503.26 万亩，有效灌溉面积为 1159.44 万亩；中型灌区 84 处，设计灌溉面积 481.96 万亩，有效灌溉面积为 289.66 万亩；小型灌区有效灌溉面积为 533.62 万亩。17 个大型灌区的灌溉面积大约占总灌溉面积的 60%，其中面积最大的是赵口灌区，其灌溉面积为 196.40 万亩，小型灌区与中型灌区皆而次之。

表 3-4　　　　　　　　　　各个灌区主要灌溉情况（2016 年）

项目	灌区名称	设计灌溉面积/万亩	有效灌溉面积/万亩			农田实灌面积/万亩	年供水量/万 m³		节水灌溉工程面积/万亩			
			合计	农田有效	林果草		合计	其中：地下水	合计	渠道防渗	管灌	喷微灌
大型灌区	窄口	35.50	22.20	16.97	5.23	10.00	4700		6.29	6.29		
	引沁	31.73	31.73	28.73	3.00	17.99	4851	1670	2.07	1.82	0.25	
	广利	31.22	31.22	31.00	0.22	30.91	12870	2045	30.91	30.91		
	陆浑	134.28	64.41	64.41		35.00	8249		4.80	4.80		
	武嘉	36.00	26.40	26.30	0.10	14.18	6815	256	4.50	4.50		
	人民胜利渠	85.00	75.53	74.94	0.59	36.24	16483	1687	19.63	19.11	0.42	0.10
	韩董庄	58.16	38.48	38.48		25.08	9577	4885	9.06	7.69	1.17	0.20
	祥符朱	36.50	18.44	18.41	0.03	18.41	6802	4640	6.35	6.35		
	石头庄	35.00	25.80	25.50	0.30	25.50	5100	3500	14.60	6.60	7.70	0.30
	大功	140.96	128.38	121.88	6.50	105.36	40350	15929	58.94	4.10	52.86	1.98
	渠村	145.70	145.70	132.94	12.76	132.94	54511	21993	81.22	13.36	66.53	1.32

续表

项目	灌区名称	设计灌溉面积/万亩	有效灌溉面积/万亩			农田实灌面积/万亩	年供水量/万 m³		节水灌溉工程面积/万亩			
			合计	农田有效	林果草		合计	其中：地下水	合计	渠道防渗	管灌	喷微灌
大型灌区	南小堤	83.34	83.34	78.99	4.35	78.99	16148		12.19	6.56	5.40	0.23
	彭楼	31.08	27.21	27.15	0.06	27.15	9261		22.76	22.56	0.20	
	杨桥	41.26	33.21	33.01	0.20	31.84	13428	8142	10.94	7.82	3.12	
	赵口	366.54	196.40	194.71	1.68	177.61	47597	6757	15.99		5.66	10.33
	柳园口	29.99	29.99	29.97	0.02	29.48	12803	2555	18.90		18.90	
	三义寨	181.00	181.00	181.00		168.24	21852	20800	28.87	8.93	16.87	3.08
	小计	1503.26	1159.44	1124.39	35.04	964.92	291397	94859	348.02	151.4	179.08	17.54
中型灌区		481.96	289.66	273.39	16.27	219.55	82564	12840	78.34	58.23	14.71	5.40
小型灌区		533.62	533.62	511.35	22.28	460.22	80103	52547	260.65	37.23	178.53	44.89
合计		2518.84	1982.72	1909.13	73.59	1644.69	454064	160246	687.01	246.86	372.32	67.83

引黄灌区河南部分的灌区特点为：中型灌区数量少，从灌溉面积来说，大型灌区占据了主导地位，为了分析整个黄河下游河南段引黄灌区的用水水平，采用以点带面的方法，并考虑到河南灌区资料的系统性和完整性，选定郑州市、开封市、洛阳市、新乡市、焦作市、濮阳市、三门峡市、安阳市、鹤壁市、许昌市、商丘市、周口市、平顶山市共计 13 个地市所在大型灌区做具体分析，对河南省中型、小型灌区做综合分析。

本书采用现场及文献调研、数据分析等手段获得黄河下游引黄灌区第一手供、用水量数据，并将其与公报、年鉴等统计数据进行校验。图 3-30 为本书灌区引黄水量与黄河年鉴（河南省水资源公报）给出黄河供水量的数据校核结果，数据吻合良好，表明剖分数据满足分析精度要求。图 3-30 中圆点为本书后面分析采用的灌区引用黄河水量，正方形为年鉴或公报发布的黄河农业供水量数据。

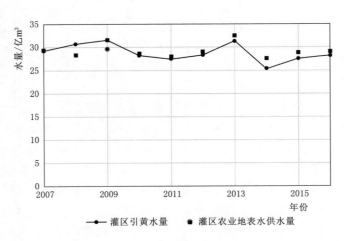

图 3-30 引黄灌区供、用水数据校核

3.3.2 大型引黄灌区的节、用水分析

3.3.2.1 窄口灌区

窄口灌区位于河南省西部灵宝市弘农涧河两岸川区及西部塬区，东起坝底河，西至李家沟，南接小秦岭，北临黄河（图 3-31）。灌区始建于 1975 年，灌区设计灌溉面积为 35.5 万亩，有效灌溉面积为 22.2 万亩，主要承担五亩、焦村、西闫、城关、尹庄、函谷关、阳平、故县 8 个乡（镇）164 个行政村的农田用水、为弘农涧河及函谷关景区生态补水等任务。窄口灌区开灌前，区内素有"十年九旱"之称，常使农作物和经济作物受旱减产，严重时绝收，人畜吃水相当困难。开灌后，粮食产量由 300kg/亩提高到 400kg/亩，苹果产量由 1200kg/亩提高到 2000kg/亩，每年可增加粮食生产能力 7479 万 kg，苹果 4615.5 万 kg，棉花 159.43 万 kg，创造出了显著的经济效益。

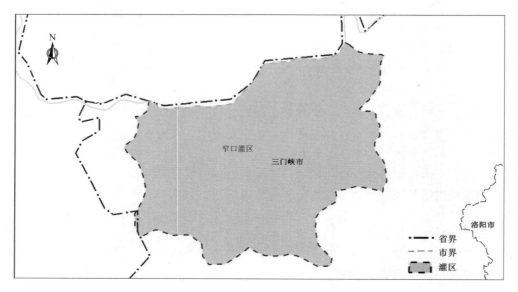

图 3-31 窄口灌区地理位置

图 3-32 为窄口灌区近 10 年水资源及其供水情况。图 3-32 显示，从 2007—2016 年，窄口灌区地表水、地下水呈下降趋势。而灌区供水量呈增加趋势，其中 2014 年达到历史巅峰值，供水量为 0.131 亿 m^3。

下面从工程、管理及效益等方面详细介绍窄口灌区节水相关情况。

（1）节水工程。大型灌区续建配套与节水改造项目的实施，较好地解决了工程存在的渗漏、坍塌、淤积、建筑物工程老化等问题，增强了渠道安全运行能力，同时改善了渠系输水能力，提高了渠道的供水能力。首先，渠道衬砌后，提高了抗渗能力，节约了水资源，渠道供水能力的提高，大大缩短了灌溉周期。其次，节水续建配套工程的建设提高了灌区渠道的配套率，同时完好率、衬砌率也有显著提高，安全运行能力明显增强。最后，灌溉周期由过去的 30 天缩短为 20 天，灌溉延续时间由过去的 15 天缩短到现在的 10 天，灌溉时间缩短率为 33.3%。

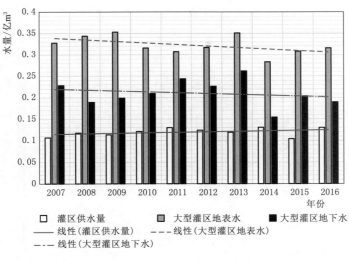

图 3 - 32 窄口灌区近 10 年水资源及其供水情况

（2）节水管理。灌溉管理主要是依据全年和阶段性供水计划，适时供水、安全输水，合理利用水资源，平衡供求关系，科学调配水量，充分发挥灌溉效益。灌溉管理实行用水申报、按计划供水、合理调配、分段计量的原则。用水管理科每年汇总用水户年度用水申请后，根据用水申请确定年度灌溉供水计划。每轮灌溉前，以村或用水者协会为单位，根据农作物需水情况向用水管理科通报，并办理本轮灌溉用水计划，包括用水时间、流量及总水量。根据实际需水和供水条件，按渠系一配水到支渠口，支渠口以下由农民用水户自律式管理。

（3）节水效益。窄口灌区续建配套与节水改造项目实施完成后，灌区年新增节水能力为 1708.3 万 m³，灌溉水利用系数由原来的 0.48 提高到 0.55，渠系水利用系数由 0.6 提高到 0.65，恢复及新增灌溉面积 16.435 万亩，改善灌溉面积 10 万亩，有效灌溉面积达 30 万亩，灌区农业总产值提高了 23.19 亿元，农民年人均增收 3730.9 元。

此外，通过对渠道防渗衬砌，对建筑物的加固改造，不但节约了水资源，同时为弘农涧河及函谷关景区进行生态补水，生态环境效益得到了明显改善。通过灌溉，大大提高了土壤含水量，增加空气湿度，改善了灌区小气候。由于灌溉，作物复种指数提高，果林、草地面积增大，使绿化植物覆盖率大幅度提高，加上土地平整，水土流失得到有效控制，自然生态环境得到了保护。

3.3.2.2 引沁灌区

引沁灌区位于河南省西北部，属黄河流域，是引用黄河一级支流沁河水的大型跨流域无坝引水的大型山岭灌溉工程。引沁渠（引沁济蟒渠）是沁河自晋入豫的第一座跨流域无坝引水的大型山岭灌溉工程。灌区设计灌溉面积 31.73 万亩，实际灌溉面积 18 万亩，渠首设计流量为 30m³/s，惠及济源市、孟州市和洛阳市吉利区 15 个乡（镇）、355 个行政村，总人口 50 万人，其中农业人口 34.9 万人，耕地面积 58.97 万亩。图 3 - 33 为引沁灌区地理位置。

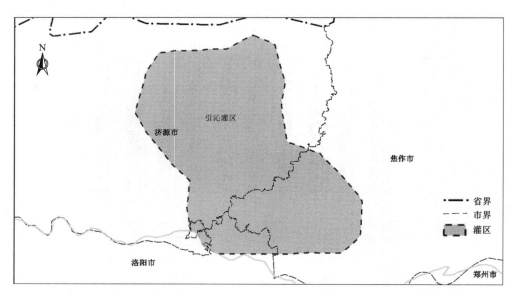

图 3 - 33　引沁灌区地理位置

近年来，灌区共引水 20.5 亿 m³，农业灌溉引水 3.9 亿 m³，通过渠道灌溉、蓄水补源灌溉、渠井配套灌溉和泵站提水灌溉等形式，灌溉农田 203 万亩次，灌区粮食实现五连增。图 3 - 34 为引沁灌区水资源及其供水情况。图 3 - 34 显示引沁灌区近 10 年来供水情况总体呈下降趋势，灌区供水量的最低点在 2011 年，为 0.383 亿 m³，节水效果明显。

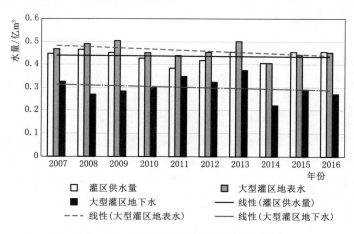

图 3 - 34　引沁灌区水资源及其供水情况

通过对灌区工程的节水改造，强化建设与管理，灌区已形成了渠库池相配套，引蓄提相结合，农业灌溉、工业供水、发电供水、养殖和生态供水等综合利用水资源的新型灌区。

下面从工程、管理及效益方面详细介绍引沁灌区节水情况。

（1）节水工程。主要建设内容为渠道防渗、险工处理、干支渠维修和建筑物改造等“卡脖子”工程及影响灌区效益发挥的关键性控制工程。渠道堤防险工改造 3km，骨干渠道上各类建筑改造 616 座，其中桥梁 98 座、水闸 68 座、涵洞 12 座、渡槽 8 座、斗门 331 座，管理房 2485m²。共完成土方 65.93 万 m³、砌体 3.12 万 m³、混凝土及钢筋混凝土 12.41 万 m³。目前，总干渠每年直接或间接为沿线水库、蓄水池、机井补入水源 6840 万 m³，解决了水源不足，调节了供水时空。

（2）节水管理。灌区管理局以破解水资源紧缺难题为突破口，提出"枝繁叶茂主干壮"的工程建设与管理理念，把干渠及总干加支、总干加斗和部分水库水池纳入建设管理范围，以节水为目标与总干渠同改造、同管理、同经营，做到"三满足四到位"（即满足过水能力要求，满足灌溉堤顶高程要求，满足节水防渗要求，工程产权落实到位，管护责任落实到位，建设质量标准到位，渠道两旁绿化到位），"六到位"（渠堤整修到位，防渗治漏到位，量水设施到位，安全设施到位，渠旁绿化到位，产权界定到位），加强总干渠堤防工程建设，加大工程管理与维护力度，确保工程安全、有效运行。

（3）节水效益。

1）灌溉效益。通过灌区节水改造和水资源的高效利用，灌区内苹果和核桃等经济果树、经济作物和蔬菜制种业面积大大增加，生猪养殖业户沿渠而建，济源和孟州先后在灌区内规划建设了玉川工业集聚区、虎岭工业集聚区和孟州西部工业集聚区，加快了农村城镇化和农业现代化的进程。

2）工业供水效益。2003 年，灌区管理局利用灌区渠库池调蓄功能，利用农业灌溉中节约的水量，积极拓展工业供水、发电用水、养殖和生态等其他供水市场，先后为济源的玉川、虎岭工业集聚区和孟州西部工业集聚区等 20 余家大中型企业供水。"十二五"期间，在有效保证农业灌溉的同时，实现了水电站发电 2.52 亿 kW·h。为灌区工业企业供水 1.5 亿 m³，保证了孟州西部工业集聚区、济源玉川和虎岭工业集聚区等企业生产用水的可靠性和连续性。

3）生态供水效益。灌区生态补水 5380 万 m³，蓄水补源 7700 万 m³。

3.3.2.3 陆浑灌区

陆浑灌区西从陆浑水库引水，南到汝河北岸，北达伊洛河南岸。图 3-35 为陆浑灌区地理位置。灌区内的总干渠、东一干渠、西干渠、滩渠位属黄河流域，在伊河龙门以上沿伊河两岸分布，西南东北走向，长 160km，宽 15km，呈狭长地带；东二干渠位属淮河流域，沿北汝河北岸分布，东西长 55km，宽 8km，呈条状地带。一期工程受益县（市）有嵩县、伊川县、汝阳县、偃师市、巩义市、汝州市。受益乡 34 个，自然村 640 个，人口 100 万人。

灌区规划总控制灌溉面积 180 万亩，其中净发展灌溉面积 134.28 万亩，设计灌溉保证率 78%。原有利用当地径流灌溉的灌溉面积 45.76 万亩。净增灌溉面积中，自流灌溉面积 106.83 万亩，提水灌溉面积 27.47 万亩，原有灌溉面积中，中小型水库灌溉面积 24.69 万亩，天然河水灌溉面积 10.14 万亩，井灌溉面积 10.93 万亩。陆浑灌区主要分布在洛阳市、平顶山市、郑州市，通过资料收集计算，陆浑灌区农业用水量占所处地市农业用水量百分比情况见图 3-36。

灌区主要农作物有谷子、豆类、棉花、红薯、小麦、玉米等。图 3-37 为陆浑灌区作物种植结构图。由图中数据可以看到，该灌区以小麦、玉米两种主要农作物为主，二者比

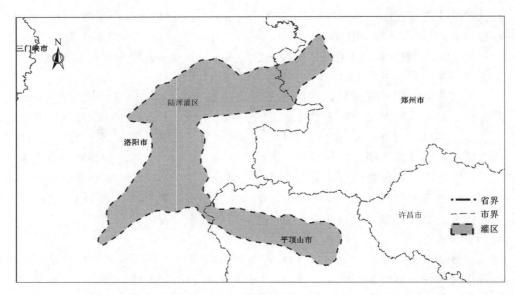

图 3 - 35　陆浑灌区地理位置

例约为 70%，以棉花、果林和经济作物为辅，组成该灌区的种植结构体系。图 3 - 38 为陆浑灌区水资源及其供水情况。该图显示陆浑灌区供水量总体呈下降趋势，其中该灌区农业用水量于 2011 年达到历史最低点，该点的农业用水量为 0.221 亿 m^3。其中大型灌区的地表水和地下水资源均呈下降趋势。

　　下面从工程及效益等方面详细介绍陆浑灌区节水相关情况。

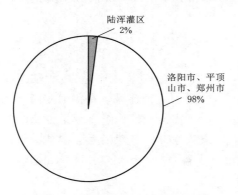

图 3 - 36　陆浑灌区农业用水量
占所处地市农业用水量百分比

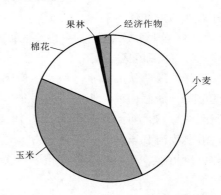

图 3 - 37　陆浑灌区作物种植结构

　　（1）节水工程。灌区节水技术改造和续建配套工程主要建设内容为渠道防渗、险工处理、干支渠建筑物改造及影响灌区效益发挥的关键性工程。自 2009 年开始至 2015 年年底，陆浑灌区完成了骨干渠道改造 111.204km，骨干渠道上各类建筑改造 271 座，其中桥梁 155 座、节退闸 15 座、涵洞 1 座、渡槽 11 座、填方坝 25 座、口门 44 座；管理房 20 座。渠道输水能力逐年提高，实际灌溉面积逐年扩大，灌区年节水约 9877 万 m^3，渠系水

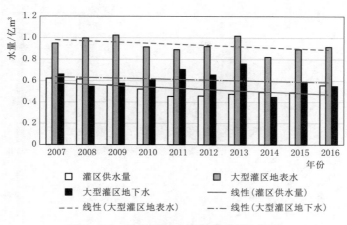

图 3-38　陆浑灌区水资源及其供水情况

利用系数由原来的 0.423 提高到 0.65，灌溉水利用系数由原来的 0.36 提高到 0.505，恢复灌溉面积 24.24 万亩，改善灌溉面积 52.3 万亩，有效灌溉面积自 1998 年的 48.6 万亩提高到 2015 年的 65.4 万亩。至 2015 年年底，水库灌溉供水达 252 次，每次灌溉面积 1885 万亩。据调查，正常年份亩增产 300～400kg，按平均 300kg 计，灌区总增产粮食 540 万 t。按粮食单价 2.2 元/kg，水利分摊系数为 0.5 计算，灌区增产效益为 59.4 亿元。

（2）节水效益。①灌溉效益。灌区粮食作物复种指数从灌前的 1.1～1.3 提高到 1.7，农业种植结构不断优化，以灌前种植谷子、豆类、棉花、红薯等旱作物的单季收，调整为小麦、玉米的双季收，灌区粮食亩产由原来的 400～600kg 提高到 800～1000kg。伊河两岸及汝河北岸水源匮乏的丘陵山区，粮食生产实现了稳产、高产。②供水效益。1999 年，开始利用总干渠、东一干渠向伊川二电厂水库供水，2005 年开始向伊川三电厂水库供水，至 2015 年年底，共计供水 3.71 亿 m^3，经营收入 0.63 亿元。③生态效益。近两年，为洛阳市城区、汝州市城区提供过少量的应急性环境用水，并为汝阳工业园区人工湖进行补水。

3.3.2.4　杨桥灌区

杨桥灌区位于黄河南岸郑州市中牟县境内，属淮河流域。灌区控制范围北起黄河，西至郑州市郊，东邻三刘寨灌区，南达堤里小清河、丈八沟两岸。杨桥灌区地理位置见图 3-39。灌区规划设计灌溉面积 41.26 万亩，有效灌溉面积 33.21 万亩，主要负责中牟境内各乡（镇）的农田灌溉。2008 年统计总人口 7.09 万人，其中农业人口 6.80 万人，农村劳动力 4.13 万人。总土地面积 173km²，耕地面积 7900hm²，分水稻区和旱作物区，其中水稻区面积 3230hm²，旱作物区面积 4670hm²。

杨桥灌区农业用水量占所处地市农业用水量百分比见图 3-40。种植主要作物有小麦、水稻、玉米、花生、大蒜、蔬菜、西瓜等，农作物种植结构见图 3-41。图 3-42 为杨桥灌区水资源及其供水情况，该图显示杨桥灌区近 10 内的供水量总体呈下降趋势，2011 年为灌区供水量历史低点，为 0.265 亿 m^3。此外，大型灌区地表水和地下水资源亦呈下降趋势。

下面从工程及效益等方面详细介绍杨桥灌区节水相关情况。

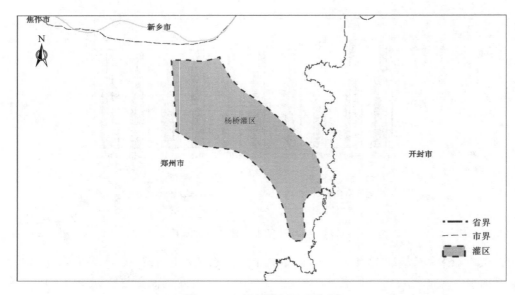

图 3-39 杨桥灌区地理位置

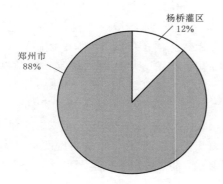

图 3-40 杨桥灌区农业用水量
占所处地市农业用水量百分比

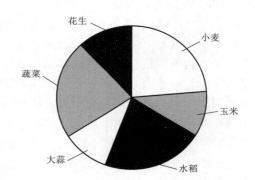

图 3-41 杨桥灌区农作物种植结构

(1) 节水工程。通过四批灌区续建配套与节水改造项目的实施,渠道完好率由 50% 提高到 98%,建筑物完好率也由 34% 提高到 100%,灌区的输水和调控能力得到了明显提高。通过四批项目的实施,改善灌溉面积 28.78 万亩。桥灌区渠系水利用系数由项目建设前的 0.53 提高到 0.70,渠灌水稻区灌溉水利用系数由 0.50 提高到 0.66,旱作区由 0.45 提高到 0.63,井灌区由 0.80 提高到 0.87,根据水量分析计算结果,项目区内每年可节约水量 1946 万 m³。参照现行非农业水资源费的征收标准,黄灌区按 0.04 元/m³ 计,则年少缴水资源费(向黄河管理部门缴纳水资源费)73.24 万元。此外,通过渠道衬砌和建筑物的更新改造,提高了渠道输水能力,灌溉周期平均缩短了 2～3 天,保证灌区内农作物适时适量灌溉,从而使农业增产、农民增收。规划项目区为灌区总干渠和北干渠灌溉区域。

(2) 节水效益。①项目区采用节水灌溉后,低压管道输水比大水漫灌年每公顷省电 30kW·h;引黄灌区通过对渠道衬砌节水改造后,有效地扩大了引黄灌区面积和提高了

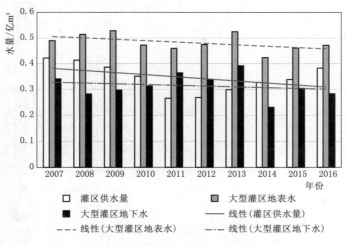

图 3-42　杨桥灌区水资源及其供水情况

灌溉保证率，可减少全灌区内机井平均开机时间和渠道清淤，根据节水改造前后对比资料分析，年每公顷省电 180kW·h。项目区年省电 38.04 万 kW·h。②渠道衬砌区一般地面灌溉节地 0.6%～1.5%，喷灌及管灌节地 3%～5%，根据土地规划成果，项目区发展渠道衬砌面积 5786.7hm²，低压管灌 2113.3hm²，共可节地 142.4hm²。

3.3.2.5　武嘉灌区

武嘉灌区位于河南省北部，范围包括武陟、修武、获嘉三县的耕地 62.7 万亩，属中华人民共和国成立后豫北地区的大型引黄灌区之一，主要承担新乡、焦作两市 3 个县（市、区）14 个乡（镇）的农田灌溉、城市生活、工业供水、生态供水和防洪除涝任务，并承担灌区地下水补源的任务。武嘉灌区地理位置见图 3-43，渠首在秦厂大坝上，

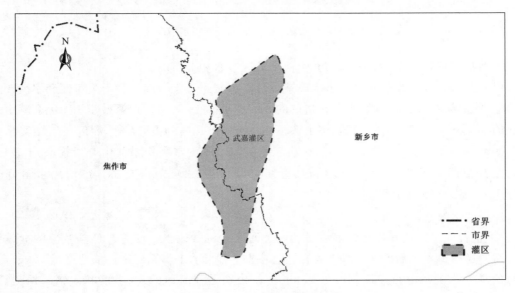

图 3-43　武嘉灌区地理位置

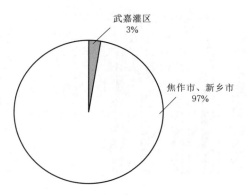

图 3-44　武嘉灌区农业用水量占
所处地市农业用水量百分比

为无坝自流引水。其设计灌溉面积 36 万亩，有
效灌溉面积 26.4 万亩，渠首闸设计引水流量为
40m³/s。

武嘉灌区主要分布在焦作市、新乡市，通过
资料收集计算，灌区主要作物是小麦、棉花等，
武嘉灌区农业用水量占所处地市农业用水量百分
比见图 3-44。图 3-45 为武嘉灌区水资源及其
供水情况。图 3-45 显示武嘉灌区 10 年内的灌
区供水整体呈微幅度的下降趋势，其中该灌区供
水量于 2014 年达到历史最低值，该点的农业用
水量为 0.476 亿 m³。此外，还发现武嘉灌区的
地表水和地下水资源均呈下降趋势。

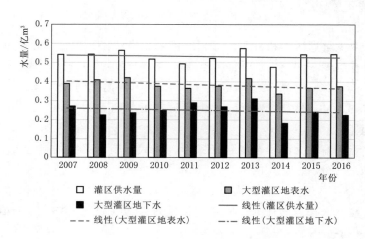

图 3-45　武嘉灌区水资源及其供水情况

下面从工程及效益等方面详细介绍武嘉灌区节水相关情况。

（1）节水工程。续建配套与节水改造，显著改善了工程状况，骨干渠道配套率由改造
前的 75% 提高到 85%，完好率由改造前的 30.2% 提高到 59.2%，渠系建筑物配套率由改
造前的 50% 提高到 71.5%，完好率由改造前的 8.4% 提高到 25.3%。灌区年新增输水能
力 5.8m³/s，渠系水利用系数由 0.43 提高到 0.51，灌溉水利用系数由 0.4 提高到 0.48。
灌区运行初期毛灌水量为 560m³/亩，近几年减少为 420m³/亩左右，亩均用水量降低
140m³，节水 1159 万 m³。

（2）节水效益。

1）粮食产量。武嘉灌区复灌后，利用黄河泥沙沉沙改土，使昔日低洼荒凉的盐碱地
变成高产稳产田，先后淤改土地 3 万亩。开灌前，粮食产量 89kg/亩，棉花产量 15kg/亩。
目前粮食产量 950kg/亩，棉花产量 75kg/亩，分别是开灌前的 10.7 倍和 5 倍。据测算，
工农业效益引黄分摊值 300 多亿元。

2）农作物得到了适时、适量灌溉，地上水增加、土中水分增多，极大地缓解了灌区地下水漏斗的进一步发展，近年来灌区大部分区域地下水埋深稳定在 4m 左右，有效地防止了土壤次生盐碱化。同时空气湿度的增加，增大了绿色植物的覆盖面积，使灌区的小气候及农业的生态环境得到了改善。

3.3.2.6 人民胜利灌区

人民胜利灌区位于河南省北部，主要分布在焦作市、新乡市、安阳市，人民胜利灌区地理位置见图 3-46。

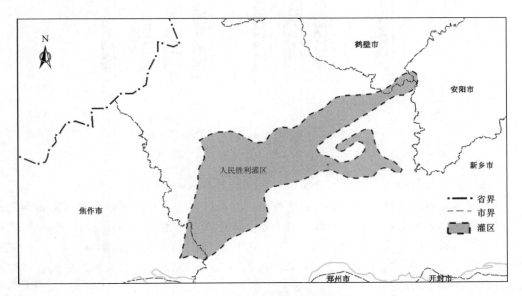

图 3-46 人民胜利灌区地理位置

设计灌溉面积 85.0 万亩，有效灌溉面积 75.5 万亩。人民胜利灌区的主要作物包括花生、小麦、玉米等，有关作物种植结构见图 3-47，人民胜利灌区农业用水量占所处地市农业用水量百分比见图 3-48。

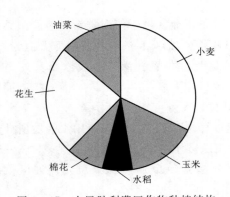

图 3-47 人民胜利灌区作物种植结构

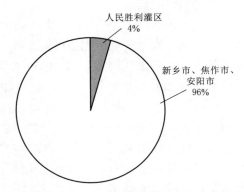

图 3-48 人民胜利灌区农业用水量占所处地市农业用水量百分比

图 3-49 为人民胜利灌区水资源及其供水情况。图 3-49 显示人民胜利灌区的近 10 年农业用水量整体呈下降趋势,其 2011 年为 10 年的最低点,该点的农业用水量为 1.262 亿 m^3。另发现,该灌区当地的地表水和地下水部分均呈下降趋势。

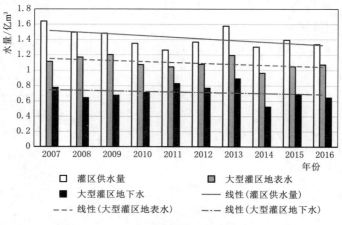

图 3-49　人民胜利灌区水资源及其供水情况

下面从工程及效益等方面详细介绍人民胜利灌区节水相关情况。

(1) 节水工程。通过续建配套与节水改造,显著改善了工程状况,项目区渠道与建筑物配套、完好率逐年提高,渠道的输水能力也大幅度提高,灌区年节水 2743 万 m^3,灌溉水利用系数由原来的 0.38 提高到 0.45,渠系水利用系数由 0.450 提高到 0.535,恢复新增灌溉面积 33 万亩,改善灌溉面积 87.22 万亩,有效灌溉面积达 118.3 万亩,农业综合生产能力提高 8220 万元,农民年人均增收 136 元。

(2) 节水效益。①工业、生态效益。对灌区进行续建、配套、养护和改造,大大改善了供水条件,工业产值明显增加。②农作物得到了适时、适量灌溉,地上水增加、土中水分增多,极大地缓解了灌区地下水漏斗的进一步发展,同时空气湿度的增加,增大了绿色植物的覆盖面积,使灌区的小气候及农业的生态环境得到改善。

3.3.2.7　韩董庄灌区

韩董庄灌区始建于 1967 年,于 1968 年开灌。韩董庄灌区位于河南省新乡市原阳县中西部,属黄河流域,是全国大型引黄灌区之一,与祥符朱灌区相邻,南以黄河大堤为界,北部与新乡县、延津县接壤,图 3-50 为韩董庄灌区地理位置。灌区涉及原阳县的 8 个乡 (镇),2 个区和平原新区 3 个乡 (镇) 258 个行政村,人口 33.47 万人,灌区控制面积 580.67 km^2,设计灌溉面积 58.16 万亩,有效灌溉面积 38 万亩。

韩董庄灌区主要分布在新乡市,通过资料收集计算,韩董庄灌区农业用水量占所处地市农业用水量百分比见图 3-51。图 3-52 为韩董庄灌区水资源及其供水情况。图 3-52 中韩董庄灌区所处地市地表水和地下水部分均呈下降趋势,近 10 年来,韩董庄灌区供水量基本保持平稳,为 0.65 亿~0.75 亿 m^3。

韩董庄灌区实施节水改造后,灌溉水利用系数由节水改造前的 0.4 提高到 0.55,亩灌溉用水定额由 700m^3 减小为 589m^3。每年可节水 9755 万 m^3。项目实施后新增灌溉面积 3.6 万

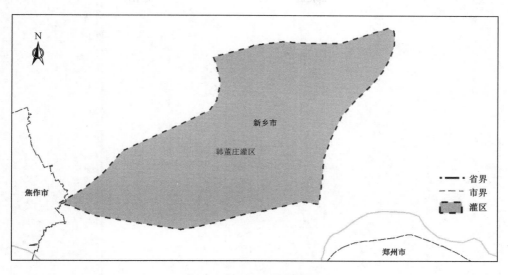

图 3-50 韩董庄灌区地理位置

亩，恢复灌溉面积 4.4 万亩，改善灌溉面积 21.64 万亩。

3.3.2.8 祥符朱灌区

祥符朱灌区位于河南省新乡市原阳县东部，延津县南部（图 3-53）。

灌区始建于 1969 年，总土地面积 359.2km²，耕地面积 36.5 万亩。灌区涉及原阳、延津两县 9 个乡（镇），总人口 29.58 万人，其中农业人口 26.15 万人。设计灌溉面积 36.5 万亩，现状有效灌溉面积 18.4 万亩，2011 年实际灌溉面积 18.4 万亩。灌区主要种植作物为小麦、水稻、玉米，间作花生、谷子、豆类等作物，复种指数 1.7。

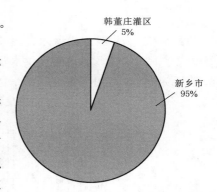

图 3-51 韩董庄灌区农业用水量占所处地市农业用水量百分比

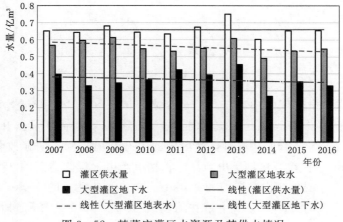

图 3-52 韩董庄灌区水资源及其供水情况

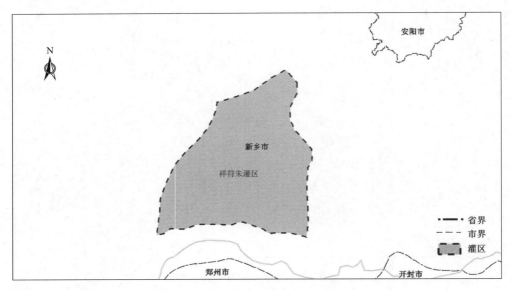

图 3-53　祥符朱灌区地理位置

图 3-54 为祥符朱灌区水资源及其供水情况。图 3-54 显示该灌区的地表水和地下水资源均呈下降趋势，而该灌区供水量总体呈上升趋势，其中该灌区于 2013 年达到历史最高值，该点的农业用水量为 0.359 亿 m³。

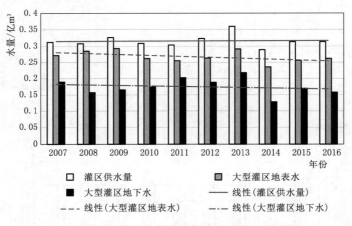

图 3-54　祥符朱灌区水资源及其供水情况

引黄灌溉是祥符朱灌区的中心工作，近年来，该灌区大力进行续建配套、养护和改造，提高了供水条件和骨干渠道引水输水能力，灌溉保证率得到明显提升，不仅缩短了灌溉周期，而且加大了灌区引黄补源量，灌区内的生态环境得到了明显改善。2015 年灌区共引水 10607 万 m³，粮食产量创历史新高，水稻单产由工程改造前的 350kg/亩提高到改造后的 600kg/亩，小麦单产由改造前的 350kg/亩提高到改造后的 550kg/亩，玉米单产由改造前的 340kg/亩提高到 650kg/亩，农民人均纯收入由 2275 元提高到 8981 元，灌区农业总产值由 1.99 亿元提高至 3.33 亿元。

3.3.2.9 石头庄灌区

石头庄灌区位于河南省长垣县的东北部,属黄河流域。灌区东靠黄河大堤,西至唐满沟和文明渠,南起长孟公路沟,北和滑县、濮阳接壤,灌区地理位置见图3-55。区内现有人口24.61万人,其中农业人口22.71万人。灌区控制面积311km²,耕地面积36.68万亩,设计灌溉面积35万亩,有效灌溉面积25.8万亩。

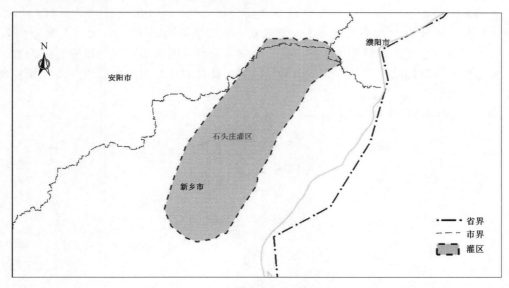

图3-55 石头庄灌区地理位置

图3-56为石头庄灌区水资源及其供水情况。图3-56显示该灌区农业用水量总体呈下降趋势,其中该灌区于2014年达到历史最低点,该点的农业用水量为0.509亿m³。此外,灌区的地表水和地下水部分均呈下降趋势。

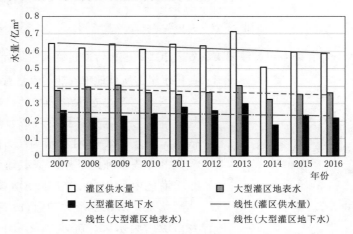

图3-56 石头庄灌区水资源及其供水情况

从2002年黄河调水调沙以来,黄河河床下降2.5m左右,导致石头庄灌区引水困难,2011年实际灌溉面积25.5万亩。灌区引水主要为农业灌溉,少量为生态用水。区内的生活及工业用水主要为地下水。近年来，灌区实施续建配套与节水改造项目，骨干渠道引输水能力得到明显提高，均达到设计能力，骨干渠系水利用系数由改造前的 0.65 提高到改造后的 0.68，灌溉水利用系数由改造前的 0.40 提高到改造后的 0.49，有效缩短了灌溉周期，提高了农田灌排保障能力，促进了农业综合生产能力的提高。

3.3.2.10　大功灌区

大功灌区初建于 1958 年，由东到横穿西柳清河，北边为滑县，南边为长垣，与石头庄灌区相邻，1996 年大功灌区进行了重新规划，规划灌溉面积 140.96 万亩，有效灌溉面积 128.3 万亩，主要承担封丘县、长垣县、内黄县及滑县的农田灌溉、城市生活、工业供水、生态供水和防洪除涝任务，并承担灌区地下水补源的任务。图 3-57 为大功灌区地理位置。

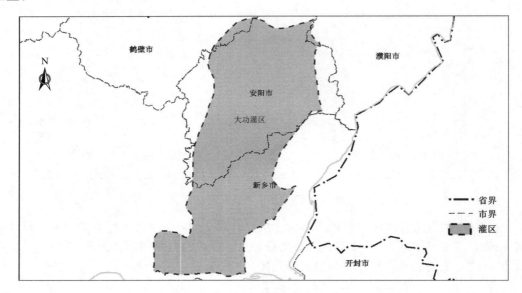

图 3-57　大功灌区地理位置

大功灌区主要分布在新乡市、濮阳市、安阳市、鹤壁市，通过资料收集计算，大功灌区农业用水量占所处地市农业用水量百分比见图 3-58。

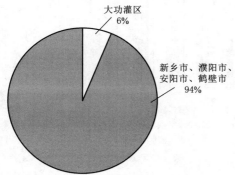

图 3-58　大功灌区农业用水量
占所处地市农业用水量百分比

图 3-59 显示大功灌区近 10 年供水量总体呈下降趋势，其中该灌区于 2011 年达到历史最低值，该点的农业用水量为 1.619 亿 m^3。大功灌区的地表水和地下水水资源均呈下降趋势。

灌区由所在的各市县分别各自管理。其具体现状是：①新乡市大功引黄工程管理处管辖新乡市境内引水渠、沉沙池及总干渠共 55.65km、闸门 20 座。其中隶属封丘县水利局的封丘县大功引黄灌溉工程管理局，管理其境内大功灌区干渠及以下工程。②长垣县水利局大功灌区管

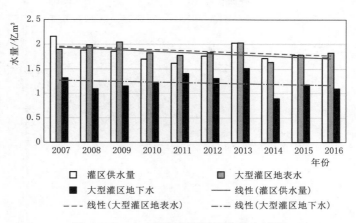

图 3-59　大功灌区水资源及其供水情况

理所管辖其境内总干渠 6.89km、闸门 4 座及干渠以下工程。③滑县水务局管辖总干渠滑县段 60.45km（含退水渠 2.30km）、闸门 14 座及其境内干渠以下工程。④浚县水利局管辖总干渠浚县段 7.20km、闸门 2 座及其境内干渠以下工程。⑤安阳市内黄县水利局管辖总干渠内黄段 50.93km、闸门 12 座及其境内干渠以下工程。⑥濮阳市清丰县水利局管辖总干渠清丰段 4km、闸门 1 座及其境内干渠以下工程。

自 1992 年以来，大功灌区引水量约 9 亿 m³，为当地的社会、经济发展及生态环境改善做出了突出贡献。维修养护工程全部实施后，修复了堤防、建筑物及配套设施，输水能力的增加，有力地促进了农业增产、农民增收，保障了社会安定，促进了社会发展，既合理补充地下水资源，又能改善当地生态环境，促进农业增产增收，效益明显。新乡市大功引黄工程管理处负责大功灌区的渠首引水、总干渠的分水调度，汛期为黄河分流，天然渠、文岩渠涝水跨流域相机北排调度。

3.3.2.11　渠村灌区

渠村灌区位于濮阳市南部，受益范围为濮阳市、清丰县、南乐县和安阳市滑县。渠村灌区以金堤为界，金堤以南为灌区，金堤以北为补源区，有效灌溉面积为 145.7 万亩，其中自流灌溉面积为 38 万亩。新渠首引黄闸于 2007 年建成，设计流量为 100m³/s，其中农业流量为 90m³/s。2015 年实际灌溉面积为 132.94 万亩，承担着濮阳市三县三区农业生产抗旱用水、城市生态环境用水、地下水补源、城区防洪除涝、苦水区改良等任务。图 3-60 为渠村灌区地理位置。

渠村灌区主要分布在濮阳市，通过资料收集计算，渠村灌区农业用水量占所处地市农业用水量百分比见图 3-61。

图 3-62 为渠村灌区水资源及其供水情况。图 3-62 显示渠村灌区近 10 年供水量总体呈下降趋势，其中该灌区于 2014 年达到历史最低点，该点的农业用水量为 2.874 亿 m³。此外，灌区地表水和地下水资源均呈下降趋势。

自 1998 年以来，灌区续建配套及节水改造开始实施，截至 2015 年共完成渠道整修 116.83km，衬砌 97.96km，完成桥闸 273 座，斗门 330 座，新增（恢复）灌溉面积 14.26 万亩，改善灌溉面积 47.74 万亩，新增粮食生产能力 3352.8 万 kg，新增农业产值

图 3-60　渠村灌区地理位置

2702.29 万元，新增供水能力 1144 万 m^3。特别
是，2003 年以来，扩大灌溉补源面积 30 万亩，
改善了补源区的灌溉条件，地下水位下降趋势得
以遏止。近年来粮食亩产达到 480kg 以上，年均亩
产吨粮的耕地达到 90% 以上。灌区运行初期综合
定额为 368m^3/亩，近几年减少为 283m^3/亩左右。
灌溉水利用系数由 0.37 提高到 0.51。

3.3.2.12　南小堤灌区

南小堤灌区位于濮阳市的东南部，南临黄河
大堤，北到河北省界，西与渠村灌区毗邻，东至

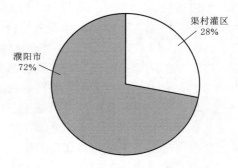

图 3-61　渠村灌区农业用水量
占所处地市农业用水量百分比

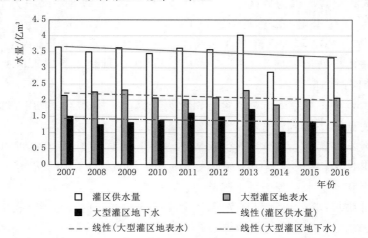

图 3-62　渠村灌区水资源及其供水情况

王称固灌区、山东莘县，南北长约 85km，东西宽约 17km，涉及濮阳市濮阳县、清丰县、南乐县，总土地面积 1060km²，耕地面积 110.21 万亩，有效灌溉面积 83 万亩。灌区以金堤为界，金堤以南部分兴建于 1957 年，灌溉面积 48.21 万亩，金堤以北部分兴建于 1987 年，设计灌溉面积 62 万亩。图 3-63 为南小堤灌区地理位置。

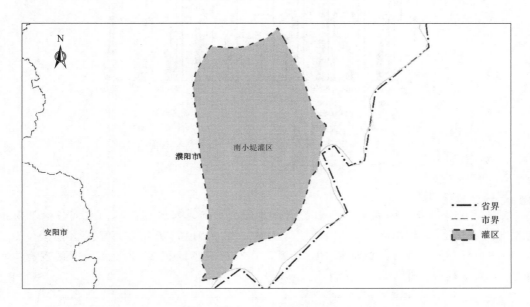

图 3-63　南小堤灌区地理位置

南小堤灌区主要分布在濮阳市，通过资料收集计算，南小堤灌区农业用水量占所处地市农业用水量百分比见图 3-64。

图 3-65 为南小堤灌区水资源及其供水情况。图 3-65 显示南小堤灌区引黄水量总体呈下降趋势，其中该灌区于 2014 年达到历史最低点，该点的供水量为 1.644 亿 m³。近年来，南小堤灌区的地表水和地下水资源均呈下降趋势。

自 2006 年，南小堤灌区开展续建配套与节水改造建设以来，灌区新增灌溉面积 5.21 万亩，改善灌溉面积 23.88 万亩；灌区运行初期综合定额为 368m³/亩，近几年减少为 185.75m³/亩左右，灌溉

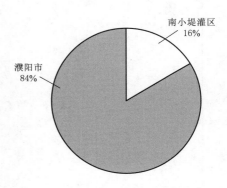

图 3-64　南小堤灌区农业用水量占所处地市农业用水量百分比

水利用系数由 0.37 提高到 0.45；新增粮食生产能力 2028.2 万 kg，新增农业产值 1732.4 万元。现在灌区小麦平均单产达到 450kg 以上，年均亩产吨粮的耕地达到 90% 以上。此外，灌区已向金堤以北补源区累计输水过 40 亿 m³，近十几年来，年补源输水量均超过 2 亿 m³。据地下水位观测资料显示，补源区自 2000 年后地下水位开始止降回升，尤其清丰、南乐两县地下水回升较为明显，年回升达 0.15m 以上。

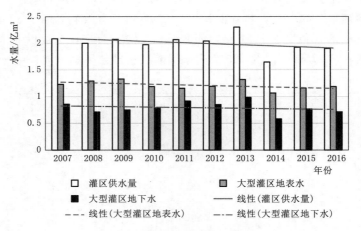

图 3-65 南小堤灌区水资源及其供水情况

3.3.2.13 彭楼灌区

彭楼灌区位于范县中西部,南临黄河,北依金堤河,西界濮阳县,东西长约 23km,南北宽约 14.1km,控制面积 323.90km²,总耕地面积 31.08 万亩,彭楼灌区地理位置见图 3-66。彭楼灌区设计灌溉面积 31.08 万亩,有效灌溉面积 27.2 万亩。灌区现有人口 24.93 万人,其中农业人口 18.7 万人。

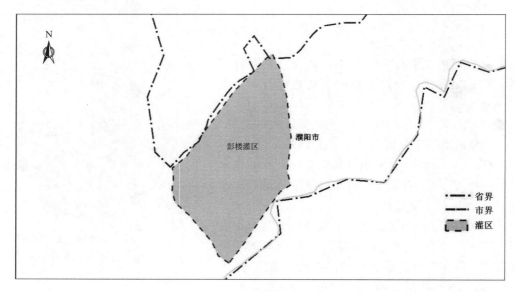

图 3-66 彭楼灌区地理位置

图 3-67 为彭楼灌区水资源及其供水情况。图 3-67 显示彭楼灌区近 10 年灌区供水量总体呈下降趋势,2014 年达到历史最低点,为 0.537 亿 m³。该灌区的地表水和地下水资源也呈下降趋势。

范县彭楼灌区通过续建配套与节水改造项目的实施,改善了项目区的农业生产条件,

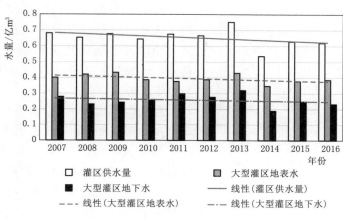

图 3-67　彭楼灌区水资源及其供水情况

提高了灌溉保证率，提高了水流的输水速度，加大了输水流量。改善灌溉面积 9.24 万亩，新增灌溉面积 6.08 万亩。每年节约水量 2430 万 m^3，若用于扩大灌溉面积，每亩按 500m^3 计，则可扩大灌溉面积 4.86 万亩。按每亩年增产 100kg 计算，则年新增粮食生产能力 486 万 kg，粮食单价按 2.2 元/kg，考虑水的分摊系数 0.4，新增年效益 427.68 万元。

3.3.2.14　三义寨灌区

三义寨灌区位于河南省黄河南岸东部黄淮平原，地域涉及开封和商丘两市的七县两区，包括开封市的开封县、兰考县、杞县和商丘市的民权县、宁陵县、睢县、虞城县、梁园区、睢阳区（图 3-68）。三义寨引黄灌区总土地面积 4344.2km^2，其中耕地面积 405.01 万亩。通过资料收集计算，三义寨灌区农业用水量占所处地市农业用水量百分比见图 3-69。

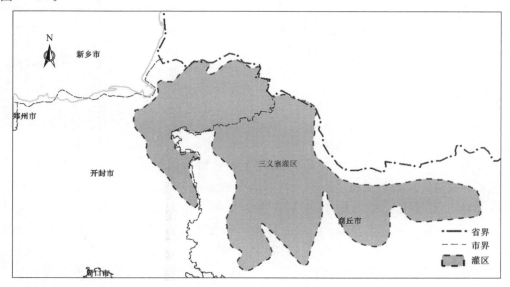

图 3-68　三义寨灌区地理位置

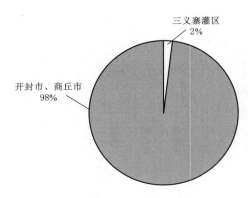

图 3-69　三义寨灌区农业用水量
占所处地市农业用水量百分比

图 3-70 为三义寨灌区水资源及其供水情况。图 3-70 显示该灌区供水量整体呈下降趋势，2014 年达到历史最低值，为 1.813 亿 m³。此外，还观察到该灌区地表水和地下水资源均呈下降趋势。

自 1994 年引黄中线干渠工程建成试通水成功以来，至 2015 年年底已引入黄河水 40 多亿 m³，累计灌溉面积 3200 万亩次、补源面积 5200 万亩次。三义寨引黄灌区续建配套与节水改造自 2000 年开始实施，截至 2015 年，共疏浚渠道 16 条，长 183.65km，衬砌渠道 29.07km，共新建、重建建筑物 286 座，改善灌溉面积 102 万亩。共完成投资 13969.2 万元。项目实施后，改造了卡脖子工程，疏浚了渠道，进行了渠道衬砌，规范了断面，加大了水流速度，大大减少了渠道的输水损失，提高了输水效率。

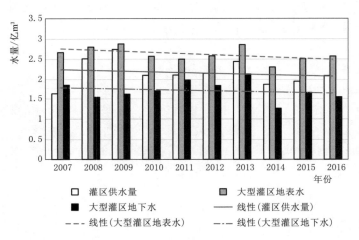

图 3-70　三义寨灌区水资源及其供水情况

3.3.2.15　赵口灌区

赵口灌区是河南省最大的灌区，位于黄河南岸豫东黄淮平原，北临黄河，南抵太康与淮阳、西华与周口交界，西起鄢陵与许昌县交界，东至鹿邑与柘城交界。灌区设计灌溉面积 366.5 万亩，其地域主要包括郑州、开封、许昌、周口四个市的中牟、开封、尉氏、通许、杞县、鄢陵、扶沟、太康、西华、鹿邑和开封市金明区、鼓楼区十县二区，共计有 118 乡 2864 个行政村，总人口 411.52 万人，其中农业人口 365.4 万人，占总人口的 88.79%。总土地面积 5869.1km²，其中耕地面积 574.1 万亩。赵口灌区地理位置见图 3-71。

赵口灌区主要分布在郑州市、开封市、许昌市、周口市，通过资料收集计算，赵口灌区农业用水量占所处地市农业用水量百分比见图 3-72。图 3-73 为赵口灌区水资源及其

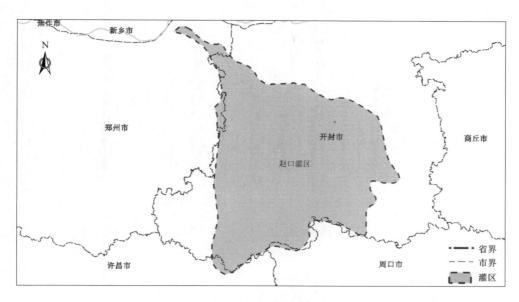

图 3-71 赵口灌区地理位置

供水情况。图 3-73 显示该灌区的灌溉供水量所占比重相对较大，其中从整体趋势分析，该灌区供水量总体呈下降趋势，2014 年为近 10 年供水量最低点，该点供水量为 1.83 亿 m³。该灌区的地表水和地下水资源均呈下降趋势。

赵口引黄灌区是国家 1000 亿斤粮食增产计划的重点地区之一，在保障国家粮食安全方面发挥着重要作用。2007 年灌区续建配套与节水改造工程开始实施，2007—2015 年，包括改造渠道 128km，修建建筑物 117 座等主要建设内容。工程完成后，渠系水利用系数由原来的 0.578 提高到 0.60，灌溉水利用系数由原来的 0.52 提高到 0.56。由于田间工程大都采用了"小白龙"的节水技术，避免了大水漫灌现象，亩均用水量由原来的 218m³ 减少到现在的 212m³，亩均节水 6m³，年均减少了引水量 3639 万 m³ 左右。改善灌溉面积约 110 万亩，年均灌溉效益增加 1814.92 万元。

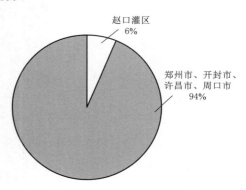

图 3-72 赵口灌区农业用水量
占所处地市农业用水量百分比

3.3.2.16 柳园口灌区

柳园口灌区涉及开封市龙亭区、顺河区、开封市祥符区及杞县，设计灌溉面积 46.35 万亩，有效灌溉面积 29.99 万亩，承担着开封市龙亭区、顺河区、开封市、杞县等共计 12 个乡（镇）农田灌溉、灌区地下水补源及开封市生态用水的任务。柳园口灌区地理位置见图 3-74。

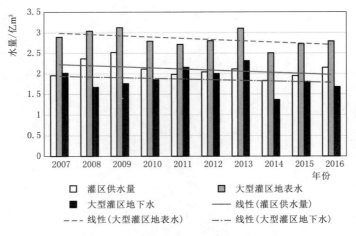

图 3-73 赵口灌区水资源及其供水情况

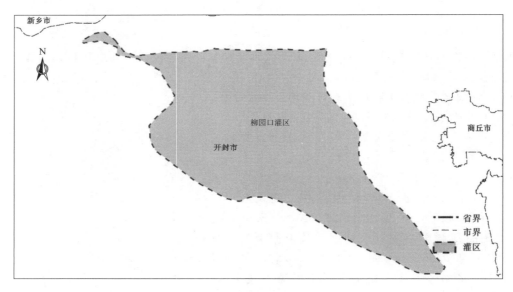

图 3-74 柳园口灌区地理位置

图 3-75 为柳园口灌区水资源及其供水情况。图 3-75 显示柳园口灌区地表水和地下水资源均呈下降趋势。灌区供水总体呈下降趋势,2015 年农业供水量是 10 年的最低点,为 0.437 亿 m³。

柳园口灌区经过节水改造,工程投资效益十分显著,改善灌溉面积 46.35 万亩,年节水 3000 万 m³,年新增粮食生产能力 3314.2 万 kg,渠系水利用系数由 0.46 提高到 0.53,灌溉水利用水系数由 0.4 提高到 0.48,灌水周期由改造前的 8~12 天缩短为改造后的 7~10 天。此外,改造后的柳园口灌区在水源保障程度、工程完好程度等方面均得到提高,改善了灌区内自然生态环境。

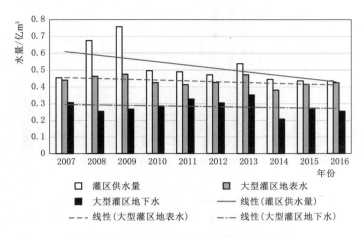

图 3-75 柳园口灌区水资源及其供水情况

3.3.2.17 广利灌区

广利灌区位于河南省西北部,灌区范围包括济源市、沁阳市、温县、武陟县的 16 个乡 (镇)、332 个行政村,人口 50 余万人,耕地面积 61.82 万亩,设计灌溉面积 31 万亩,有效灌溉面积 31 万亩,实际灌溉面积 30.9 万亩。广利灌区地理位置见图 3-76。

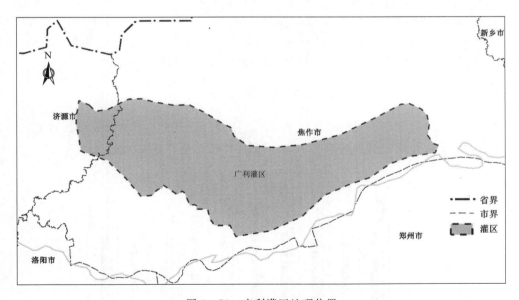

图 3-76 广利灌区地理位置

图 3-77 为广利灌区水资源及其供水情况。图 3-77 显示广利灌区的地表水和地下水资源均呈下降趋势。广利灌区供水量也有所减少,2014 年供水量为 10 年最低,为 0.691 亿 m³。

广利灌区主要担负着农田灌溉、生态供水、工业供水、防洪除涝和地下水漏斗区生态

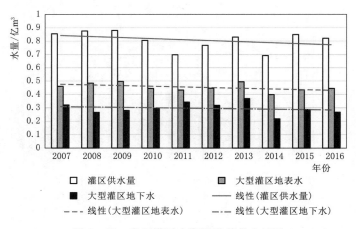

图 3-77　广利灌区水资源及其供水情况

补源任务。1999 年，广利灌区续建配套与节水改造项目实施后，新建干支渠累计
19.945km，改造 119.451km（其中衬砌 63.319km），新建改造建筑物 384 座，提高了渠
道的引输水能力和水的利用率，恢复灌溉面积 6 万亩，改善灌溉面积 20 万亩，年新增节
水能力 587 万 m³，年新增粮食生产能力 6656 万 kg，粮食单产达到 990kg/亩，灌区粮食
总产量达到 40392 万 kg。此外，广利灌区利用灌溉间隙和汛期，加大了向青风岭地下水
降落漏斗区的输水补源，每年平均引水补源 5000 万 m³ 左右，减少了地下水的开采量。
截至 2015 年，有效补源面积已近 16 万亩，补源范围内机井水位平均上升 6～12m，遏制
了地下水位持续下降的不利状况，农村水生态环境逐步得到修复改善。

3.3.3　中、小型引黄灌区供水及总体分析

图 3-78 为中型灌区水资源及其供水情况。图 3-78 显示三者变化趋势大致相同，均
呈下降趋势，其中，灌区供水量于 2014 年达到历年最低值，为 3.22 亿 m³。

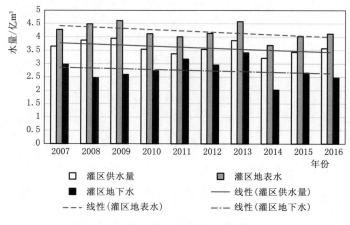

图 3-78　中型灌区水资源及其供水情况

图 3-79 为小型灌区水资源及其供水情况。图 3-79 显示小型灌区引黄供水、地表水资源、地下水资源变化趋势与中、大型灌区类似,三者呈下降趋势,其中供水量于 2014 年达到历年最低值,为 5.93 亿 m³。

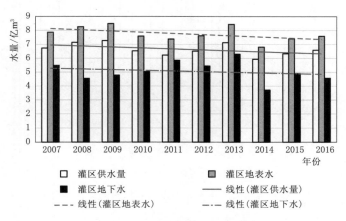

图 3-79 小型灌区水资源及其供水情况

图 3-80 为黄河下游河南省域引黄灌区用水总体分析。图示灌区总用水量、大、中和小型灌区用水量四者均呈下降趋势,其中大型灌区用水量与灌区总用水量变化情况基本吻合,二者的最高点均在 2013 年,农业用水的最低值在 2014 年。

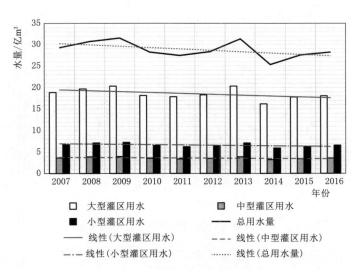

图 3-80 黄河下游河南省域引黄灌区用水总体分析

3.3.4 灌区用水、黄河水及降水关联分析

图 3-81 为引黄灌区农业用水量与河南省域黄河关键断面水量数据。从升降趋势来说,灌区用黄河水与河南两个断面的径流量均呈下降趋势,花园口断面与三门峡断面实测

径流量变化情况相同。

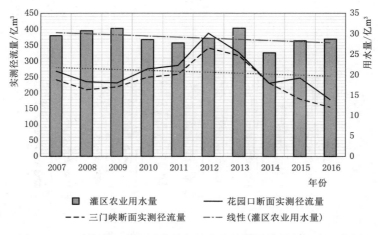

图 3-81　引黄灌区农业用水量与河南省域黄河关键断面水量数据

　　图 3-82 为引黄灌区农业用水量与所在地市平均降雨量。二者在 10 年内的变化趋势大体相同，均呈下降趋势。其中二者在 2014—2016 年段的变化趋势十分吻合，均呈递增变化。

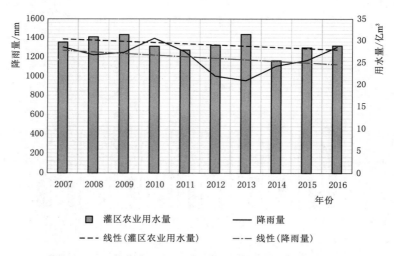

图 3-82　引黄灌区农业用水量与所在地市平均降雨量

　　图 3-83 为河南省域黄河关键测量断面水量、所在地市降雨量、黄河流域降雨量关联关系图。由图 3-83 可以看出：①三者在大的趋势上基本相同，均呈下降趋势。②从小的变化转折点及相应时段情况来看，三者情况也非常类似，比如 2007—2011 年段、2012—2013 年段、2014—2015 年段，均出现了"同增同减"的现象。③黄河下游灌区所在地市降雨量与黄河下游河南段降雨量有数量级上的差别，但曲线的变化趋势类似。

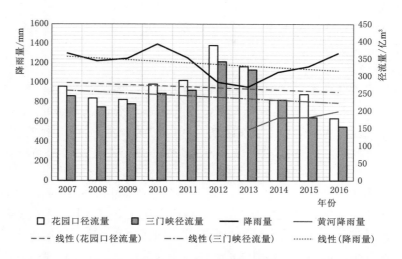

图 3-83 河南省域黄河关键测量断面水量、所在地市降雨量、黄河流域降雨量关联关系

3.4 河南段典型引黄灌区的分析案例

由 3.3 节分析发现,黄河下游河南段灌区所处自然地理环境差别不大,且在灌区节水工程、节水管理和节水效益等方面具有众多相似之处。本节选择某典型灌区阐明分析了河南省大多数灌区都存在的问题,并对近年来持续开展的灌区续建配套与节水改造等工程及效果进行评价说明,为后面灌区节水评估方案的制定提供依据和技术支撑。

人民胜利渠是中华人民共和国成立后在黄河中下游兴建的第一个大型引黄灌溉工程,它的兴建结束了"黄河百害,唯富一套"的历史,揭开了开发利用黄河水沙资源的序幕,成为"新中国引黄灌溉第一渠"。本节选择典型的人民胜利灌区对黄河下游河南段引黄灌区进行与节水相关的详细分析。

3.4.1 人民胜利渠灌区自然条件

3.4.1.1 地理位置

人民胜利渠灌区横跨东经 113°31′~114°25′,北纬 35°0′~35°30′,跨越新乡县、滑县、卫辉市、原阳县、获嘉县、延津县以及武陟县[137],设计灌溉面积 85.0 万亩,有效灌溉面积 75.5 万亩。2011 年实际灌溉面积 36 万亩。主要承担新乡、焦作、安阳 3 市 12 个县(市、区)47 个乡(镇)的农田灌溉、城市生活、工业供水、生态供水和防洪除涝任务,并承担灌区地下水补源的任务[138-141]。

3.4.1.2 地形地貌

人民胜利渠灌区由黄河古河道冲积平原、太行山前冲积扇组成,由西向东呈倾斜的带状分布,灌区长度在 100km 左右,平均宽度为 5~25km,自西向东灌区地势逐渐下降,灌区西部引黄渠首处地面高程为 96m,灌区东部接壤滑县处地面高程为 68.50m。整个灌区的地面坡度为 1/4000。由于黄河冲积和沉积一直影响着灌区，根据灌区的地形条件可以把灌区划分为 5 个区域，分别为：太行山前交接洼地、黄河滩区、现黄河背和洼地、古黄河背和洼地、古黄河河槽。

3.4.1.3　气象水文

灌区地处温带大陆性季风气候区域，四季交替明显。灌区春天干旱，风沙大，夏天天气炎热，降雨较多，秋季凉爽，冬天天寒，空气干燥。灌区最高温度 41℃，最低温度 －16℃，多年平均温度为 14.5℃，无霜期在 220 天左右。灌区光照时间充足，日夜温差较大，有利于农作物生长和物质的积累，热量资源可满足小麦、玉米和花生等农作物的需要。

灌区多年平均年降水量为 581.2mm，降水时间主要集中在 6—9 月，占全年降水量的 70%～80%，多年平均年蒸发量为 1864mm。灌区内河流主要有卫河、东孟姜女河和西孟姜女河。卫河地处灌区北部，从合河闸起向东北方向流经新乡市、卫辉市、滑县于内黄县出境，是人民胜利渠灌区的主要排泄河流。东孟姜女河以东三干小河渡槽为源头，河流东北走向，流经卫辉市，最后从东边流入卫河中，全长 33.78km，流域面积 382.5km²，多年平均排水总量为 6715 万 m³，其中汛期排水量占多年平均排水总量的 50%，东孟姜女河在汛期时，主要排泄流域内的涝水和工业废水。在非汛期时，主要排泄灌溉回水和工业废水。

近些年，引黄灌溉退水减少，因为灌溉管理水平的提高，现在河流排泄主要为洪水和工业废水。西孟姜女河以获嘉县的小召为源头，流向为东北方向，流经新乡市，从西边流入卫河中，河流全长 28.7km，流域面积 197km²，多年平均排水量为 2633 万 m³，河流在汛期时的排水量为 1064 万 m³，主要排泄工业废水，排放工业废水造成了西孟姜女河河道的污染，同时造成了河道的淤积，河道淤积之后，在暴雨季节，容易造成河水漫滩，造成两岸农田的污染。

3.4.2　人民胜利渠灌区供用水

人民胜利渠灌区目前实际灌溉面积 4.33 万 hm²，井渠双配套，具备地表水、地下水联合运用的工程条件[142]。

3.4.2.1　灌区水源条件

灌区水资源主要来源于三部分：降水、地表水、地下水。其中地表水主要指的是黄河水。人民胜利渠灌区位于平原地区，地下水自然坡度很小，约 1/4000，水平运动很弱，而且进出灌区的水力坡降相当，即地下水出入相抵，地下水的动态变化主要取决于垂向的补给和排泄。

1. 降水

灌区 4 种水文年的相应降水量为：湿润年（频率为 25%）658mm，平均年（频率为 50%）521mm，中旱年（频率为 75%）447mm，干旱年（频率为 90%）376mm。降水入渗补给系数为 0.18，灌溉入渗补给系数为 0.35，降水入渗补给量和井灌可开采量见表 3-5。其中，灌溉入渗补给系数乘以引黄水量后，即为灌溉入渗补给量。

表 3 - 5 降水入渗补给量和井灌可开采量

水文年	湿润年	平均年	中旱年	干旱年
降雨量/mm	658	521	447	376
入渗补给量/mm	1.76	1.39	1.2	1.01
井灌开采量/亿 m³	1.41	1.11	0.96	0.81

人民胜利渠灌区降雨特点是年内分配不均，年际变化大，多年平均年降雨量为
618mm，能供作物直接利用的有效降雨量有限。有效降水量可以根据各种作物生长期的
降雨和灌区中实验场提出的降水有效利用系数，算出各种作物不同水文年的降水有效利用
量（表 3 - 6）。

表 3 - 6 不同水文年背景下农作物降雨量情况

水文年	作 物	降雨量/mm	有效利用系数	有效降雨量/mm
湿润年	小麦	203.7	0.85	173.1
	玉米	444	0.4	177.6
	棉花	518.9	0.55	285.4
	水稻	440.1	0.65	286.1
平均年	小麦	134.6	0.9	121.1
	玉米	345.2	0.43	148.4
	棉花	518.9	0.6	340.8
	水稻	440.1	0.67	264.2
中旱年	小麦	164.2	0.9	147.8
	玉米	294.1	0.5	147.1
	棉花	378.4	0.68	257.3
	水稻	264.7	0.7	185.3
干旱年	小麦	130.3	0.95	123.8
	玉米	229.6	0.65	149.2
	棉花	253.2	0.76	192.4
	水稻	246.1	0.72	177.2

2. 地表水

地表水主要来源于黄河。黄河是人民胜利渠灌区唯一的客水水源。根据灌区工程条件
和黄河水情，当黄河流量采用频率为 90% 典型年的日平均流量时，灌区工程年引水能力
为 12.6 亿 m³。黄河水是灌区的主要灌溉水源。灌区从开灌至 20 世纪 80 年代，渠首在黄
河低水位时期，能引进 5060m³/s，平均年用水量为 5 亿～6 亿 m³，基本能满足用水需要，
保证率达 90% 左右。从 20 世纪 80 年代，随着黄河流域社会经济的迅速发展，黄河水资
源的开发利用逐步加大，黄河下游出现频繁断流，灌区可引水量严重不足。同时，灌区需
水量增加，除农业灌溉外，新增城市供水、补源和环境供水等用水项目。1999 年以后，
小浪底水库的运行，解决了黄河下游断流问题，但灌区引水口处于黄河河床下切 2～3m

处，灌区引水受到严重影响，自 2009 年以来，黄河花园口流量为 $500\text{m}^3/\text{s}$ 时只能引水 $3\sim6\text{m}^3/\text{s}$，灌区发展受到水源问题制约。

3. 地下水

灌区浅层地下水资源丰富，开采条件良好，埋深 $40\sim60\text{m}$，地下水的开采主要来自该层。地下水固定储量 5m 以下（41.4 亿 m^3）地下水调节储量（$2.14\sim5\text{m}$）为 2.55 亿 m^3，地下水总储量（$2.14\sim50\text{m}$）为 42.69 亿 m^3。地下水月均最小埋深 2.14m，最大埋深 3.98m。灌区为防止土壤次生盐碱化要求地下水埋深不得小于 2m，从井灌要求看，地下水埋深不大于 5m 为最好。根据灌区资料分析了地下水储量、降雨和灌溉水入渗补给、潜水蒸发、地下径流排泄和排水沟排泄等之间的关系，估算的年地下水的收支状况见表 3-7。

表 3-7   人民胜利渠灌区地下水资源收支状况（频率为 75%）   单位：万 m^3

地下水收入量		地下水支出量	
项　目	数　量	项　目	数　量
降雨入渗	7389.5	排水沟排泄	3982.1
灌溉入渗	24315.0	增加地下水储量	378.8
潜水蒸发	9031.6	开采	11343.3
地下径流排泄	6969.7		
合计	15702.9		15704.2

灌区丰富的浅层地下水主要来自灌溉水入渗补给。在降雨量偏少的年份（频率为 75%），降雨入渗补给量仅 0.74 亿 m^3，不及灌溉入渗量的 1/3，约为作物补充灌溉水 2.58 亿 m^3 的 29%。即使在正常年份，降雨入渗量也只有 1.12 亿 m^3，约为补充灌溉水量的 43%，也不能满足灌溉用水的需要。

3.4.2.2　灌区用水情况

人民胜利渠灌区共有耕地 148.8 万亩，灌区内农业种植结构：夏作以小麦、油菜为代表，分别占耕地的 60%、25%；早秋以棉花为代表，占耕地面积的 15%；晚秋作物以水稻、玉米、花生为代表，分别占耕地面积的 12%、28%、45%。全灌区复播指数为 185%。表 3-8 为灌区主要农作物灌溉制度。

表 3-8   人民胜利渠灌区主要农作物灌溉制度

作物	种植比例 /%	灌溉定额 /(m³/亩)	灌溉次数	灌水次序	灌水时间 （月-日）	灌溉天数	生育阶段	灌水定额 /(m³/亩)
小米	60	135	3	1	11-21—11-30	10	越冬	45
				2	03-22—04-01	10	拔节	45
				3	05-16—05-25	10	灌浆	45
玉米	28	35	1	1	08-01—08-09	9	抽雄	35
棉花	25	70	2	1	06-01—06-09	9	蕾期	35
				2		9	花铃	35

续表

作物	种植比例/%	灌溉定额/(m³/亩)	灌溉次数	灌水次序	灌水时间（月-日）	灌溉天数	生育阶段	灌水定额/(m³/亩)
油菜	25	70	2	1	02-02—02-28	9	蕾苔	35
				2	04-01—04-10	10	花期	35
花生	45	35	1	1	07-05—07-13	9	花针	35
水稻	12	500	7	1	06-05—06-14	10	泡田	120
				2	06-21—06-28	9	返青	65
				3	07-05—07-25	20	分蘖	65
				4	08-01—08-08	8	拔节孕穗	75
				5	08-22—08-31	10	抽穗开花	75
				6	09-08—09-15	8	灌浆	65
				7	09-20—09-30	11	乳熟	35

人民胜利渠灌区共有耕地 148.8 万亩，其中渠灌区为 88.5 万亩，需净灌水量 1.94 亿 m³；纯井灌区 60.3 万亩，需净灌水量 1.32 亿 m³。现状年渠灌区灌溉水利用系数仅为 0.4，井灌区灌溉水利用系数为 0.65，灌区节水改造完成后到 2020 年渠灌区灌溉水利用系数为 0.6，井灌区灌溉水利用系数为 0.8，得出灌区平均水文年的需灌量，见表 3-9。

表 3-9　　　　　　　　　　综合毛灌水量计算表

水 平 年	现 状 年		2020 年	
灌溉水源	渠灌	井灌	渠灌	井灌
需净灌水量/亿 m³	1.94	1.32	1.94	1.32
灌溉水利用系数	0.4	0.65	0.6	0.8
综合毛灌溉/亿 m³	4.85	1.65	2.98	1.47

人民胜利渠灌区还担负着新乡市的供水任务。城镇生活用水包括城镇居民生活用水、公共用水以及城镇河湖环境补水等。新乡市位于灌区北部边缘，2015 年城市生活用水为 1.06 亿 m³，乡镇生活用水为 0.137 亿 m³，牲畜用水目前为 0.08 亿 m³。此外，为了维持灌区内生态系统稳定和环境保持良性动态平衡，需考虑部分生态用水，估计生态用水量为 0.2 亿 m³。按照新乡市城乡发展规划，采用定额计算的话，未来城乡生活用水、牲畜用水分别会以 5%、4% 的比例增加。届时，灌区水资源供需矛盾突出，农业用水挤占问题会更加严重。

3.4.3　人民胜利渠灌区用水问题

3.4.3.1　灌区引水困难

黄河是人民胜利渠灌区的唯一过境水源，黄河水位、流量、含沙量变化很大，河势变迁，主流摆动，经常对人民胜利渠引水造成很大的影响[143-145]。人民胜利渠渠首位于小浪底水库下游 113km 处，1956 年前黄河主流靠北，距渠首闸很近，引水条件非常优越。

1956 年以后，黄河主流开始南移，致使引水渠长度由原来的 800m 延伸至现在的 3200m，并且在渠首闸与黄河主流之间形成了一条游荡性渠道。小浪底水库投入运用前，黄河河务部门无法对水量、泥沙进行有效控制，引水渠经常淤积，特别是汛期过后，渠首常常无法正常引水。灌区每年对引水工程都要投入很大的人力、物力、财力进行治理，效果虽不是十分理想，但灌区基本还能维持 4 万 hm² 的灌溉面积。

小浪底水库投入运用后，2002 年黄河进行了首次调水调沙，到 2015 年已经运行了 14 年，小浪底水库持续"蓄浑排清"以及连年的"调水调沙"，使黄河主河槽不断刷深，根据近年来统计资料显示，仅 2011—2015 年，黄河花园口相同流量下，引水口处黄河水位较"调水调沙"前下降了 3m 左右，黄河花园口流量在 600m³/s 时，引水渠基本无法引水，由于黄河上游来水不足，花园口流量全年小于 600m³/s 的概率占 75％ 左右。灌区正常灌溉最少需要引水 50m³/s，只有在小浪底水库调水调沙期间基本能满足用水要求，其余大部分时间引水远远不能满足需要。

3.4.3.2　用水效率低下

人民胜利渠灌区工程建于 20 世纪 50—60 年代，设计标准低，渗漏严重。由于工程供水能力不足，因此灌溉期间上下游争水、工农业争水、城乡间争水现象时有发生。在灌区上游受长期以来"黄河之水、取之不尽、用之不竭"思想的影响，农业灌溉还是沿用多年来的大水漫灌方式，经营粗放、灌区渠道跑冒滴漏等水资源浪费的现象十分严重。灌溉水利用系数仅为 0.4 左右，远低于欧洲等发达国家 0.7～0.8 的水平。不少企业供水管道和用水设备浪费和漏失十分严重。而在灌区下游，引黄水在灌水高峰期很难到达，只能利用农灌闲时进行引黄补源，其灌水基本抽取地下水进行灌溉。有的地方由于严重超采，出现了地下水水质恶化、耕地盐渍化、地下水枯竭等问题，对环境造成了极大危害，严重影响着人民的生存和城乡的建设。

3.4.3.3　灌区水污染严重

灌区排水河排水总量年平均为 1.29 亿 m³，工业及生活废水水量达到了 0.43 亿 m³，占排水总量的 33％，这些水量多是未经任何处理措施直接排入河道的[146-147]。灌区东、西孟姜女河，总干渠 3 号跌水下游水质监测结果显示，排入河水的 COD、BOD、高锰酸盐指数、挥发酚等指标均严重超标，主要排水河道全程水质均超过 V 类。排水河道的污染对沿程地下水质产生了影响，水的浪费和水质污染又进一步加剧了灌区水资源紧缺的形势。

3.4.3.4　农业用水遭挤占

黄河下游灌区农业用水被挤占情况十分普遍，主要是因为单位水资源所产生的农业效益远远低于工业所产生的效益。人民胜利渠灌区除了灌溉 148.8 万亩农田外，还要承担部分新乡市城市生活用水、乡镇企业及生活用水、农村人畜用水和生态用水。按照灌区工程规划，新乡市城市供水以 5％ 逐年增加，乡镇企业用水量每年也增长 5％，而乡镇生活用水量则按年增长 10％ 计算，农村人牲用水量也分别以 2％ 和 4％ 进行增长。由此计算到 2015 年灌区非农业用水量将由现在的 1.629 亿 m³ 增长到 2.513 亿 m³，涨幅达 54.3％。而灌区实行以需定灌，增加的水量势必挤占农业用水量。

3.4.4 灌区节水改造及其效果

灌区由灌渠、排水、机井、沉沙4套工程系统组成，灌溉系统有总干渠、干渠、支渠、斗渠、农渠5级固定渠道组成[148]。灌区渠灌系统主要有总干渠1条，长52.7km，设计流量为80m³/s，实际过水能力为60m³/s，设计衬砌长度为45.4km，实际衬砌率为32%；干渠5条，总长144.8km，设计流量为8～35m³/s，输水能力为6～25m³/s，设计衬砌长度为156.8km，实际衬砌率为44.5%；支渠66条，总长485.6km，设计流量为1.0～7.6m³/s，实际输水能力为0.6～4.6m³/s，设计衬砌长度为199.6km，实际衬砌率为18.7%；斗农渠共2042条，总长1347.1km。井灌系统主要农用机井约1.5万眼，配套1.3万眼，农用机井均在第一含水层取水，井深30～40m。排水系统主要包括以卫河作为全区的总承泄区，区内有干排4条，可以排地下水，支、斗排92条，主要排除地面水。

灌区节水技术改造和续建配套工程自1999年开始至2015年年底，完成了骨干渠道改造159.76km，骨干渠道上各类建筑改造395座，其中桥梁82座、水闸34座、涵洞12座、渡槽2座、倒虹吸1座、斗门261座；管理房3411.89m²。共完成土方188.17万m³、砌体5.6万m³、混凝土及钢筋混凝土19.27万m³。主要建设内容为渠道防渗、险工处理、干支渠建筑物改造、引渠治理等"卡脖子"工程及影响灌区效益发挥的关键性工程。

灌区节水改造取得了较好的节水效果，主要体现在如下方面：①灌溉水利用率由24%提高到45%。②有效地控制了灌区地下水位，运行初期地下水位平均每年上升0.29m，次生盐碱化面积相应扩大。近几年，除部分漏斗区外，灌区大部分区域地下水埋深稳定在3.5m左右，有效地防止了土壤次生盐碱化。③发展灌区节水灌溉，亩均用水量降低64.71m，节水3164万m³，节约水量分配给城市生活、工业及生态环境改善。④农业增产效益显著。通过节水续建配套，灌区新增灌溉面积1.1万hm²，改善灌溉面积2.04万hm²，灌溉条件的改善使农业结构调整得到保证，项目区粮食和经济作物种植比例由过去的82∶18提高到70∶30，粮食作物平均单产增加291kg，年新增粮食生产能力4169万kg，农民年人均增收116元。

截至2015年年底，人民胜利渠共引水373亿m³，其中：农业用水236亿m³，向新乡城市供水13亿m³，含向天津送水11亿m³，济卫及补源113亿m³。灌区累计灌溉农田14540.15万亩次，粮食产量总计约1419.57万t。

3.5 本章小结

黄河从三门峡市灵宝进入河南，经洛阳、济源、焦作、郑州、新乡、开封，至濮阳市台前县流入山东，在河南省境内的长度为710多千米。河南省引黄灌区涉及郑州、开封、洛阳、安阳、鹤壁、新乡、焦作、濮阳、许昌、三门峡、商丘、周口、济源等13个市、45个县（市、区），面积3.8万km²，人口3342万人，河南是粮、棉、油的主产区。该区域北接河北省，东达山东省和安徽省。该区域既是河南省粮食核心区的重要组成部分，又是东西南北的交通枢纽，也是中原城市群的核心城市，引黄灌区能否健康、稳定、持续发挥效益，对区域内经济社会发展具有重大意义。

本章首先分析了灌区所在地市水资源情况，结合灌区调查及典型灌区分析，获得黄河下游河南段大型引黄灌区及中小型灌区一手资料，在此基础上，开展了灌区水资源分析认为：

（1）黄河下游引黄灌区河南段地处华北平原，所处区域降雨少且季节分布不均，农业生产高度依赖引黄灌溉，灌区内灌溉面积的 3/4 以地面渠灌为主。节水灌溉工程大多以管灌、喷灌、微灌为主，其中管灌在灌溉方式中占据主要地位。传统的灌溉方式，主要为大水漫灌，从 2006 年以来大水漫灌面积连续下降。

（2）引黄灌区节水的重点仍然是粮食作物。在河南省种植业内部，粮食作物的播种面积不断减少，而经济作物的播种面积不断增加，其他作物种植面积基本稳定，虽然经济作物的种植面积在不断地增加，但是在河南省种植业内部，粮食作物仍然是主导。经济作物的播种面积一直远远小于粮食作物。

（3）河南省灌区分布中，大型引黄灌区有 17 处，设计灌溉面积 1503.26 万亩，有效灌溉面积 1159.44 万亩；中型灌区 84 处，设计灌溉面积 481.96 万亩，有效灌溉面积 289.66 万亩；小型灌区有效灌溉面积 533.62 万亩。17 个大型灌区的灌溉面积占据总灌溉面积的 60% 左右，其中面积最大的是赵口灌区，其耕地面积为 196.4 万亩，小型灌区与中型灌区皆而次之。

（4）引黄灌溉"可用而不可靠"现象一直存在。小浪底水库投入运用前，黄河河务部门无法对水量、泥沙进行有效控制，引水渠经常淤积，特别是汛期过后，渠首常常无法正常引水。小浪底水库投入运用后，持续"蓄浑排清"以及连年的"调水调沙"，使黄河主河槽不断刷深，导致黄河花园口流量在 600m³/s 时，引水渠基本无法引水，而花园口流量全年小于 600m³/s 的概率占 75% 左右。此外，黄河水量时空分配严重不均且年内年际变化大，导致黄河水用于灌溉长期存在"可用而不可靠"现象。

（5）黄河下游河南段引黄灌区的引水系统通常还负担着城市供水任务，包括城镇居民生活用水、公共用水以及城镇河湖环境补水等用途。由于工程供水能力不足，因此灌溉期间上下游争水、工农业争水、城乡间争水现象时有发生。

（6）2007—2016 年，河南引黄灌区农业引黄灌溉用水量为 25 亿～32 亿 m³，2013 年灌区农业引用黄河水量最大，为 31.4 亿 m³，2013 年灌区所在地市降雨量仅为 954.44mm，低于多年平均水平，说明当地降水对引黄灌区的农业引用黄河水量有直接影响。近年来，灌区农业用水量、河南省域黄河关键测量断面水量、所在地市降雨量、黄河流域降雨量四者均呈减少趋势，而灌区粮食产量连续丰收，如果数据正确无误，说明灌区实施续建配套及节水改造等节水措施使灌区农业用水量减少，仍旧实现了粮食增产、增收，节水效果明显。

（7）国家实施大型灌区续建配套与节水改造工程不仅提升了引黄灌区节水水平，而且提高了灌区及所在地市的经济社会效益，包括灌溉效益，除涝效益（譬如总干渠混凝土衬砌改造后，解决了沿渠两岸耕地的浸水问题，使浸水地区由以前每年只种一季水稻变成一麦一稻），工业供水经济效益、生态（补源灌溉等）效益以及节省清淤等工程效益。

第 4 章

山东段引黄灌区供水与农业节约用水

山东省引黄灌区坐落于黄河下游的下段，位置处于鲁西北黄泛平原、沿黄山前平原和河口三角洲平原，包括黄河以北全部，黄河以南的菏泽地区，小清河以北，以及平阴、长清两县的部分地区和小清河以南沿河部分地区[149-151]。灌区涉及济南、菏泽、淄博、济宁、滨州、聊城、德州、泰安、东营等53个县（市、区），总土地面积5.39万 km²[152-153]。

项目组开展山东省域引黄灌区农业节水调查，本章主要介绍了节水调查及相关数据分析成果。首先，介绍灌区农业及所在地市水资源情况，然后，结合实测降水、黄河径流资料等对灌区农业节水、用水水平进行分析和评价。

4.1 山东省农业种植结构及农业用水

4.1.1 主要农作物及其种植情况

山东省由于其气候条件，适宜种植的作物品种众多，种植作物有小麦、玉米、水稻、蔬菜、棉花和果品等，粮食与经济作物种植比例为7：3。表4-1为2016年山东省主要农作物种植面积统计表。

表 4-1　　　　　　　2016 年山东省主要农作物种植面积统计表　　　　　单位：万亩

行政区	小麦	玉米	花生	棉花	果树	蔬菜
滨州市	364.8	332.83	6.52	243.05	184.5	35.7
德州市	686.5	500	9.1	232.25	6.2	274.17
东营市	47.67	47.75	2.4	1.79	2.67	52.6
菏泽市	824.15	815.3	156.41	154.15	7	241.47
济南市	306.77	207.1	14.97	60.1	53	98
济宁市	75.2	53	70	65.81	47.65	296.9
莱芜市	14.97	13.2	10.24	21.46	46.7	53.9
聊城市	543	377.6	74.4	143.6	157.85	81.5
临沂市	16.5	10	2.3	7.7	4.5	170.4
青岛市	749	748.95	88.12	20	12.8	123.82
日照市	256.5	257	9.25	20	27.03	25749
泰安市	228.9	192.15	64.3	6.96	79.95	223.5

续表

行政区	小麦	玉米	花生	棉花	果树	蔬菜
威海市	185.55	86.25	101.85	67.4	43.5	29.55
潍坊市	522	470.6	52.9	41.2	107.6	401.7
烟台市	373.5	279	65	79	172	85.2
枣庄市	21.4	19.8	11	18.63	1.6	7.1
淄博市	150	151.72	14.3	18.8	15	50

　　表 4-1 显示山东省播种的作物主要以冬小麦和夏玉米为主。本节主要以山东省进行大面积种植的农作物为主要研究对象，对其耕种面积及粮食产量进行分析。2010 年以后河南省种植结构虽有所调整但变化不大，图 4-1 和图 4-2 分别给出了 2000—2009 年山东省粮食作物播种面积及产量。

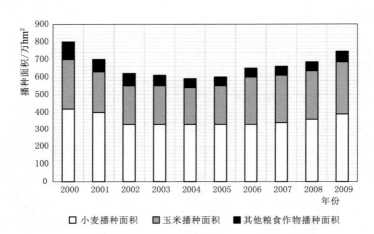

图 4-1　2000—2009 年山东省粮食作物播种面积

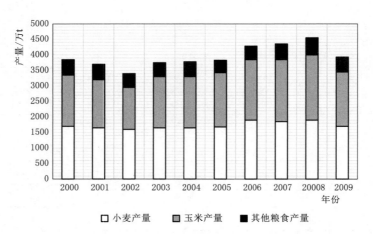

图 4-2　2000—2009 年山东省粮食作物产量

山东省主要粮食作物种植面积占农作物种植面积的 70％以上，其中，小麦、玉米占比最大。

4.1.2　农业节水及耗水总体情况

山东省一直重视发展节水农业[154-155]，2006 年首次明确建设节水型社会具体技术指标，提出在现有基础上，农田灌溉水每年节约 40 亿 m³。2010 年制定了《山东省建设节水型社会"十二五"规划》，山东省以发展高效农田灌溉为突破口，积极推进农业节水工作，节水农业发展取得显著成效。截至 2015 年年底，全省节水灌溉面积发展到 360 万 hm²，其中高标准、高技术含量的工程农田灌溉面积已发展到 202 万 hm²。山东省农业灌溉自 2003 年开始到 2012 年发展最快，图 4-3 给出山东省这 10 年间农田节水灌溉工程推进及技术应用情况。

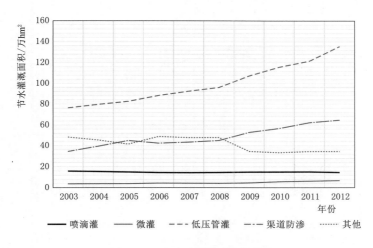

图 4-3　山东省节水灌溉面积

图 4-3 显示，在所有节水灌溉技术中，低压管灌的增长幅度最大，渠道防渗工程作为提高渠系水利用系数的重要措施，不断推进实施。其他灌溉（大水漫灌）方式近几年，特别是 2009 年以后（灌区续建配套与节水灌溉工程开始实施），漫灌面积大幅下降。图 4-4 进一步分析了 2009 年山东省有效灌溉面积及对应农业用水情况。图 4-4 显示山东省引黄灌区所在地市总的有效灌溉面积从 2009 年到 2016 年呈逐年递增趋势，总供水量和农业用水量均呈逐年递减趋势，表明节水效果明显。

图 4-5 为山东省各部门耗水量情况。图 4-5 显示山东省总耗水量基本呈逐年递减趋势，且农田灌溉耗水量也呈逐年递减趋势，山东省耕地面积以及有效灌溉面积在近些年是趋于稳定的。

该研究认为农田灌溉耗水量逐年递减是灌溉水利用系数提高的另一种表现形式，表示各种不同的节水措施或者节水方案取得了有效的实施效果。此外，该图还显示生态环境耗水量呈增加趋势，说明人们越来越重视对生态环境的保护。

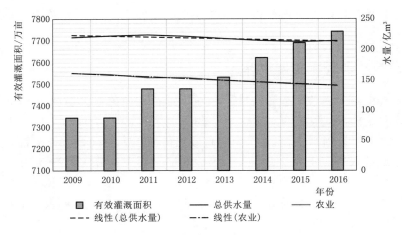

图 4 - 4　山东省有效灌溉面积、总供水量、农业用水量

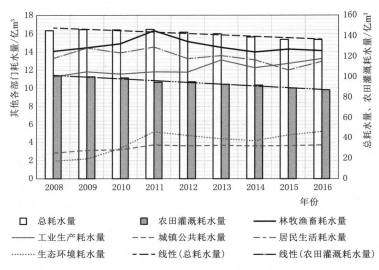

图 4 - 5　山东省各部门耗水量情况

4.2　山东省引黄灌区及其节用水情况

4.2.1　山东省域内引黄灌区总体情况

山东省引黄灌区总有效灌溉面积 3070.37 万亩，其中农田有效灌溉面积 2816.27 万亩，林牧灌溉面积 254.1 万亩。种植作物以小麦、玉米、水稻、蔬菜、棉花和果品为主，粮食和经济作物种植比例为 7∶3。山东省共建成大型引黄灌区 31 处，设计灌溉面积 2563.4 万亩，有效灌溉面积 2439.3 万亩，面积范围在 1 万～30 万亩的灌区有 53 处，设计灌溉面积 357.5 万亩，有效灌溉面积 270.4 万亩。表 4 - 1 为 2016 年山东省统计的大中型引黄灌区情况。

表 4-2 　　　　　　　　　　山东省大中型引黄灌区（2016 年）

项目	灌区名称	设计灌溉面积/万亩	有效灌溉面积/万亩			农田实灌面积/万亩	年供水量/万 m³		节水灌溉工程面积/万亩			
			合计	农田有效	林果草		合计	其中：地下水	合计	渠道防渗	管灌	喷灌
大型灌区	彭楼	130.00	130.00	125.35	4.65	90.25	24985	6964	0.70		0.60	0.10
	陶城铺	74.00	66.65	65.26	1.39	49.42	12811	3571	3.68	2.79	0.27	0.62
	位山	507.98	500.67	479.72	20.95	429.82	96227	26820	57.56	12.87	43.84	0.85
	郭口	33.00	32.48	26.94	5.54	26.70	6241	1739	1.50		1.50	
	潘庄	357.00	339.15	317.23	21.92	309.83	96288	26118	30.65	5.73	23.38	1.54
	李家岸	230.00	230.01	207.43	22.58	191.40	65300	17712	23.29	0.10	18.20	4.99
	邢家渡	93.00	89.00	83.53	5.47	75.69	21055	11436	15.90	13.05	2.75	0.10
	簸箕李	90.00	73.71	69.63	4.08	62.60	17204	2026	1.99	1.88	0.11	
	韩墩	40.00	40.01	37.09	2.92	32.03	9336	1100	11.62	6.06	5.45	0.11
	王庄	47.00	47.00	33.66	13.34	22.89	9342	944	15.54	15.54		
	闫潭	122.15	113.48	111.66	1.82	45.26	17904	6955	6.77	1.07	5.70	
	谢寨	49.85	45.67	44.14	1.53	26.97	13293	5164	2.10	1.90		0.20
	刘庄	60.00	60.00	56.12	3.88	56.12	11762	4569	3.61	1.76	1.85	
	苏泗庄	46.00	46.00	42.00	4.00	40.00	9018	3503	0.10		0.10	
	苏阁	37.00	37.00	37.00		37.00	7253	2818				
	陈垓	42.21	42.21	42.21		42.21	11545	3800	10.22	8.58	1.08	0.56
	田山	31.70	24.00	18.00	6.00	11.90	4872	2631	13.17	3.12	10.05	
	胡家岸	34.60	34.01	30.33	3.68	23.80	8044	4369	6.60		6.60	
	胡楼	65.00	61.75	58.70	3.05	40.00	14413	1698	16.30	4.00	12.30	
	陈孟圈	30.70	25.00	19.96	5.04	18.70	5914	3212	7.65	3.17	3.48	1.00
	马扎子	33.00	30.41	26.06	4.35	25.05	5847	5383	1.83	0.33	1.20	0.30
	打渔张	66.40	66.40	63.50	2.90	62.00	15498	1826	34.02	14.59	18.60	0.83
	刘春家	30.70	29.98	26.72	3.26	25.37	5765	5308	2.64	1.23	1.05	0.36
	麻湾	40.00	38.26	36.22	2.04	34.08	7606	769	1.34	1.34		
	双河	30.00	24.09	23.43	0.66	14.50	4788	484	4.90	4.40	0.50	
	国那里	31.00	23.16	23.16		23.16	7116	2502	9.75		9.75	
	堽城坝	38.04	26.32	26.32		22.52	3322	1772	2.17	1.87	0.28	0.02
	雪野水库	30.50	22.10	22.10		14.50	5722	4061				

续表

项目	灌区名称	设计灌溉面积/万亩	有效灌溉面积/万亩			农田实灌面积/万亩	年供水量/万 m^3		节水灌溉工程面积/万亩			
			合计	农田有效	林果草		合计	其中：地下水	合计	渠道防渗	管灌	喷灌
大型灌区	白龙湾	35.00	33.25	32.00	1.25	32.00	7761	914	4.53	4.53		
	小开河	66.00	66.00	54.88	11.12	49.97	15405	1815	11.92	11.66	0.26	
	杨集	41.60	41.60	41.60		41.60	8155	3168	6.20	4.00	2.20	
	小计	2563.43	2439.37	2281.95	157.42	1977.34	549792	165151	308.25	125.57	171.10	11.58
中型灌区		357.47	270.40	235.57	34.83	213.74	50280	19197	74.49	26.56	41.60	6.33
小型灌区		360.66	360.66	298.78	61.88	246.52	65121	19489	216.80	23.50	178.25	15.05
合计		3281.56	3070.43	2816.30	254.13	2437.60	665193	203837	599.54	175.63	390.95	32.96

近几年，山东省引黄灌区的节水灌溉面积呈递增趋势，目前节水灌溉面积 599.54 万亩，节水灌溉面积占有效灌溉面积的 19.53%。其中渠道防渗 175.63 万亩，占节水灌溉面积的 29.3%，管灌 390.95 万亩，占有效灌溉面积的 65.2%；喷微灌 32.93 万亩，占有效灌溉面积的 5.5%。

4.2.2　主要引黄灌区及其节用水情况

黄河下游山东段引黄灌区有大中小型灌区近百处，各个灌区用水水平各不相同[156]。本节分别就黄河下游山东大型引黄灌区及其节用水情况进行介绍。

4.2.2.1　彭楼灌区

彭楼灌区地处山东省西南部，与河北、河南两省毗邻，南依金堤，北至冠县、临清市界，东邻陶城铺灌区和位山灌区，西靠河北、河南、山东省界和漳卫河，总面积 1930.5km²，灌区建设规模 200 万亩，设计引水流量为 30m³/s，涉及聊城市莘县、冠县的 38 个街道办、乡（镇），1463 个自然村，总人口 135.41 万人，其中农业人口 122.03 万人。彭楼灌区地理位置见图 4-6。

聊城市彭楼引黄灌区兴建于 2000 年，2001 年投入运行。经过多年的建设，已完成输沙渠、沉沙池、输水干渠的开发整治，灌区已形成了一定规模的灌溉工程体系。灌区的引黄闸位置处于河南省濮阳市范县临黄左堤彭楼险工处，上游距高村水文站 55.26km，下游距孙口 70.43km，该闸重建于 1984 年，结构型式为 5-2.5m×2.7m（孔数-孔宽×孔高）钢筋混凝土箱涵，设计流量为 50m³/s，加大流量至 75m³/s。黄河水通过引黄闸引水后，历经长达 17.52km 的跨省输水工程，从范县濮西干渠至北金堤涵洞，最终进入山东省聊城市彭楼灌区的输沙渠，输沙渠全长 4.85km，设计流量为 30m³/s。

彭楼灌区修建沉沙池一条，其中长度约为 6.75km，宽度在 80～280m 范围内，沉沙池可使用 30 年以上。输水渠长 7.95km，设计流量为 30m³/s，比降为 1/8000，底宽 15m。目前输水渠已全部衬砌。输水干渠一条，总长 70.36km，渠首正常灌溉设计流量为

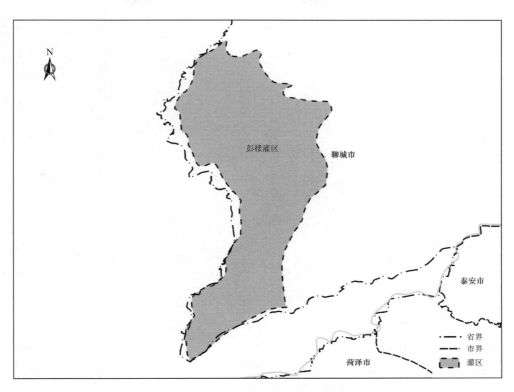

图 4-6 彭楼灌区地理位置

$25m^3/s$，集中供水设计流量为 $27m^3/s$。灌区内部工程共配套各类建筑物 105 座，其中桥梁 72 座，大型交叉建筑物 2 座，节制闸 3 座，分水涵闸 28 座。设计分干支渠 80 条，长 407km。

彭楼灌区在莘县管辖范围内有效灌溉面积 130 万亩，实际灌溉面积 90.25 万亩。灌区内的莘县、冠县是以种植业为主的农业大县，灌区主要农作物以小麦、玉米和蔬菜为主。2013 年、2014 年、2015 年灌溉用水量分别为 23382.36 万 m^3、21783.91 万 m^3 和 21772 万 m^3，近几年其灌水量呈一定的下降趋势，2015 年灌溉水利用系数为 0.63。

4.2.2.2 潘庄灌区

潘庄灌区位于山东省德州市西部，东邻李家岸引黄灌区，西部与聊城市接壤，西北部及北部以卫运河、漳卫新河为界与河北省相毗邻。潘庄灌区地理位置见图 4-7。潘庄灌区于 1971 年动工兴建，1972 年 5 月建成提闸放水，属国家大型引黄灌区，潘庄灌区控制土地面积 5867km^2，设计灌溉面积 357 万亩，有效灌溉面积 339 万亩，实际灌溉面积 310 万亩。其中潘庄渠首引水闸地处齐河县马集乡潘庄村附近，引水方式为无坝引水。

潘庄灌区气候条件为暖温带半湿润季风气候。据有效数字统计，多年的平均降雨量约为 587.2mm，历年最大面平均降雨量为 1964 年的 1047.7mm，最小面平均降雨量为 1968 年的 29.7mm，最大值为最小值的 35 倍。多年平均年蒸发量为 1270.6mm（E601 蒸发皿），以 6 月、5 月最大，12 月、1 月最小。灌区内农业种植结构以粮食作物为主，主要包括小麦、玉米、棉花等，兼作花生、大豆，复种指数为 1.72。粮食总产量为 446.69

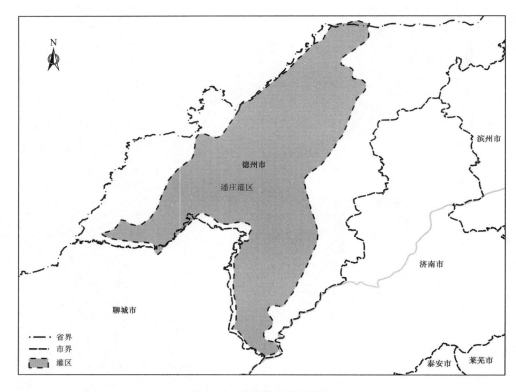

图 4-7　潘庄灌区地理位置

万 t，灌区灌溉水利用系数为 0.56。

4.2.2.3　位山灌区

位山灌区是山东省和黄河下游最大的引黄灌区，在全国灌溉面积中排第五位[157]。灌溉范围包括聊城市的东昌府、临清、茌平、高唐、东阿、冠县、阳谷、开发区 8 个县（市、区），90 个乡（镇）的绝大部分耕地，灌区地处暖温带半干旱大陆性季风气候区，光、热资源充足，多年平均水面蒸发量为 1278.7mm，灌区多年平均降雨量为558.4mm，降雨主要集中在汛期，多年以来降雨年际变化较大，年无霜期较长，地势平坦、土层深厚，质地均匀，适宜种植农作物，是全国重要的粮棉生产大区。据统计 2015年灌区粮食总产量为 346.80 万 t。位山灌区地理位置见图 4-8。

位山灌区除承担本身 508 万亩耕地的灌溉任务外，还兼顾着引黄入卫、引黄济津的送水任务。灌区渠首位山引黄闸坐落于山东省东阿县位山村南，黄河北岸，引水方式为自流引水，设计引水能力为 240m³/s。灌区工程建设现有东、西输沙渠 2 条，长 30km，东、西沉沙区 2 片，9 条沉沙池，输水总干渠 1 条，长 3.4km，干渠 3 条，长 223.2km；分干渠 53 条，总长 797km，支渠 825 条，总长 5100km，其中流量大于 1.0m³/s 的支渠 393条，总长 2100km，灌区建设内部主要建筑物 1522 座，大型调控建筑物 20 座。

灌区内农作物以大田旱作物为主，灌溉设计保证率为 50%。根据灌区内作物种植现状和聊城市综合农业区划资料，农作物以粮食、蔬菜及春作为主，冬小麦、夏玉米、春作

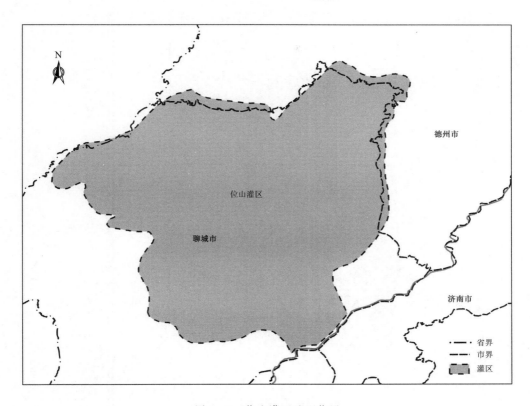

图 4-8 位山灌区地理位置

物、蔬菜为主要代表作物。根据调研的灌区设计灌溉制度及黄河来水情况，在实际引黄灌溉用水过程中，一般全年大致呈现 3 个阶段的引水过程，即春灌（2 月中旬至 5 月中旬）、初夏灌（6 月至 8 月末期）及秋灌（9 月下旬至 10 月上旬）。春灌主要是满足小麦等春播作物在经历返青、拔节、灌浆等生长周期的造墒用水，作为一年中关键的一次引水，春灌的用水量大、灌溉时间长。初夏灌主要是夏播种作物造墒、春作拔节保苗用水，其目的是避免遭遇强降雨，应尽可能速灌速停。秋灌总体适用于小麦播前造墒，不易延迟供水。复灌以来，位山灌区春灌引水量比重占据全年引水量的 68.1%，其中初夏灌占 16.2%，秋灌占 15.7%。据有效数字统计，近几年引黄灌溉用水量为 4.65 亿 m³。

位山灌区作为全国有效灌溉水利用系数测算大型样点灌区之一，测算分析工作已连续开展 8 年，统计测算数据显示灌区实际灌溉面积 430 万亩，节水灌溉面积 57.6 万亩，灌区灌溉水利用系数为 0.6，引黄亩均毛用水量为 108m³。

4.2.2.4 李家岸灌区

李家岸灌区地处德州市东部[158]，南起黄河，西界为潘庄灌区，东以济南市和滨州市为界，北到漳卫新河，包括齐河、临邑、陵城区、乐陵、庆云、宁津 6 个全部或部分县（市、区），共 43 个乡（镇）、4 个办事处，控制土地总面积 3648.6km²，有效灌溉面积 230 万亩。灌区自 1970 年开始兴建，1971 年建成一级沉沙池和徒骇河以南的总干渠，并开始引水，1972 年正式引水灌溉。以后陆续建成跨徒骇河的宫家渡槽、二级沉沙池，徒骇河以北总干渠、部分干渠、分干渠等。李家岸灌区地理位置见图 4 - 9。

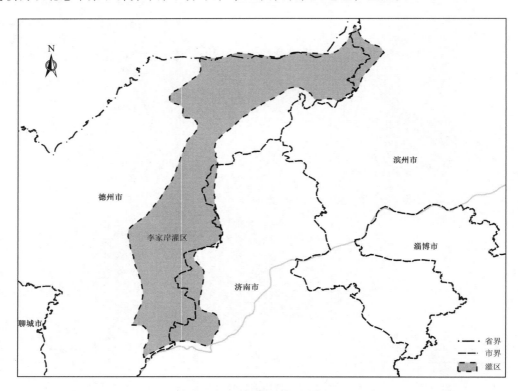

图 4 - 9　李家岸灌区地理位置

灌区多年平均水资源总量为 5. 36 亿 m³，其中地表水资源量为 1. 7 亿 m³，地下水资源量为 3. 66 亿 m³，现有工程可供水能力为 6. 52 亿 m³。李家岸引黄总干渠长度为47. 315km，截至 2015 年年底，已衬砌 35. 719km，衬砌率为 75%，干渠已衬砌24. 26km，衬砌率为 10. 43%。灌区内的主要河道包含徒骇河、德惠新河、马颊河和漳卫新河在内的四大干流及其支流，河流特点属于季风区雨源型坡水河道，呈现径流量小，年内、年际变化大的特点，难以为灌区提供可靠的灌溉水源。灌区由李家岸渠首闸引黄河水进入李家岸灌区地上总干渠，至牛角店节制闸进入李家岸灌区地下总干渠，负责沿线的工农业生产用水。田间灌溉主要是采用机械提水的方式，由于德州市地方财力非常有限，自流灌溉率很低，直接造成了亩均用水量由 213. 9m³/亩下降到 202. 1m³/亩，亩均用水量减少的仅仅是规划的 12. 8%。

节水改造项目自施工以来已完成的建设内容包括总干渠衬砌 35. 719km，干渠衬砌24. 26km，渠道治理 8. 9km，堤顶道路建设 26. 514km，建筑物 248 座，完成投资 21133万元。灌区续建配套与节水改造项目的实施有效减少了在引水、输水、配水过程中的水量损失，其中渠系水利用系数由项目实施前的 0. 59 提高到 0. 72，改造完后最显著的表现就是加快了水的流速，缩短了送水时间，由改造前的 6 天缩短为现在的 4 天。此外，通过对灌区进行节水改造以及合理开发利用当地水资源，通过将节约下来的黄河水输送到下游，进而实现远送扩浇，能有效提高灌溉保证率和水的利用效率。

李家岸灌区主要农作物有小麦、玉米、棉花以及部分蔬菜和果树。复种指数为 1.6，是全国重要的粮棉基地。灌区现在粮食播种面积为 427.86 万亩，林果种植面积 22.43 万亩，蔬菜播种面积 56 万亩，牧草种植面积 0.69 万亩，其他作物播种面积 13.4 万亩。随着灌区续建配套与节水改造工程和其他农业水利工程的推进和农业生产技术的提高，目前李家岸灌区粮食亩产已经达到了 1000.24kg，远远超出了规划的 950kg。

4.2.2.5 闫潭灌区

闫潭灌区地处菏泽市西南部[159-161]，其中东鱼河以南，包括曹县、单县的大部分及东明、成武的一部分，都处于灌区辖区范围内，总面积 3676km²，设计灌溉面积达到 122 万亩，有效灌溉面积达到 1144 万亩，设计引水流量为 80m³/s，闫潭灌区地理位置见图 4-10。自 1982 年修建以来，闫潭灌区多次引送黄河水到下游曹县、单县、成武，对菏泽市西南部广大地区农业发展提供了有效、可靠的水源。

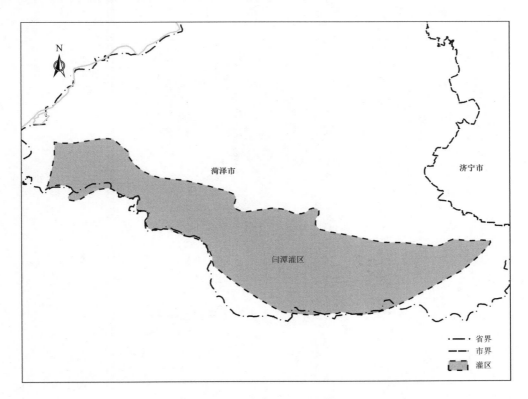

图 4-10 闫潭灌区地理位置

闫潭灌区渠首引黄闸为前进防沙闸，其引流方式为自流引水。作为黄河进入山东省内的第一座引黄闸，前进防沙闸始建于 1981 年，其呈现开敞式钢筋混凝土结构，结构空隙数量为 7 孔，每孔净宽 2.6m，1989 年对其进行了扩建，在原闸右岸增建 2 孔，每孔净宽 3.5m，闸底板高程 65.3m，设计引水流量为 80m³/s。送水干线总长 133km，其中引水渠段 9.2km，输水渠段 123.8km。

　　灌区经济以农业为主，主要农作物有：小麦、玉米、棉花、花生等。小麦、棉花、玉米的种植结构比例分别为 75%、18%、70%，其他粮食作物为 3%，经济作物为 4%，复种指数为 1.7。2015 年粮食总产量 10874 万 kg，棉花总产量 3852 万 kg，分别占菏泽市粮棉总产量的 27% 和 32%，是菏泽市重要的粮棉生产基地。闫潭灌区近几年年平均引水量 3 亿 m³，所引黄河水全部用于农业灌溉，灌溉设计保证率为 50%。灌区内大部分为自流灌溉，其他部分为提水灌溉或井灌，综合灌溉定额为 196m³/亩，目前灌溉水利用系数为 0.5。

4.2.2.6　邢家渡灌区

　　邢家渡灌区坐落于济南市东北部，黄河以北，灌区灌溉范围包含济阳、商河、天桥 3 个县（区），邢家渡灌区地理位置见图 4-11。灌区的引水方式采取自流和泵站提水相结合，其中设计灌溉面积 93 万亩，有效灌溉面积 89 万亩，是山东省大型灌区之一，也是济南市周围最大的引黄灌区。灌区的代表农作物为小麦、玉米、棉花。灌区的种植结构为冬小麦 80 万亩，夏玉米 80 万亩，棉花 13.22 万亩，三种农作物种植比例为 8：8：2。

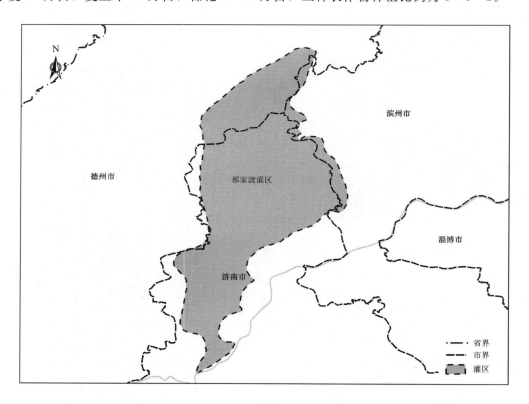

图 4-11　邢家渡灌区地理位置

　　灌区自 1973 年建设以来，1977 年实现通水，灌区设计流量为 50m³/s，加大引水流量为 75m³/s，年均引水 2.0 亿 m³，灌溉农田 200 余万亩次。每次引水由用水单位向灌区提出用水申请，灌区根据实际需水情况向黄河供水部门争取引水指标，按照引水指令提闸引水。邢家渡灌区于 2005 年被国家发展改革委和水利部列入第二批全国大型灌区续建配套与节水改造项目，该项目至今已投入 1.96 亿元，改善灌溉面积 15.2 万亩，灌区渠系水利用系数从 0.45 上升到 0.58，节约灌溉用水 3000 万 m³。

4.2.2.7 簸箕李灌区

簸箕李灌区地处黄河下游左岸，在山东省滨州地区最西部，其地理位置见图 4-12。灌区自 1959 年建设投入实施以来，期间因严重干旱，于 1966 年复灌至 2019 年。据有效数字统计，灌区设计灌溉面积 90 万亩，有效灌溉面积 74 万亩，实际灌溉面积 63 万亩。引水方式为自流和提流相结合。

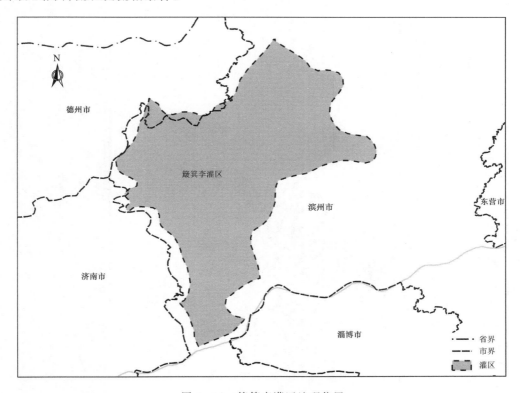

图 4-12 簸箕李灌区地理位置

渠首引黄闸工程有 2 座，设计引水流量分别为 75m³/s 和 50m³/s。其中总干渠 1 条，长 36.83km。干渠 2 条，一干渠长度为 28.5km，二干渠长度为 66km。支渠 144 条，总长 927.5km。渠系建筑物共有 1364 座，支级以上排水沟（河）72 条。灌区在工程与灌溉管理上实行统一领导、分级管理。管理局管干渠配水到县，县管支渠配水到乡，乡管斗渠配水到村。灌溉部门主要负责灌区干渠的引水、供水、配水、测水、量水，对输水干渠及其建筑物进行管理、改建、维修、养护，并组织好干渠清淤。灌区实行计划用水、用水计量、按方收费的管理方法。每年的年初，灌溉部门根据惠民、阳信、无棣三县近几年用水情况和本年度的需水要求，编制本年度的引黄供水计划，按计划供水。灌区在干级渠道上设有 5 个县界测流站和 9 个固定测流点，实行供水到县，按方收费。

灌区粮食作物以小麦、玉米为主，经济作物以棉花、水果、小枣、冬枣等为主，油料作物以大豆、花生为主。主要还是以冬小麦、玉米和棉花为主的种植结构，复种指数为

1.5，冬小麦种植面积为50％，玉米种植面积为60％，棉花种植面积为40％。2012—2014年灌溉用水量分别为34020万 m³、29333万 m³ 和29000万 m³，灌区综合毛灌溉定额为224m³/亩，综合净灌溉定额为128m³/亩。平均毛灌溉用水定额为109m³/亩，平均净灌溉用水定额为62m³/亩。灌溉水利用系数为0.574。

4.2.2.8　陶城铺灌区

陶城铺灌区范围涉及阳谷、莘县28个乡（镇），设计灌溉面积为74万亩，现状灌区的实际灌溉面积为49万亩，陶城铺灌区地理位置见图4-13。

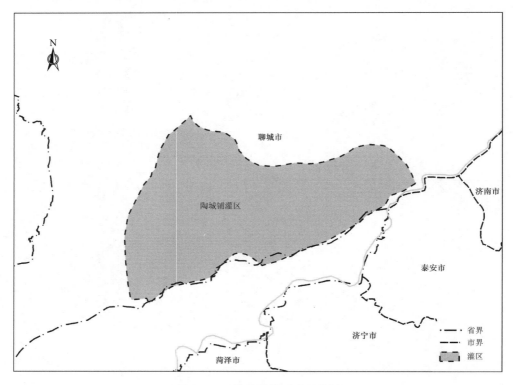

图4-13　陶城铺灌区地理位置

灌区内多年平均年降雨量为554.6mm，最大年降雨量为944.5mm（1964年），最小年降雨量为296.6mm（2002年）。年际丰枯悬殊，且年内分配不均，多年平均6—9月降雨量为435.4mm，占全年降雨量的73.8％；3—5月降雨量为81.4mm。占全年降雨量的13.8％。多年平均水面蒸发量为1224.1mm，是降雨量的2.1倍，而3—5月蒸发量为420.3mm，是同期降雨量的5倍。灌区内呈现春旱、夏涝、晚秋又旱的气候特征。

灌区内主要粮食作物为小麦和玉米，播种面积119.3万亩，粮食总产量59万 t。主要经济作物为大豆、棉花、蔬菜。农田灌溉工程按水源条件及提水设备分为引黄及机井灌溉工程。根据水源状况，实行轮灌或续灌，对偏远的下游高亢地区提前引蓄，以抬高地下水位，发展井灌，达到"引黄补源，以井保丰"的目的。上游自流灌溉，中下游提水灌溉作为灌区主要的引流方式。

引黄灌溉工程现有引黄闸 1 座,建筑位置在阳谷县陶城铺村南侧黄河左岸临黄大堤上,对应的大堤桩号为 4+051,该闸按一级建筑物标准设计,钢筋混凝土结构,为箱式涵闸,共 4 孔,每孔宽、高均为 3m,钢筋混凝土闸门,闸底高程为 38.91m（大沽高程）,闸上设计水位为 41.41m（大沽高程）,闸下设计水位为 41.21m（大沽高程）。引水设计流量为 50m³/s,校核为 70m³/s。

2013 年灌溉用水量为 18404.6 万 m³,2014 年为 18660 万 m³,2015 年为 15342 万 m³。2015 年灌区亩均毛用水量为 265m³,灌溉水利用系数为 0.63。

4.2.2.9　小开河灌区

小开河灌区地处黄河下游左岸,渠首距上游泺口水文站 106km,距下游利津水文站 61.8km,地理位置地处黄河三角洲腹地（图 4-14）。灌区范围涉及 4 县 3 区的 42 万人口,其中控制土地面积 224.73 万亩,设计灌溉面积 66 万亩,有效灌溉面积 66 万亩,实际灌溉面积 50 万亩,小开河灌区地理位置见图 4-14。1998 年年底建成通水,设计引水流量为 60m³/s,年设计引水量为 3.93 亿 m³。干渠全长 95km,其中输沙渠 51.3km、沉沙池 4.2km、输水渠 39.5km。引水方式的特点为有坝取水,主要水源工程有西海水库、北海水库等。

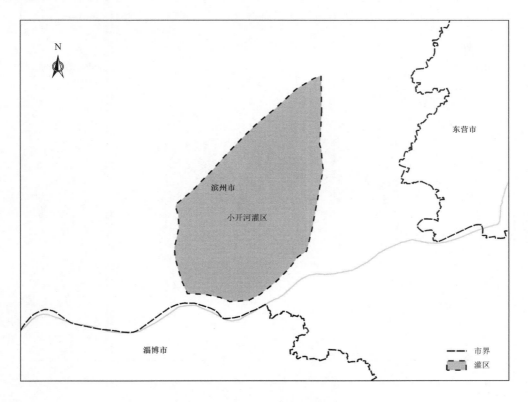

图 4-14　小开河灌区地理位置

灌区气候特点属于半干旱、半湿润季风气候,其季节变化浮动较大,多年平均年降雨量为 584mm,6—9 月多年平均降雨量为 457mm,占全年的 78.25%,多年平均水面蒸发量为 1154mm。一年内春旱、夏涝、秋旱情况时有发生。灌区上中游主要种植特点依据不同地势，上游种植小麦、玉米，下游主要种植棉花，复种指数为 1.36。灌区以小麦和玉米交替轮作模式，约占灌区内的 60% 以上，粮食播种面积 91.9 万亩，粮食总产量 41810 万 kg。灌区内的森林植被主要包括以农田林网和林粮间作为主体的防护林、速生丰产林、经济林等三种主要形式。经济作物的特有品种有金丝小枣、沾化冬枣、鸭梨等。

灌区常年的渠系水利用系数为 0.68，灌溉水利用系数为 0.619，亩均毛用水量为 200m³/亩。近几年，其灌水用量呈上涨趋势，其中 2013 年、2014 年、2015 年灌溉用水量分别为 13978 万 m³、22191 万 m³ 和 20228 万 m³。

4.2.2.10　胡楼灌区

胡楼灌区位于山东省滨州市邹平县境内，黄河下游右岸，北起黄河，西部及西南部与济南市接壤，东部及东南部与淄博市相邻，灌区范围包括邹平县的 10 个镇，400 个自然村，总面积 718.31km²，人口 40.3 万人，设计灌溉面积 65 万亩。胡楼灌区地理位置见图 4-15。

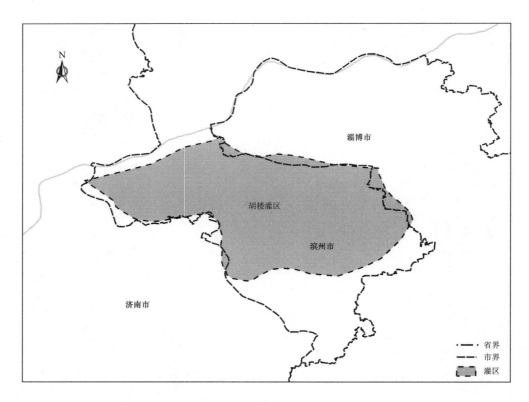

图 4-15　胡楼灌区地理位置

灌区气候特点属北温带大陆性季风气候，四季分明，春季干旱多风，夏季湿热多雨，光热资源丰富，但是降水资源不足。多年平均年降雨量为 570mm，其中汛期（7—9 月）降雨量为 370.5mm，占年降雨量的 65%。区内多年平均水面蒸发量为 1242.3mm（E601

型蒸发器），是降雨量的 2.18 倍。区内多年平均气温为 13.1℃，极端最高气温为 40.6℃（1972 年），极端最低气温为－22.9℃（1979 年）。灌区内主要以粮食作物为主，主要农作物有冬小麦、夏玉米，兼作棉花、蔬菜等作物，种植比例为小麦 50%、玉米 50%、棉花 35%、其他 15%，复种指数为 1.5。2015 年灌区粮食作物播种面积 65 万亩，总产量 33 万 t。

自 2005 年灌区实施续建配套与节水改造以来，已实施了 5 期可行性研究、10 个年度的改造工程，累计完成渠道防渗衬砌达 63.636km，建设配套建筑物 83 座，改善灌溉面积 50 万亩，节水灌溉面积达到 20 万亩，年节约水量 3500 万 m^3。近几年，灌溉设计保证率为 50%，年均灌溉用水量为 13420 万 m^3，其中综合净灌溉定额为 170m^3/亩，亩均毛用水量为 300m^3/亩。

4.3 引黄灌区所在地市的水资源分析

山东省引黄灌区共涉及聊城市、菏泽市、滨州市、济宁市、济南市、东营市、淄博市、德州市和泰安市九个地市（图 4-16）。

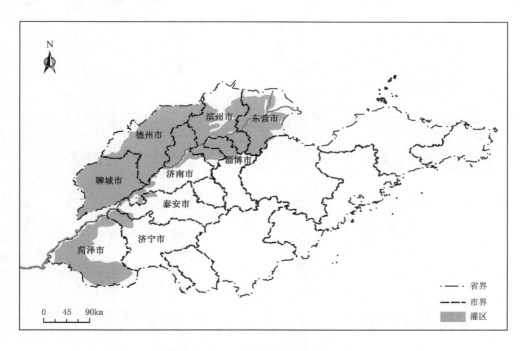

图 4-16　山东省引黄灌区所处地市

4.3.1　灌区所在地市水资源总体分析

图 4-17～图 4-19 分别为灌区所在九个地市的总供水量、地表水供水量和地下水供水量。图 4-17 显示不同地市的供水情况不尽相同，聊城市、济宁市、济南市、德州市和

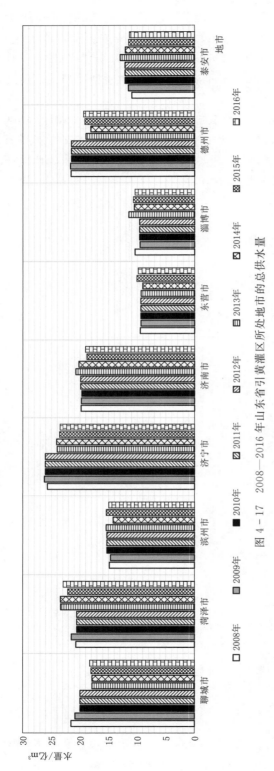

图 4-17　2008—2016 年山东省引黄灌区所处地市的总供水量

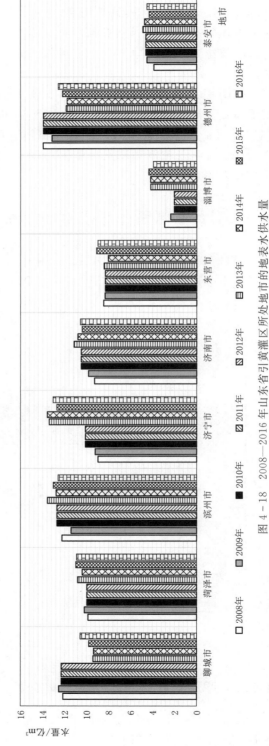

图 4-18　2008—2016 年山东省引黄灌区所处地市的地表水供水量

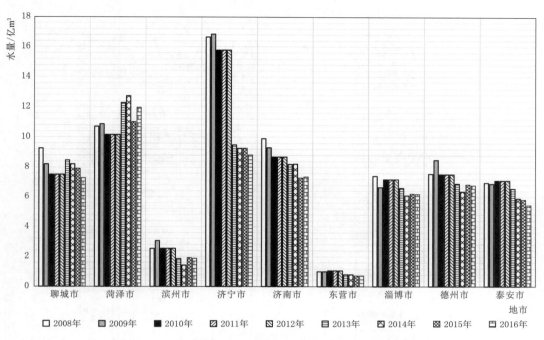

图 4-19　2008—2016 年山东省引黄灌区地市的地下水供水量

泰安市五市的总供水量呈减少趋势，菏泽市、东营市和淄博市三市的供水量则有所增加，滨州市供水则基本持平。与图 4-18 进一步对比观察发现，绝大部分地市的地表水供水量占所在地市总供水量的 80% 以上，地表水供水量变化趋势基本上能够代表总供水量的变化情况。不过济宁市例外，图 4-19 显示 2013 年后济宁市地下水供水量急剧减少，同期地表水供水虽有所增长，但是总用水量呈减少趋势，分析结果进一步佐证了济宁市在行业节水方面取得了突出成绩。2020 年年底，住房和城乡建设部、国家发展改革委公布第十批国家节水型城市名单，全国共 34 个城市入选，济宁市榜上有名。这是城市节约用水工作的最高荣誉。

图 4-20 和图 4-21 分别为灌区所在地市农业用水量及降雨量。农业是所在地市的主要用水大户，对比分析图 4-17、图 4-18 和图 4-20 发现，当地农业主要灌溉水源为地表水。对比图 4-18～图 4-21，分析结果显示地下水供水与地表水供水存在一定互补关系，但是大部分地市降水与农业用水无明确的关联关系。

4.3.2　灌区所在地市水资源逐个分析

本节对九个地市的总供水量、耕地及相应农业用水进行逐个分析。

4.3.2.1　聊城市

图 4-22 为聊城市总供水、有效灌溉面积及其农业用水量。图 4-22 显示自 2009 年以来，聊城市总供水量与农业用水量整体呈下降趋势，其中总供水量在 2013 年达到历年最低，为 17.87 亿 m³；近年来农业用水量为 14 亿～18 亿 m³，最小值出现在 2014 年，为 14.13 亿 m³。有效灌溉面积总体呈下降趋势，2015 年达到历年最低值，为 695 万亩。

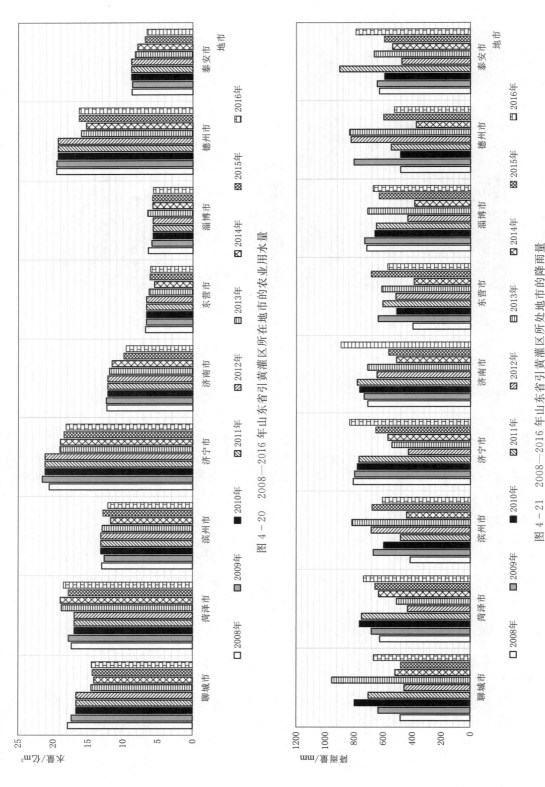

图 4-20 2008—2016 年山东省引黄灌区所在地市的农业用水量

图 4-21 2008—2016 年山东省引黄灌区所处地市的降雨量

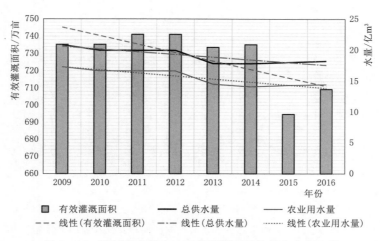

图 4-22 聊城市总供水、有效灌溉面积及其农业用水量

4.3.2.2 菏泽市

图 4-23 为菏泽市总供水、有效灌溉面积及其农业用水量。该图显示菏泽市的总供水量与农业用水整体呈上升趋势。其中，2013 年总供水量与农业用水量均为历年最高值，分别为 22.39 亿 m^3 和 18.81 亿 m^3；2009—2016 年，农业用水量为 16 亿～19 亿 m^3；有效灌溉面积部分整体呈上升趋势，2016 年有效灌溉面积达到最大值，为 946.83 万亩。

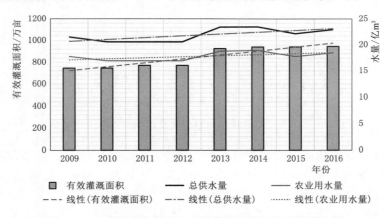

图 4-23 菏泽市总供水、有效灌溉面积及其农业用水量

4.3.2.3 滨州市

图 4-24 为滨州市总供水、有效灌溉面积及其农业用水量。图 4-24 显示滨州市总供水量与农业用水量趋势一致，在 2009—2016 年整体变化不大。农业用水量为 12 亿～14 亿 m^3，2011 年为最大值，达到 13.15 亿 m^3。有效灌溉面积于 2013 年超过 500 万亩，此后继续增加，保持了上升趋势。

4.3.2.4 济宁市

图 4-25 为济宁市总供水、有效灌溉面积及其农业用水量。图 4-25 显示济宁市有效灌溉面积呈上升趋势，2013 年完成灌区续建配套与节水改造后，有效灌溉面积首次超过

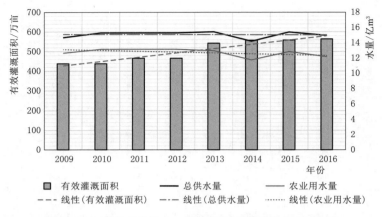

图 4-24　滨州市总供水、有效灌溉面积及其农业用水量

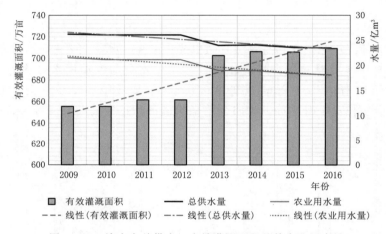

图 4-25　济宁市总供水、有效灌溉面积及其农业用水量

700 万亩，2016 年有效灌溉面积达到历年最大值，为 709.155 万亩。与此趋势相反，济宁市总供水量与农业用水量总体呈下降趋势，2016 年农业用水为 18.17 亿 m³，较 2009 年农业用水量最高值减少 18% 以上。

4.3.2.5　济南市

图 4-26 为济南市总供水、有效灌溉面积及其农业用水量。图 4-26 显示济南市有效灌溉面积呈上升趋势，而其总供水量与农业用水量均于 2013 年达到峰值，此后呈逐年下降趋势。

4.3.2.6　东营市

图 4-27 为东营市总供水、有效灌溉面积及其农业用水量。图 4-27 显示东营市有效灌溉面积总体呈增加趋势，2013 年较 2012 年增加约 30 万亩，这主要是因为这一年东营市灌区完成了续建配套与节水改造工作，有效灌溉面积增加较多，此后，东营市的有效灌溉面积继续保持平稳增长趋势。此外，图 4-27 显示东营市总供水与其农业用水趋势保持一致，呈同增、同减趋势，说明东营市农业用水对其总供水影响较大，此外，还可以看出

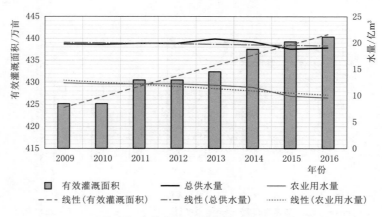

图 4-26　济南市总供水、有效灌溉面积及其农业用水量

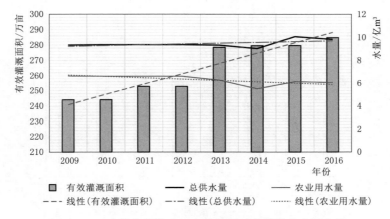

图 4-27　东营市总供水、有效灌溉面积及其农业用水量

自 2013 年以来，东营市农业用水呈总体减少趋势，表明东营市所辖灌区实施节水效果明显。

4.3.2.7　淄博市

图 4-28 为淄博市总供水、有效灌溉面积及其农业用水量。图 4-28 显示淄博市的有效灌溉面积在 2013 年出现突增，达到 204.93 万亩，这是因为灌区续建配套与节水改造完成使得灌溉面积增加。此后，有效灌溉面积有所减少，但是一直稳定保持在 190 万亩之上。2009—2016 年，农业用水量保持在 5 亿～6 亿 m³，变化不大，2013 年，淄博市有效灌溉面积突增，农业用水量也达到了历年峰值，为 6.47 亿 m³。

4.3.2.8　德州市

图 4-29 为德州市总供水、有效灌溉面积及其农业用水量。图 4-29 显示德州市总有效灌溉面积从 2009 年到 2016 年呈逐年递增趋势。总供水量受农业用水支配，呈同增同减趋势，2013 年德州市实施灌区续建配套与节水改造后，有效灌溉面积出现增加，农业用水同步出现大幅减少，并于 2014 年达到历年最低值，为 15.25 亿 m³。2014 年后，随着有效灌溉面积的增加，农业用水量同步增长。

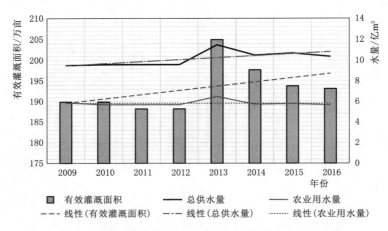

图 4-28　淄博市总供水、有效灌溉面积及其农业用水量

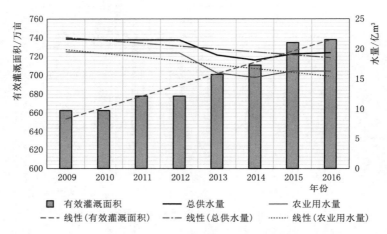

图 4-29　德州市总供水、有效灌溉面积及其农业用水量

4.3.2.9　泰安市

图 4-30 为泰安市总供水、有效灌溉面积及其农业用水量。与其他地市不同，泰安市

图 4-30　泰安市总供水、有效灌溉面积及其农业用水量

有效灌溉面积在 2013 年出现缩减，这是因为灌区续建配套与节水改造后，泰安市对灌区有效灌溉面积进行重新核定。2013 年后，灌区有效灌溉面积逐年增加，而其农业用水量却出现减少，表明灌区实施节水灌溉，效果明显。

4.3.3　山东省引黄灌区灌溉面积分析

山东省引黄灌区共涉及九个所在地市。图 4-31 为山东省引黄灌区所在地市耕地面积。图 4-31 显示，灌区所在地市耕地面积基本保持稳定，变化率不足 0.5%。

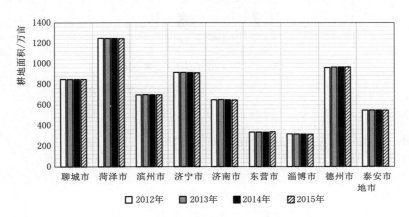

图 4-31　山东省引黄灌区所在地市耕地面积

项目组开展了山东省引黄灌区地市灌区情况调查，分析并统计出灌区范围。图 4-32 和图 4-33 分别为引黄灌区在九地市分布及其有效灌溉面积情况。

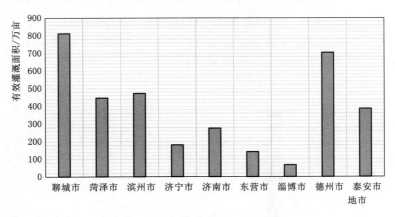

图 4-32　引黄灌区在九地市分布情况

综合分析图 4-32 和图 4-33 认为，山东省各引黄灌区地市中，除了泰安市之外，其余各市都是大型灌区所占比例最大，且占比较大，由此说明泰安市主要是中型灌区和小型灌区，故山东省大型引黄灌区的特征从某种程度上来说即可代表整个山东省引黄灌区的特征。聊城市和德州市的引黄灌区有效灌溉面积分列前两位，由此可见，聊城市和德州市属于引黄灌区农业种植的重点城市。

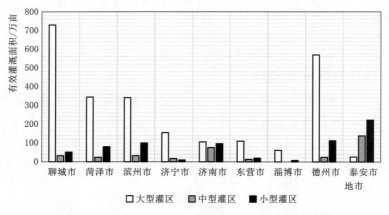

图 4-33　引黄灌区在九地市的有效灌溉面积情况

4.4　山东省九地市引黄灌区供用水分析

本章按照灌区所在地市对 2016 年灌区内的供用水数据进行统计，分析了山东省引黄灌区供水及用水特点。

4.4.1　供水分析

图 4-34 为 2016 年聊城市引黄灌区供水情况，图 4-34 显示大型灌区总供水量、地表水供水量和地下水供水量均远大于中型灌区和小型灌区。大型灌区总供水量为 15.743 亿 m^3，约占聊城市引黄灌区总供水量的 89.8%；中型灌区的总供水量最小，占聊城市引黄灌区总供水量的 3.9%。总体来看，聊城市引黄灌区地表水供水量大于地下水供水量，特别是，大型灌区中地表水供水量占大型灌区总供水量的 57.8%。

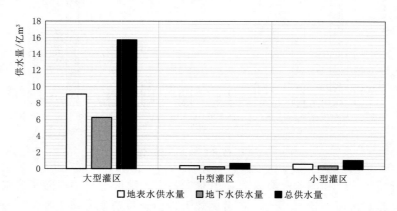

图 4-34　2016 年聊城市引黄灌区供水情况

图 4-35 为 2016 年菏泽市引黄灌区供水情况。如图 4-35 所示，菏泽市大型灌区总供水量远大于中型灌区和小型灌区，大型灌区总供水量达到了 6.328 亿 m^3，占菏泽市引

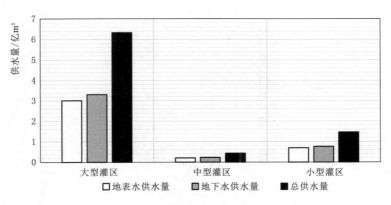

图 4-35 2016 年菏泽市引黄灌区供水情况

黄灌区总供水量的 76.9%；其中，中型灌区的总供水量最小，仅占菏泽市引黄灌区总供水量的 5.3%。与聊城市引黄灌区情况不同，菏泽市引黄灌区地下水供水量大于地表水供水量，其中，大型灌区中地下水供水量占大型灌区总供水量的 52.2%。

图 4-36 为 2016 年滨州市引黄灌区供水情况。图 4-36 显示滨州市大型灌区总供水量占引黄灌区总供水量的 72.2%，为 7.312 亿 m³。中型灌区总供水量最小，仅占滨州市引黄灌区总供水量的 6.8%。对于滨州市所有类型灌区，地表水供水量都大于地下水供水量，其中大型灌区中地表水供水量占大型灌区总供水量的 84.2%。

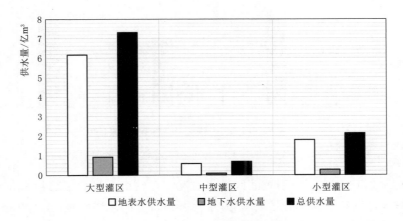

图 4-36 2016 年滨州市引黄灌区供水情况

图 4-37 为 2016 年济宁市引黄灌区供水情况。济宁市大型灌区的总供水量、地表水供水量和地下水供水量都远大于中型灌区和小型灌区，分别达到了 3.989 亿 m³、2.214 亿 m³、1.497 亿 m³。大型引黄灌区总供水量占济宁市引黄灌区总供水量的 85.0%。其中，小型灌区总供水量最小，仅占济宁市引黄灌区总供水量的 5.3%。总体来看，济宁市引黄灌区地表水供水量大于地下水供水量，其中，大型灌区中地表水供水量占大型灌区总供水量的 55.5%。

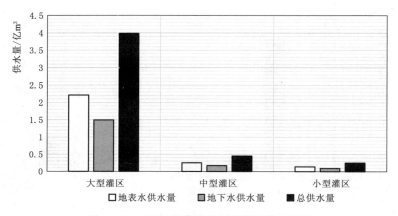

图 4 - 37　2016 年济宁市引黄灌区供水情况

图 4 - 38 为 2016 年济南市引黄灌区供水情况。图 4 - 38 显示济南市大型引黄灌区总供水量最大，达到了 3.098 亿 m³，占济南市引黄灌区总供水量的 38.2%。中型灌区总供水量最小，仅占济南市引黄灌区总供水量的 27.1%。三种类型灌区的地表水供水量均大于地下水供水量，其中，大型灌区中地表水供水量占大型灌区总供水量的 55.4%。

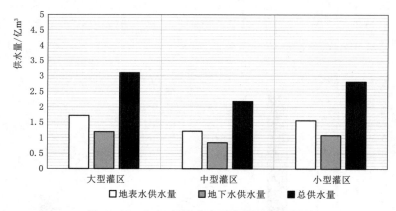

图 4 - 38　2016 年济南市引黄灌区供水情况

图 4 - 39 为 2016 年东营市引黄灌区供水情况，东营市大型灌区总供水量远大于中型灌区和小型灌区，达到了 3.176 亿 m³，占东营市引黄灌区总供水量的 76.9%。其中，中型灌区总供水量最小，占东营市引黄灌区总供水量的 9.3%。东营市引黄灌区以地表水供水为主，大型灌区地表水供水量占大型灌区总供水量的 91.2%。

图 4 - 40 为 2016 年淄博市引黄灌区供水情况。图 4 - 40 显示，2016 年淄博市大型灌区总供水量最大，为 1.994 亿 m³，占淄博市引黄灌区总供水量的 89.4%。淄博市大型引黄灌区以地下水供水为主，淄博市大型和小型灌区中的地下水供水量均大于地表水供水量，其中，大型灌区地下水供水量占大型灌区总供水量的 59.7%。

图 4 - 41 为 2016 年德州市引黄灌区供水情况。德州市大型灌区的总供水量远大于小型灌区和中型灌区，达到了 11.418 亿 m³，占德州市引黄灌区总供水量的 80.7%。中型

灌区总供水量最小，仅占德州市引黄灌区总供水量的 3.4％。总体上看，德州市引黄灌区以地表水供水为主，大型灌区地表水供水量占大型灌区总供水量的 64.9％。

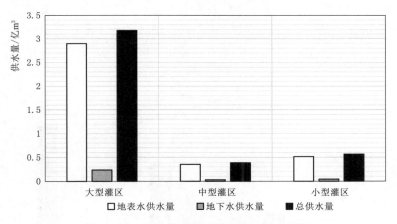

图 4－39　2016 年东营市引黄灌区供水情况

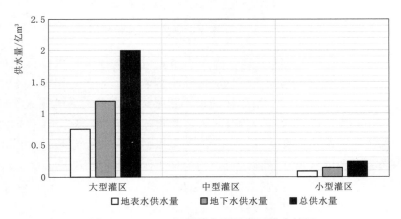

图 4－40　2016 年淄博市引黄灌区供水情况

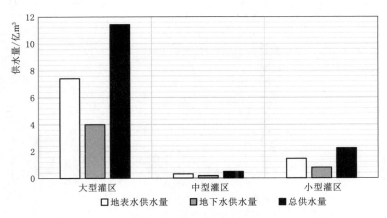

图 4－41　2016 年德州市引黄灌区供水情况

　　图 4-42 为 2016 年泰安市引黄灌区供水情况。图 4-42 显示泰安市小型灌区总供水量大于大型灌区和中型灌区，达到了 4.621 亿 m³，占泰安市引黄灌区总供水量的 57.5%。其中，大型灌区总供水量最小，仅占泰安市引黄灌区总供水量的 6.8%。总体来看，泰安市引黄灌区以地下水供水为主，不同类型灌区的地下水供水量均大于地表水供水量，其中，小型灌区地下水供水量占小型灌区总供水量的 47.9%。

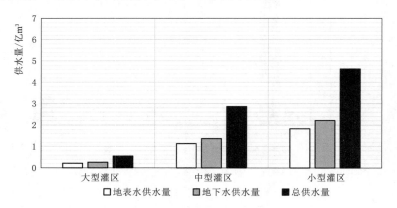

图 4-42　2016 年泰安市引黄灌区供水情况

　　综合分析图 4-34～图 4-42 发现，除泰安市以外，其他地市大型灌区的总供水量、地表水供水量和地下水供水量均高于中型灌区和小型灌区。济宁市中型灌区供水量出现了超过了小型灌区的情况，泰安市小型灌区的供水量最多，大型灌区的则最少，除此之外，山东省其他地市中型灌区的供水量均为最小。济南市比较特殊，大、中、小型灌区的供水量差距较小。菏泽市、淄博市和泰安市引黄灌区是以地下水供水为主，地下水供水量超过了地表水。山东省引黄灌区所在其他地市，均为地表水供水量大于地下水供水量。

　　图 4-43 为 2016 年山东省引黄灌区供水总体情况。图 4-43 显示山东省大型灌区供水量最大，明显大于小型灌区和中型灌区，占山东省引黄灌区总供水量的 69.4%。其中，中型灌区供水量最小，仅占山东省引黄灌区总供水量的 10.6%。综合山东引黄灌区覆盖的区域，地表水供水量大于地下水供水量，地表水供水量占到大型灌区总供水量的 62.5%。

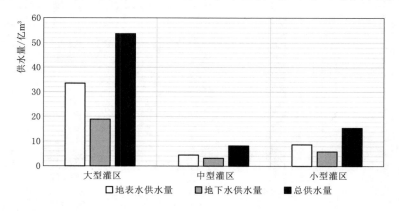

图 4-43　2016 年山东省引黄灌区供水总体情况

4.4.2　用水分析

图 4-44 为 2016 年聊城市引黄灌区用水情况。2016 年聊城市引黄灌区用水中，大型灌区农业用水量远超过中型灌区和小型灌区，中型灌区农业用水量均为最小，占聊城市引黄灌区农业用水总量的 3.9％。总体上看，聊城引黄灌区农业用水总量约占总用水量的 80％。

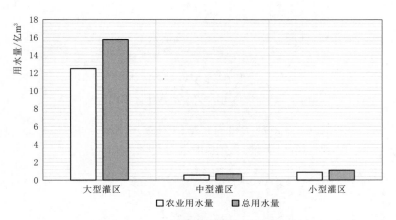

图 4-44　2016 年聊城市引黄灌区用水情况

图 4-45 为 2016 年菏泽市引黄灌区用水情况。大型灌区农业用水量最大，达到 5.11 亿 m^3，占菏泽市引黄灌区农业用水总量的 76.9％。其中，中型灌区农业用水量最小，占菏泽市农业用水总量的 5.3％。灌区农业用水总量占总用水量的 80.7％。

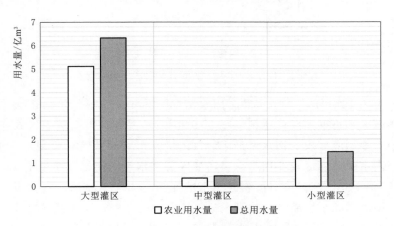

图 4-45　2016 年菏泽市引黄灌区用水情况

图 4-46 为 2016 年滨州市引黄灌区用水情况。滨州市大型灌区用水中农业用水量最大，为 5.948 亿 m^3，占滨州市农业用水总量的 72.2％。其中，中型灌区农业用水量最小，占滨州市农业用水总量的 6.8％。所有灌区农业用水总量占总用水量的 81.3％。

图 4-47 为 2016 年济宁市引黄灌区用水情况。大型灌区农业用水量大于中型灌区和

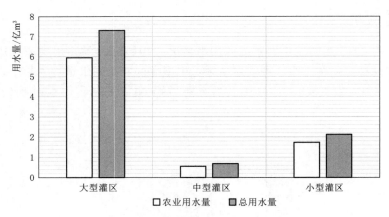

图 4－46　2016 年滨州市引黄灌区用水情况

小型灌区，达到 3.084 亿 m^3，占济宁市引黄灌区农业用水总量的 85.0％。其中，小型灌区农业用水量最小，占济宁市引黄灌区农业用水总量的 5.3％。

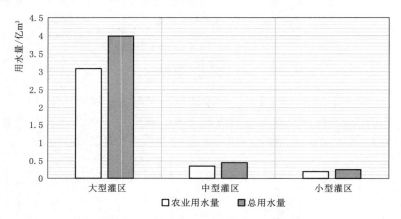

图 4－47　2016 年济宁市引黄灌区用水情况

　　图 4－48 为 2016 年济南市引黄灌区用水情况。图 4－48 显示济南市大型灌区农业用水量大于中型灌区和小型灌区，达到了 1.554 亿 m^3，占济南市引黄灌区农业用水总量的 38.2％。其中，中型灌区农业用水量最小，仅占济南市引黄灌区农业用水总量的 27.0％。总体来看，济南市引黄灌区农业用水总量占灌区总用水量的比例都超过了 50％。

　　图 4－49 为 2016 年东营市引黄灌区用水情况。图 4－49 显示，东营市大型灌区农业用水量大于中型灌区和小型灌区，达到了 1.961 亿 m^3，占东营市引黄灌区农业用水总量的 77.0％。其中，中型灌区农业用水量最小，仅占东营市引黄灌区农业用水总量的 9.3％。东营市引黄灌区农业用水总量占灌区总用水量的比例超过 60％。

　　图 4－50 为 2016 年淄博市引黄灌区用水情况。2016 年淄博市大型灌区农业用水量大于中型灌区和小型灌区，达到 1.09 亿 m^3，占淄博市引黄灌区农业用水总量的 89.4％。淄博市引黄灌区农业用水总量占灌区总用水量的比例为 96.3％。

　　图 4－51 为 2016 年德州市引黄灌区用水情况。图 4－51 显示，德州市大型灌区用水

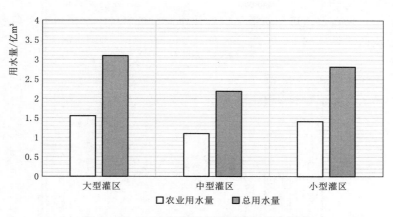

图 4-48 2016 年济南市引黄灌区用水情况

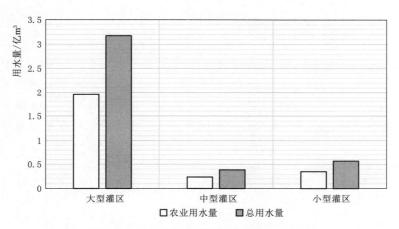

图 4-49 2016 年东营市引黄灌区用水情况

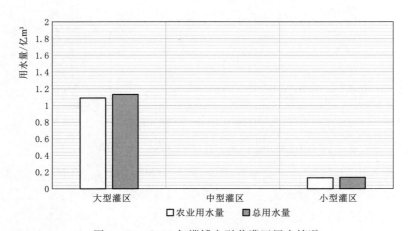

图 4-50 2016 年淄博市引黄灌区用水情况

量最大，农业用水量也最大，两者均大于中型灌区和小型灌区，分别达到了 11.418 亿 m³ 和 9.596 亿 m³，超过德州市引黄灌区总用水量和农业用水总量的 80%。其中，中型灌区农业用水量最小，仅占德州市引黄灌区农业用水总量的 3.4%。德州市引黄灌区农业用水总量占总用水量的比例达到 84.0%。

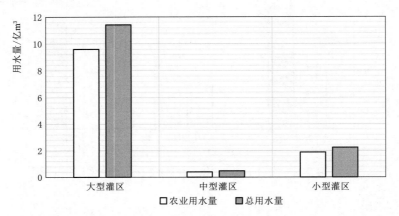

图 4 - 51　2016 年德州市引黄灌区用水情况

图 4 - 52 为 2016 年泰安市引黄灌区用水情况。图 4 - 52 显示，泰安市小型灌区农业用水量最大，大于中型灌区和大型灌区，达到了 2.664 亿 m³，占泰安市引黄灌区农业用水量的 57.5%。其中，大型灌区的总用水量和农业用水量均最小，均占泰安市引黄灌区总用水量和农业用水量的 6.8%。此外，不同规模的灌区，农业用水量占总用水量的比例都达到了 57.6%。

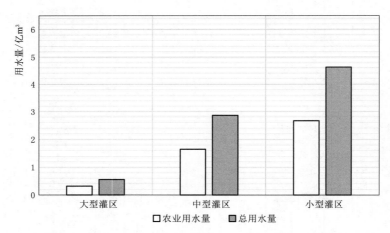

图 4 - 52　2016 年泰安市引黄灌区用水情况

图 4 - 53 为 2016 年山东省引黄灌区用水情况。2016 年山东省引黄灌区用水中，大型灌区的总用水量和农业用水量均大于中型灌区和小型灌区，分别达到了 52.742 亿 m³ 和 41.13 亿 m³，分别占山东省引黄灌区总用水量和农业用水量的 69.2% 和 72.5%。其中，中型灌区的总用水量和农业用水量均最小，分别占山东省引黄灌区总用水量和农业用水量的 10.7% 和 9.2%。此外，在大型灌区、中型灌区和小型灌区等不同规模的灌区中，农业用水量占总用水量的比例分别达到了 78.0%、63.5% 和 68.0%。

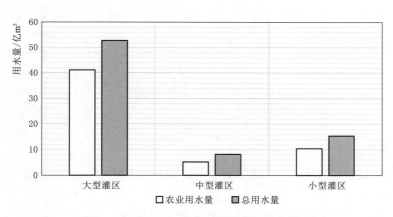

图 4-53　2016 年山东省引黄灌区用水情况

通过对比图 4-44~图 4-53 发现，泰安市较为特殊，引黄灌区农业用水量：小型灌区＞中型灌区＞大型灌区。除此之外，山东省其他地市引黄灌区范围内的农业用水量及总用水量均高于中型灌区和小型灌区。济宁市中型灌区农业用水量和总用水量，仅次于大型灌区，超过了小型灌区。除济宁外，其他地市中型灌区农业用水量和总用水量均最少，且2016 年山东省中型引黄灌区农业用水量和总用水量也最小。在泰安市，小型灌区的农业用水量及总用水量最高，而大型灌区的则最低。通过对比发现，在山东省引黄灌区覆盖的地市中，济南市的农业用水量占总用水量的比例最小，而淄博市的比例最大。此外，聊城市引黄灌区的农业用水量及总用水量均大于其他各地市。

4.5　山东段典型引黄灌区的案例分析

本节选择位山灌区作为山东省引黄灌区的代表性案例进行详细分析。位山灌区地处山东省聊城市的中东部，南临黄河，北靠卫运河，东与德州市相邻，徒骇河、马颊河自西南向东北从灌区中部穿过。灌溉的范围包括聊城市的东昌府、临清、茌平、高唐、东阿、冠县、阳谷、开发区 8 个县（市、区），90 个乡（镇）的绝大部分耕地，是山东省和黄河下游最大的引黄灌区，依据灌溉面积在全国排第五位[162]。

4.5.1　位山灌区的工程布局及分区

位山灌区始建于 1958 年，经过 4 年的停灌时间，1970 年复灌。现渠首设计引水流量为 240m³/s，设计灌溉面积 508 万亩，控制面积 5734.3km²，有效灌溉面积 501万亩[163-164]。

4.5.1.1　工程布局

灌区现有东、西输沙渠 2 条，长 30km；东、西沉沙区 2 片，9 条沉沙池，输水总干渠 1 条，长 3.4km，干渠 3 条，长 223.2km；分干渠 53 条，总长 961km，支渠 825 条，总长 2176.6km，其中流量大于 1.0m³/s 的支渠 385 条，总长 2100km。主要建筑物 1522座，大型调控建筑物 20 座。

灌区东输沙渠设计流量为 80m³/s，长 15km，下接东沉沙区，有沉沙池 3 条。沉沙池下接一干渠，设计流量为 72m³/s，长 63.06km，控制灌溉面积 130 万亩（包括输沙渠控制的部分面积，下同）。西输沙渠设计流量为 160m³/s，长 15km，下接西沉沙区，有沉沙池 6 条。沉沙池下接总干渠，长 3.4km，设计流量为 148.5m³/s。

总干渠后为二、三干渠，其中二干渠渠首设计流量为 75m³/s，长 92km，设计灌溉面积 130 万亩；三干渠渠首设计流量为 73.5m³/s，长 78.4km，设计灌溉面积 280 万亩。另外三干渠还担负着每年冬季为河北省引黄入卫的供水任务。

4.5.1.2　灌溉分区

根据灌区的农业区划及地形、水资源条件、灌区工程状况、水文地质条件等，全灌区可划分为 5 个分区。

Ⅰ区：位于灌区的上游东南部，其面积范围，西以赵王河、一干渠为界，南、东至灌区界，东南临黄河，北至三干渠、总干渠和济邯一级公路，辖东昌府、东阿、荏平、阳谷 4 县（区）的 29 个乡（镇），分区总面积 938.7km²。

Ⅱ区：位于灌区的中上游，以东昌府区为中心，西以三干渠为界，北至马颊河、西新河，东临一干渠，南至三干渠、总干渠，涉及东昌府、东阿和荏平 3 县（区）的 26 个乡（镇），分区总面积 841.6km²。

Ⅲ区：地处灌区下游的东北部，东与德州市毗邻，西以马颊河、小运河为界，北至灌区界，南临西新河和济邯一级公路，涉及高唐、荏平和临清 3 县（市）的 44 个乡（镇），分区总面积 1634.9km²。

Ⅳ区：位于灌区的北部，西以三干渠为界，东至马颊河，北与河北相邻，南至西新河，涉及临清、冠县、东昌府、高唐和荏平 5 县（市、区）的 25 个乡（镇），分区总面积 837.8km²。

Ⅴ区：位于灌区的西部，纵跨灌区南北，东以三干渠、赵王河为界，与其他几个区相邻，涉及临清、冠县、东昌府、阳谷 4 县（市、区）的 41 个乡（镇），分区总面积 1458.8km²。

4.5.2　位山灌区水资源情况分析

灌区地表水资源主要包括三部分：当地地表水资源、入境客水资源和过境客水资源[165-175]。过境客水资源主要指黄河水资源和卫运河水资源，将单独进行分析。

4.5.2.1　地表水资源

当地地表水资源主要是指区内大气降水形成的地表径流，接下来从降雨量和当地地表径流量两方面进行分析。

位山灌区是山东省降水量低值区，其多年平均年降雨量是山东省多年平均年降水量的 82.4%。降水量在年内、年际间分配不均，变化较大。据相关统计，最大年降雨量 987mm，出现在 1937 年，最小年降雨量 309.7mm，出现在 1992 年，最大年降雨量是最小年降雨量的 3.19 倍。年内降雨量多集中在汛期的 6—9 月，约占全年降雨量的 73.64%。通过分析还发现，灌区降水具有连丰、连枯、二者交替出现的特点。

灌区多年平均年地表径流量为 22461 万 m³，亩均耕地占有地表径流量为 39.6m³，多年平均径流深为 39.2mm，是山东省平均径流深的 27%。入境客水资源主要指从灌区纵穿的徒骇河、马颊河的境外来水部分。位山灌区位置在徒骇河、马颊河的上游,汇水面积较小,且两河来水受降水的影响较大,入境水量小,年际变化大,其水量的年内变化同降水一样以汛期为主,枯水季节常出现断流、干涸现象,且由于上游工业及生活污水、废水的无节制排放,使水质恶化严重,现状年难以利用,不再计算其可利用量。

总结来看,位山灌区地表水资源具有四方面的特点:

(1)水资源贫乏。灌区内多年平均年地表径流量为 22461 万 m³,多年平均径流深为 39.2mm,是山东省平均径流深的 27%,径流深模数为 3.92 万 m³/km²,为全省地表径流模数的 27%。

(2)年际变化大。据徒骇河年径流量系列资料分析,1964 年径流量达到了 38500 万 m³,1992 年仅为 4784 万 m³,前者为后者的 8.05 倍,同时降水量、径流量都具有连丰、连枯的特点。

(3)年内分配不均。全年径流量的 80%～90%集中在汛期,而其余 8 个月仅占全年的 10%～20%。大量汛期径流无法利用,而非汛期出现河道断流,给当地地表水的开发利用带来了困难。

(4)空间分布不均衡。灌区区域内降水由东南向西北呈递减趋势,多年平均年降雨量相差 98.4mm。

4.5.2.2 地下水资源

位山灌区水文地质条件好,浅层淡水面积大、沙层厚、储量丰富、埋藏浅、易于开采,且灌区南临黄河、西靠卫运河,境内又有徒骇河、马颊河穿过,地下水补给条件较好。根据浅层地下水开采条件将位山灌区分为宜井区和非宜井区,其中,宜井区面积约占全灌区控制面积的 80.12%。宜井区水质为淡水,矿化度小于 2g/L,含水砂层较厚,出水量大,易于开采利用。非宜井区浅层地下水开采条件较差,出水量小或为咸水,不宜开采利用,零散分布在灌区中。

4.5.2.3 客水资源量

(1)黄河水资源。根据《黄河治理开发规划纲要(1997 年)》资料,黄河流域多年平均天然年径流总量为 580 亿 m³,其中花园口以下为 21 亿 m³,占全流域的 3.6%。黄河供水量已由 20 世纪 50 年代的 122 亿 m³ 增加到 20 世纪 90 年代的 300 多亿 m³,其水资源利用率已超过 50%。黄河径流量主要由降水形成,由于受大气环流、季风、地形等因素的影响,黄河水资源具有水少沙多、水沙异源、年际变化大、年内分配不均等特点。黄河孙口站位于黄河右岸处,在位山引黄闸的上游,距离位山引黄闸 39.3km,中间没有大的支流汇入和大的引水工程,其来水、来沙量对分析位山引黄闸的引水、引沙量具有一定的代表性。

由于受黄河流域引黄工程和大、中型水库调节影响,近 50 年来,黄河径流发生了很大变化,从 1952—1999 年多年平均情况看,进入孙口站的平均径流量为 373.2 亿 m³,其中 7—10 月、11 月至次年 2 月、3—6 月分别为 216.0 亿 m³、73.1 亿 m³ 和 84.1 亿 m³,分别占年平均来水量的 57.88%、19.59%和 22.53%。20 世纪 50 年代,孙口站年均来水量为 475.1 亿 m³。进入 20 世纪 90 年代后,由于黄河主要产流区进入连枯年份,降雨偏少,再加上黄河上、中游大中型工程的建成运用和引黄能力的增大,使下游的径流量减少。根据资料统计，孙口站年均径流量减至 210.3 亿 m³，比多年平均减少 43.6％，主要是汛期和 4 月的水量减少较多，一定程度上影响灌区的正常引水。

灌区 1996—1999 年连续 4 年年平均实际引黄水量为 156368 万 m³（含年均入卫水量 39092 万 m³），其中 1999 年累计引水 203 天，引水 166175 万 m³（包括入卫水量 34940 万 m³），而灌区各县（市、区）累计用水 104696 万 m³。2000 年以来，黄河实施水量统一调度和生态流量试点工作启动实施，下游来水量趋向小而均匀，黄河引水指标首先分配给聊城市，由聊城市再分配后确定为 68000 万 m³。

（2）卫运河水资源。卫运河是灌区西北部一条较大的河流，从灌区边缘穿过，根据冠县东古城观测站 1957—1984 年的资料分析，卫运河多年平均年径流量为 28.61 亿 m³，临清站 1950—1982 年的观测资料表明，其多年平均年径流量为 31.29 亿 m³。近年来，由于降水减少和上游沿河引水、提水能力的增大，卫运河来水量急剧减少，根据冠县 1974—1984 年观测资料分析，其年均径流量为 8.8 亿 m³，比 1957—1984 年系列年均径流量减少 19.81 亿 m³，临清站 1978—1982 年观测资料表明，其年均径流量为 8.79 亿 m³，比 1950—1982 年系列年均径流量减少 22.49 亿 m³。

根据卫运河临清站 1971—2000 年逐月径流资料分析，卫运河多年平均年径流量为 115324.55 万 m³。卫运河径流量呈明显的下降趋势，而且其来水大部分集中在汛期，水质污染较重，为灌溉引水带来不利影响。根据 2001 年 5 月临清市水利局提供的数据资料，近些年来卫运河临清段径流量一般年份为 3 亿 m³ 左右，枯水年份为 1 亿 m³ 左右，唯 1996 年丰水年达到 25.9 亿 m³。临清市引用水量年均约 3400 万 m³。

4.5.3　位山灌区供水、用水问题

近十几年来，本地降水量偏少，加上黄河上游用水量增大，小浪底水库运用后下游出现河道冲刷造成引水困难，以及黄河水量统一调度后计划用水、限量供水的实行，灌区引用黄河水形势越来越困难，这些因素都限制了引黄灌区灌溉面积的进一步扩大[176-181]。就位山灌区而言，还有一些其他鲜明特点，分述如下。

4.5.3.1　节水投入不足

位山灌区的建设主要依靠当地自筹资金建设，所建工程标准低、配套差，再加上投入工程运行管理的资金不足，灌区工程存在老化、退化、损毁严重，跑水漏水等问题，2010 年中央农村工作会议提出"加快推进大型灌区续建配套与节水改造"。目前灌区干渠衬砌及配套初具规模，2020 年年底完成了引水流量 1.0m³/s 以上的渠道改造，不过末级渠系和田间工程还处于探索实验阶段。

4.5.3.2　泥沙处理困难

自复灌至今，灌区累计引沙量高达 3 亿多 m³，年均 1000 万 m³ 左右。通过清淤，泥沙堆积在沉沙池和渠道两侧，占地约 5 万余亩，特别是渠首地区形成 4～7m 的沙质高地 2.5 万余亩，涉及东阿、阳谷、东昌府 3 个县（区）7 个乡（镇）的 102 个村庄，使部分村庄的人均耕地由原来的 1.8 亩减少到 0.7 亩。由于投入不足，沉沙池复耕处理不彻底，该区域土地严重沙化，局部区域生态环境有日益恶化的趋势，当地群众的生产生活受到很大影响。

4.5.3.3　节水意识薄弱

灌区长期的低水价政策，使水资源的优化配置和节水工程的发展与推广受到限制，另外，无论是管理者或者用水户仍然存在着水是"取之不尽，用之不竭"的观念，对节约用水的意义及其重要性认识和理解不深，浪费水的现象没有从根本上得到遏制。此外，灌区的分管部门较多，互相牵制，有时甚至相互矛盾，给灌区的供水、用水及节水管理带来了困难，在某种程度上影响了区域内国民经济的健康与持续发展。

4.5.4　位山灌区节水及实施效果

4.5.4.1　节水工程

自 1998 年开始，位山灌区开展了大型灌区续建配套与节水改造工程，已完成衬砌改造干渠 159km、分干渠及支渠 161km，新修堤防管理道路 181km，新建改建各类建筑物 1079 座，改造基层管理单位 10 处，建成了国内领先水平的信息化管理系统和省级重点灌溉实验站。同时，利用引黄济津、引黄入冀跨流域调水工程建设资金，衬砌改造干渠 51km，新建、改建建筑物 184 座。目前，位山灌区干渠衬砌长度达 210km，占总长度的 73%，建筑物配套率达 95% 以上；分干渠及支渠衬砌长度 161km，建筑物配套率达 50% 以上。通过实施节水改造，灌区工程条件得到极大的改善[182-196]。

灌区渠道衬砌采取全断面或坡面铺塑防渗、预制混凝土板护坡的结构型式。根据实测资料分析，衬砌后，渠道渗漏损失减少 84%，年可节约水量 4150 万 m^3。把节约水量转移到工业和生态环境用水上，提高了水的利用率和灌区收益。另外，渠道衬砌是加大水流挟沙能力，达到分散沉沙和输沙入田的目的。衬砌后的渠道基本达到了不冲不淤，减轻了沿渠沙化危害，年相应减少清淤工程量约 300 万 m^3，节约清淤费支出 2100 万元。

衬砌后渠道输水能力增加，更好地实现了远距离输水、均衡用水，使灌区下游和部分边远高亢地区的用水得到保证，扩大了灌溉面积。同时还减轻了干渠两岸的渍涝威胁，防止了两岸土地次盐碱化，改善了土地耕种条件。相对灌区改造前，新增、恢复和改善灌溉面积约 6.6 万 hm^2，年增产粮食约 3300 万 kg，年粮食增产效益约 3500 万元。同时，促进了支级工程及田间改造和农村产业结构调整，发展以蔬菜为主的高效作物种植 4.0 万 hm^2，提高了经济作物种植比例。

4.5.4.2　节水措施

（1）防渗节水工程。山东省引黄灌区降低渠道水量损失采取的主要措施是渠道衬砌防渗及塑膜防渗。渠道衬砌工程不仅改变了因长期小流量引水造成的渠道淤积严重、清淤泥沙占压良田、灌区寿命缩短、沿线生态环境恶化等局面，还实现了渠道设计状态下的冲淤平衡，大大提高了水的有效利用率。渠道衬砌工程实施后，已改造渠段的渠道水利用系数提高了 0.24，灌溉受益区亩次灌溉用水量大大降低，节省的水量用于进一步扩大灌溉面积。

（2）农作物种植结构调整。山东省引黄灌区积极推动灌区农作物种植结构调整，大力推广耐旱节水高产作物品种，棉花、小枣、冬枣等抗旱经济作物种植面积大幅度提高。以小开河灌区为例，据统计，截至 2016 年小开河灌区内棉花种植面积已达 4.33 万 hm^2，占总灌溉面积的 60%。大面积种植棉花，大大降低了灌水率，实现了有效节水，每年可为灌区节水 1500 万 m^3。

（3）田间水利用率提升工程。土地平整不仅可以提高灌溉质量，还可以节约灌溉用水量，并能减小灌水时的劳动强度。簸箕李灌区采取了"大畦改小畦，长畦改短畦，宽畦改窄畦"的三改工程，完成土地平整及沟畦改造 3.27 万 hm^2，有效提高了田间水利用率，改变了以往采用大水漫灌的灌溉方式，使得该区域田间水利用系数由原来的 0.85 提高到 0.96。

4.5.4.3　节水管理

（1）协会管理新模式。山东省引黄灌区积极探索新的灌溉管理模式。2004 年，小开河灌区成立了第一个用水户协会，水费由引黄灌区直接向用水户协会收缴。实行水费、水价、水务三公开，打破了"大锅水"的弊端，平均可节水 $2850 m^3/hm^2$，达到了节约用水、合理优化配置水资源的目的。同时，也减轻了农民的水费负担，减少了用水纠纷，促进了区域和谐社会建设。目前，该灌区正在进一步完善用水户协会制度，扩大宣传，逐步成立更多的用水户协会，以最终实现用水计量到村到户，收费到村到户。

（2）科学调度管理。山东省引黄灌区多数采用的是按亩收取水费，干渠上游大水漫滩、反复灌溉，干渠下游地区往往得不到及时有效的灌溉，形成了上游用水浪费而下游无水可用的局面。目前，小开河灌区已实现了量水、调度精确至县一级。无棣县从 2002 年开始计量收费到乡镇，其他县也正积极推行。位山灌区将节水作为灌区管理工作的重要内容，严格按照分配的用水指标合理引水用水，每旬按时上报用水计划、及时签订用水合同。

（3）灌区信息化管理。位山灌区建成了覆盖全灌区的无线网络系统、无线视频调度系统、闸门远程自动控制系统、水情和雨情自动遥测系统等，初步实现了灌区管理的信息化。

总体上来看，灌区立足于节水改造，同时，充分挖掘其他节水措施的潜力，在节水工程、工程建管、信息化建设等方面都取得了突破性进展，推动了灌区健康持续发展。目前灌区干渠衬砌及配套初具规模，支级及以下渠道的节水改造也取得了进展，不过末级渠系治理和田间工程还处于探索试验阶段，接下来，仍需结合灌区自身特点，巩固完善节水改造与节水管理成果，按照实用优先、稳步发展、统一规划、适度超前的原则，促进灌区节水向深层次进行。

4.6　本章小结

山东引黄灌区以兴建渠首工程引黄闸为主，渠系布置顺自然地势，按干渠、支渠、斗渠、农渠方式配置，灌溉方式以自流灌溉为主。其缺点也很明显，大水漫灌、乱扒乱堵现象严重，造成水资源的严重浪费。近几年，国家对引黄灌溉采取限引政策，实行配额制，使各灌区引黄水量较往年大幅减少。但是由于种植业结构的调整，灌区高产高效农业需水量却逐年增多，这造成引黄灌区水资源供需矛盾的加剧。这一关键时期，山东省针对灌区农业可持续发展问题开展了灌区节水诸项工作。

本章主要分析了 2008—2016 年山东省引黄灌区供水、用水及节水情况，得出如下结论和认识：

（1）山东省引黄灌区中，彭楼灌区、位山灌区、潘庄灌区、李家岸灌区、闫潭灌区属于比较大的灌区，灌溉面积均在 100 万亩以上。其中，位山灌区面积最大，约为 508 万亩。另外，邢家渡灌区和簸箕李灌区灌溉面积也在 90 万亩以上，接近 100 万亩。近十几年来，本地降水量偏少，加上黄河上游用水量增大，小浪底水库运用后下游出现河道冲刷造成引水困难，以及黄河水量统一调度后计划用水、限量供水的实行，灌区引用黄河水形势越来越困难，这些因素都限制了引黄灌区灌溉面积的进一步扩大。

（2）山东省引黄灌区与河南省引黄灌区的用水、节水特征明显不同。这不难理解，农业灌溉用水量受用水水平、气候、土壤、作物、耕作方法、灌溉技术以及渠系利用系数等因素的影响，存在明显的地域差异。由于各地水源条件、作物品种、耕植面积不同，用水量也不尽相同。不过本节分析发现，灌区管理单位及所在行政区的节水意识及灌区节水管理技术手段对引黄灌区节约用水影响较大，即便是均为山东省内的引黄灌区，用水水平仍存在较大差异，需要逐个分析。

（3）大部分山东省引黄灌区农业产业结构十分类似，在灌区的农业经济构成中，种植业占有绝对优势，种植业总产值占农业总产值比重的 70％左右。灌区主体经济作物为小麦、玉米、棉花，同时兼作花生、大豆等。近年来，山东省引黄灌区蔬菜种植发展较快，棉花种植面积有所萎缩。此外，还发现，在近些年天气出现连续干旱的情况下，农作物的收成仍旧颇丰，对比前后，粮食平均亩产比复灌前增加 570kg，人均占有粮食增加 420kg。

（4）通过对灌区设计灌溉制度和黄河来水情况的了解，山东省在实际引黄灌溉用水过程中，全年一共实施 3 个阶段的引水，即春灌（2 月中旬至 5 月中旬）、初夏灌（6—9 月）及秋灌（9 月下旬至 10 月上旬）。春灌主要是小麦返青、拔节、灌浆及春播作物造墒用水，其主要特点是用水量大、时间长，春灌是一年中很关键的一次引水。初夏灌主要针对夏播种作物造墒、春作拔节保苗用水，有效避免遭遇强降雨带来的危害，力求更好地达到速灌速停的目的。秋灌适用于小麦播前造墒，不易延迟供水。自复灌以来，山东省灌区中春灌引水量占全年引水量的 68.1％，夏灌占 16.2％，秋灌占 15.7％。

（5）山东省灌溉水平均利用率仅为 57％，种植业灌溉定额每 666.7m^2 高达 280m^3，而发达国家可达 60％～70％，以色列高达 90％。如果推行节水农业，灌溉水利用率可提高 10％～15％，节水潜力巨大。沿黄农业灌溉用水占全部引黄水量的 90％，且黄河水的利用率只有 45％左右，需要进一步深化节水。

（6）山东省已有 11 个市 68 个县用上了黄河水。20 世纪后期黄河下游频繁断流，给山东省沿黄工农业生产造成了巨大的经济损失。1999 年，黄河水量统一调度以来，黄河虽然连续多年未断流，但黄河水资源仍十分不足，灌溉高峰期存在缺水现象，灌区一般都采取轮灌、限流等措施。虽然没有造成大面积农作物绝产，但从一定程度上也使得农作物的产量呈阶段性的下降趋势。

第5章

黄河径流对其下游地区的地下水影响

黄河干流自桃花峪以下为黄河下游。下游河道为地上悬河,支流很少。黄河大堤为两岸地下水分水岭,不过黄河下游河床已高出大堤背河地面3～5m,比两岸平原高出更多,是著名的"地上悬河"[197-198]。除南岸东平湖至济南区间为低山丘陵外,其余全靠堤防挡水。河床砂层与岸边浅层含水层相连,水力联系密切,绝大部分地段地下水呈现出由黄河起始流向北东和南东两个方向的径流趋势。没有地下水补给河道,黄河下游河川径流向两岸大堤以外的侧渗水量即为河道渗漏耗水量。本章主要从地下水循环角度出发,对灌区所在区域的地下水流动特性以及地区水文地质进行分析,采用河道渗漏耗水计算方法,评估黄河径流对其下游地区地下水的影响。

5.1 黄河下游水文地质分析

5.1.1 气象水文

黄河下游属于中纬度地带,约在北纬 30°～40°,属暖温带季风气候区,具有明显的大陆性季风气候特征,四季分明,春季干旱多风沙,夏季炎热降雨集中,秋高气爽日照长,冬季寒冷雨雪少。多年平均气温为 13.1～14.5℃,1月气温最低,平均为 −1～−4℃,极端最低气温达 −20℃,土壤冻结深度为 0.37～0.50m。7—8月气温最高,平均为 25～27℃,极端最高气温为 43℃。

黄河流域下游地区降水适中,图 5-1 为黄河下游地区多年平均降水量等值线图。据下游沿黄 14 个气象站资料,多年平均年降水量为 558.5～678.0mm,降水年内分配不均,其中67%的降水集中在 7—9月,所以常出现春旱秋涝。降水量年际变化大,常为丰、枯水年交替,并多次出现连续干旱年,如封丘站最大降水量为 1059.4mm,最小年降水量为 250.4mm,丰、枯水年降水量之比达 4.2:1。图 5-1 显示黄河下游沿黄有一条带状降水量低值区,其中低于 600mm 的地区主要在黄河以北。黄河下游多年平均水面蒸发量为 1200～1400mm,陆面蒸发量为 500～600mm,主要集中在 4—6月,占全年蒸发量的40%左右,干旱指数(水面蒸发量与降水量的比值)和降水量分布相近,沿黄有一条带状大于 2.0 的高值区,均呈自东南向西北降低的趋势。

黄河下游河流除黄河外,还有许多中小河流构成黄河、淮河、鲁北诸河和鲁东诸河四大水系。黄河水系主要有黄河、伊洛河、沁河、蟒河、文岩渠、金堤河大汶河、玉符河等;黄河以南属于淮河水系,有赵王河、泗河、红卫河、沂河、沭河等;鲁北主要河流有徒骇河;济南—淄博一带有孝妇河、淄河、小清河、巴漏河等;鲁东主要河流有大沽河、

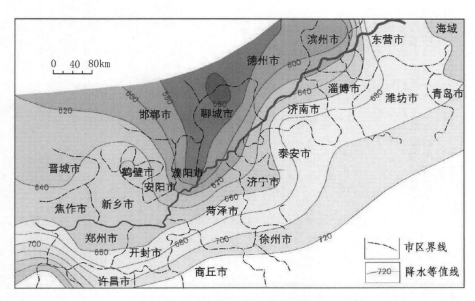

图 5-1　黄河下游地区多年平均降水量等值线图（单位：mm）

黄水河、五龙河等。此外还有卫河、京杭运河等人工河，以及东平湖和南四湖。上述多属季节性河流，水文特征表现为径流量年际变化大。年内分配极不平衡，6—9 月最大，10 月至次年 5 月最小，出现较短的夏汛期和较长的枯水期，甚至断流。

5.1.2　地质地貌

黄河下游地区在构造上属于华北坳陷盆地，坳陷呈簸箕状向东部开放，其西北侧为太行山隆起和燕山隆起山地，盆地的基底隐伏着一系列东西向展布的活动性隆起和断裂，盆地在 NE 向、NNE 向、NW 向和 NWW 向断裂的活动作用下，盆地的基底被分割成不同规模的次一级断块隆起和凹陷，并被第四纪松散沉积物所覆盖，新生代沉积物覆盖层普遍有 1000～3000m。这些断裂构造控制着第四纪沉积物及现代地貌的发育，影响着黄河下游河道的演变，黄河下游地貌图见图 5-2。

黄河自孟津流出峡谷后，南有呈东西向山脉（伏牛山—大别山）阻挡，东部有凸起鲁西南低山丘陵地阻挡，黄河只能分别向渤海和黄海两个海域倾斜展布，并分别在滨海建立了河口三角洲和海积平原，就其地貌发育历史来说，它们是历史时期黄河下游河道南北游荡，泥沙往复沉积建造的。黄河下游淤积物的特点：纵剖面上沿水流方向颗粒逐渐由粗到细，横剖面上深层比表层粗。小于 0.025mm 的冲泻质泥沙占全部沙量的 50%左右，主要是洪水漫滩时淤积在滩地上（约占滩地淤积物的一半），主河槽很少淤积（一般不到主槽淤积物的 5%）；大于 0.025mm 的床沙质泥沙占全部沙量的 50%，但在下游河道的淤积量中却占 70%～80%；大于 0.05mm 较粗颗粒泥沙，仅占全部沙量的 20%，但它在淤积量中却占 50%，在主槽淤积量中更多，占 80%～90%；大于 0.1mm 的粗颗粒泥沙几乎全部淤在主槽内。

河流改道导致地质条件变化，也能引起渗漏量的变化。1980 年、1982 年黄河河床北

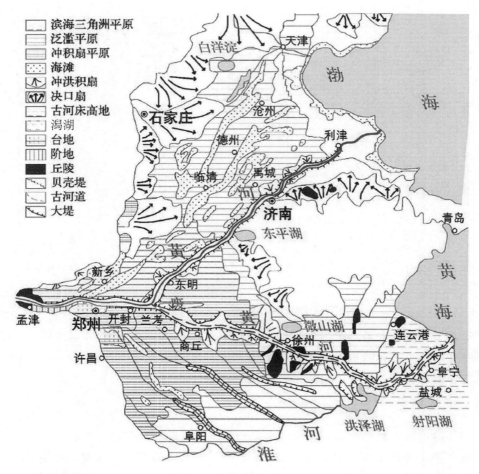

图 5-2　黄河下游地貌图

迁，中牟万滩试验段的渗漏量减小，1983 年、1984 年黄河河床南徙，试验段的渗漏量骤增。离黄河越近，侧渗的水力梯度越大，渗漏量越大。不同的介质，其渗透能力也不同。黄河下游在历史上共有 5 次大改道，见图 5-3。如图 5-3 所示，周定王五年（公元前 602 年），河决浚县宿胥口，是黄河第一次大改道，计至西汉末，此河道行河 613 年；河决魏郡时，改道东流，决口后自由泛滥 60 多年，形成第二次大改道，计行河 970 余年；直到宋庆历八年（1048 年），黄河从濮阳商胡决口北徙，形成第三次大改道；南宋建炎二年（1128 年），开封留守杜充为抗金兵，在滑县李固渡决河南泛，从此黄河夺淮入黄海，这是一次人为的决河改道，称为第四次大改道，这次改道后黄河行河 723 年；咸丰五年（1855 年）洪水盛涨时，在河南兰阳铜瓦厢险工冲决，夺山东大清河由利津入渤海，形成第五次大改道，即现行河道。现行河道除花园口扒口南泛 9 年外，计已行河 143 年。

　　黄河冲积扇是黄河下游冲积平原重要组成的地貌类型之一，其地理位置在黄河冲积平原西部。中更新世晚期，古黄河逾越三门峡将三门湖与华北湖连通，自西向东流出峡口后，进入下沉的华北坳陷盆地，最初流经郑州以西开阔的谷地，至郑州京广铁路线以东则

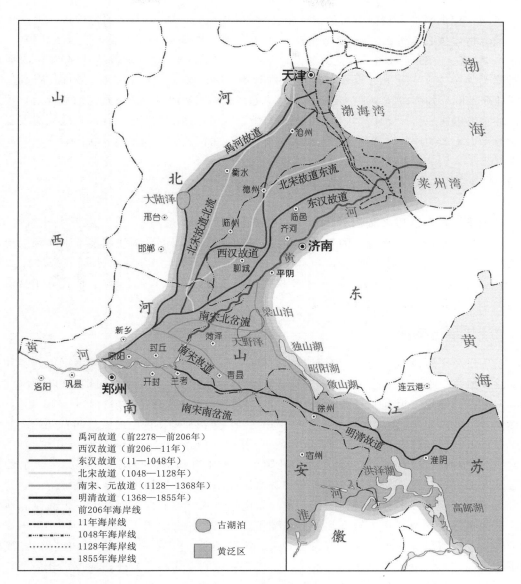

图 5-3 黄河河道变迁

流经于辽阔的大平原区。在河流径流通过很大的落差流入宽展的河段以后，随着地势变缓，河床断面宽浅，比降变小，径流扩散和流速的减小，迫使上游大量碎屑物质发生沉积，在山前地区形成深厚的冲积扇体，自此整个黄河全线贯通，河水漫溢形成多期冲积扇。各期冲积扇范围不一致，最大范围为孟津宁嘴北沿太行山麓与山前冲积扇交错，西南沿嵩山山麓与淮河上游相接，东临南四湖，东西长约355km，南北宽410km，总面积72144km^2。黄河下游平原南部均处在该冲积扇扇体上，地势西高东低，黄河河道贯穿扇体的中部，至兰考转向北东，受两岸大堤束范的河床，由于泥沙不断沉积抬高，形成举世闻名的地上河，成为地表水和地下水的天然分水岭。

黄河三角洲平原是黄河下游的又一重要地貌类型。利津以下黄河河口地带，呈扇形展开，前缘海岸线长 378km。地形平坦高差不大，地面西南高，东北低，向渤海倾斜，海拔 10m 以下，一般 8～5m，靠近海边 1m 左右，自西南向东北其坡降为 1/8000，局部地区坡降为 1/3000。该区由于受黄河及渤海的影响，有较多的微地貌变化，地面高低起伏，呈长块状及圆形的高地和洼地。高地呈自然堤的形式，是黄河多次改道及泛滥形成的，黄河入海处水势迅速减缓，河床很快淤高，改道频繁，改道后残留为高地，在高地之间形成面积达数十平方千米的洼地，如利津的王家大洼地，该区古河道和洼地呈扇骨状向海岸辐射。

5.2　沿黄区地下水流动特征

黄河下游河段两岸大堤内外高差大，是著名的"地上悬河"，没有地下水补给河道，黄河径流成为控制地下水流场的主要驱动力。按埋藏条件，可分为浅层地下水和深层地下水两种[199-201]。含水层底板埋深小于 50m 的地下水为浅层地下水，含水层底板埋深大于 150m 的地下水为深层地下水。本节主要根据地下水动态主要控制因素、形成条件及动态变化等，分析沿黄区地下水流动特征。

5.2.1　浅层地下水

黄河下游平原地形平坦，大气降水是浅层地下水的主要补给来源，其次是河渠入渗和灌溉回渗补给等。不同埋深地段降水入渗补给系数可达 0.1～0.3，多年平均年降雨量为 600～700mm，其补给量是相当可观的，约占 86.6%。此外，地表水灌溉回渗补给量占 6.4%，河渠侧向补给量占 7%，合计地表水补给量占 13.4%。黄河河南段两岸最大影响宽度达 20km，天然条件下侧渗补给的单宽流量为 38m³/(km·d·m)（枯水年）～73m³/(km·d·m)（丰水年）。在鲁中南中低山前，浅层及中深层孔隙地下水还得到基岩裂隙水及裂隙岩溶水的侧向径流补给。浅层地下水的径流受地形和补给源控制。由于黄河现行河道是下游平原的中脊和地表水、地下水的分水岭，因此，黄河以南地下水自西北向东南径流，黄河以北地下水自西南向东北径流。水力坡度和地形坡降相近，属径流滞缓类型。

浅层地下水的排泄形式主要有人工开采、蒸发排泄、向中深层越流和径流排泄。浅层地下水埋藏浅、宜开采，又多为淡水区，所以在城镇和大面积井灌区，地下水开采是其中的主要排泄形式。大面积引黄灌区、黄河滩地、背河洼地、地下水开采量小的地区，水位埋深小，一般小于 4m，地下水的排泄形式以蒸发为主。研究区深层地下水位普遍低于浅层地下水位，大部分地区水位差为 2～10m，虽然两层地下水位之间有较厚的黏性土隔水层，但在隔水层较薄或岩性相对较粗的地带，仍有部分越流排泄。特别是在中深层开采量集中的城镇，浅层与中深层混合开采造成越流量更大。由于下游区水力坡度特别小，径流滞缓，因而径流排泄量也很小，只有在下游开采量大的降落漏斗区才有部分径流排泄量。

5.2.2　深层承压水

深层承压水由于埋藏深，所以受气候影响非常小。研究区的西南为补给边界，接受境外的径流补给。河南开封、濮阳等地区深层水由于形成了较大的降落漏斗，地下水的补给除来自上游的径流补给外，还有来自浅层地下水的越流补给。

深层承压水的径流方向与潜水径流基本一致，主要为自西南向东北，在有大面积降落漏斗的地区，水力梯度较大，径流较快，其他地区的径流滞缓。在工业用水集中的地区，人工开采是地下水排泄的主要途径。傍河开采条件下，黄河侧渗补给地下水的强度加大，局部地段因浅层地下水位下降，中深层地下水可转化为越流补给浅层地下水。

5.3　黄河下游侧渗影响分析

地下水资源是在地下水不断接受补给、储存和消耗的循环过程中形成的。渗流的理论基础是流体动力学。在重力作用下，只要有水头差，水体就要由高水头向低水头产生渗流运动，使地表河水渗入多孔介质地层中而转化为地下水，形成水动力系统[202-209]。

黄河径流变化大，不同年季地下水的补给项目和补给强度不同。可以认为黄河对其周边区域的地下水补给量为一随机变量，使地下水总是处于平衡—不平衡—平衡的发展过程中。因此，摸清黄河下游区地下水情况需要从年和（或）多年均衡的角度加以研究。

5.3.1　分析方法

黄河侧渗影响分析可采纳饱和土壤入渗特性研究成果，在研究黄河下游河水与地下水之间的水量交换时，河床沉积物的渗透系数是一个关键参数，因为黄河下游河床沉积物的渗透系数通常比相应含水层的渗透系数小 $1 \sim 3$ 个数量级。国内外已有饱和土壤入渗特性相关研究，提出并应用了不同的方法和手段可以用来开展黄河侧渗影响分析，主要有两类方法：①直接测定法：抽水实验、渗透仪法、环刀法、双环法、圭夫仪法、人工降雨法、入渗筒法、单环定量加水法、出流法、$AgNO_3 - NaCl$ 离子示踪法、Hood 入渗仪、圆盘入渗仪等。②间接方法：经验公式法、数值反演法、分形法、土壤传递函数法、神经网络法等。所有这些方法中，以抽水实验和渗透仪法应用最为广泛。

渗透仪法是一种实验室方法，包括常水头和变水头渗透仪法两种，常水头渗透实验适用于粗粒土（砂质土），变水头渗透实验适用于细粒土（黏质土和粉质土）。实验用水应采用实际作用于土中的天然水。测定在一定水头差 H 下某一时间 t 内流过试样的渗流量 Q（常水头法）或测定时间 $t_1 = 0$ 时的水头 h_1 和时间 $t_2 = t$ 时的水头 h_2（变水头法），均可根据达西定律计算出土样的渗透系数。通常采用双环、圭夫仪、圆盘入渗仪等方法测定田间饱和土壤的渗透系数。显然，对于黄河这种常年有水的河流，尤其是在汛期，应用这些方法测量河水的渗漏量均存在相当大的困难。

抽水实验是一种从钻孔中抽水并根据其出水量与地下水位降深的关系，确定含水层的渗透性及了解相关水文地质条件的一种原位实验方法。对于抽水时间比较短、水位恢复时间较长的抽水实验，可以应用微水实验法来求解参数。微水实验法是在 0 时刻点 $(x_0,$ $-y_0)$ 处有一个作用强度为 Q（0）、作用时段很短的抽水井或注水井，通过观测井水位变化情况，来求得井附近含水层渗透参数的方法。对于低渗透性含水层，瞬时向井抽取或注入一定流量水后，能够很好地观测到井中水位降深随时间的变化规律，从而求得含水层水文地质参数。不过，对于渗透性较高的含水层，瞬时向井抽或注一定流量水后，井中水位很快恢复到初始水位,因此不易观测井中水位降深随时间的变化。

已有大量关于黄河下游侧渗研究认为,由室内实验得到的渗透系数结果常出现不合实际、误差大等现象。野外现场竖管实验能够保持河床沉积物的原状结构,反应现场条件,优于传统的实验室法。江苏省张家港市的暨阳湖分别做了室内实验和野外现场竖管实验,得到了可靠的河床沉积物、湖底沉积物渗透系数结果。河南、山东水文地质勘测设计单位通过大量野外现场实验,证明了该方法在确定河床沉积物渗透系数及各向异性方面的实用性,本节后面分析结论主要来自水文地质勘测设计单位长期观测及该实验方法的结论。

5.3.2　分析结果

5.3.2.1　黄河径流变化对侧渗量的影响

径流量与黄河侧渗量有密切的关系,一般来说,径流量越大,渗漏量也越大。径流量与渗漏量的关系体现在以下三个方面:

(1) 不同的水文年型渗漏量不同,在丰水年渗漏量大,反之则小。白龙湾段河道在1986—1988 年处于枯水年份,黄河的侧渗量比多年平均值要小。在花园口—利津河段,1991—1994 年系列和2003—2005 年系列的年均来水量相对较大,年均渗漏量也较大。径流量的年际变化越大,河道渗漏量的年际变化也越大。

(2) 水位与径流量呈正相关关系,因此黄河水位越高,渗漏量越大。河南省焦作市温县浅层地下水观测数据表明,黄河水位的变化将会引起两岸地下水位的相应变化。山东阳谷阿城—滨州蒲城河段侧渗实验数据表明,黄河单宽侧渗量变化与黄河水位变化是一致的,侧渗量最大值多出现在 7—9 月,最小值出现在枯季。黄河流域惠民县清河镇白龙湾段的观测,认为黄河水位越高,单宽侧渗量越大,黄河水位增高到一定程度时,侧渗量逐渐趋于稳定。

(3) 渗漏量和断流天数、断流河段长度有密切的关系。花园口—利津河段在 1991—1999 年,断流天数增加,则年渗漏量减少;断流天数减少,则年渗漏量增加。实验及观测结果表明,黄河断流引起黄河侧渗量减小,断流河段和断流时间越长,黄河侧渗量的减小速率越大,地下水获得的黄河补给量越少。

5.3.2.2　沿河地下水开采对侧渗量的影响

沿河开采地下水对浅层含水层地下水流动的影响是很显著的。一般来说,地下水开采将降低地下水位,增大黄河水位与地下水位差,也就是说,开采地下水会增加侧渗量。灌区井组抽水实验中发现,黄河侧渗量随着抽水井组接近河流而增大,远离河流而减少。此外,还发现,部分河段断流时,沿河开采地下水激发侧渗量的增加幅度为 284% ~1264%。当地下水埋深过大,使地下水与黄河水形成脱节时,灌区开采地下水对黄河渗漏量几乎没有影响。

在开封市柳园口灌区获得的观测数据表明,该灌区在开采地下水时对黄河渗漏量几乎没有影响,后来找出原因,认为该灌区相对于黄河开封段 10m 的水位差来说,开采地下水降低的 1~2m 地下水位对渗漏量影响很小。另一种可能的原因是黄河泥沙大部分淤积在花园口至夹河滩区间,抬高了河底高程,使这一河段黄河水与地下水脱节,最终导致渗漏量并不随地下水开采而增加。

这些假设及观测结果，需要进一步实验和机理分析证实。

5.4 黄河渗漏量计算分析

黄河下游悬河段是地上悬河，水位终年高出两岸平原地区地下水位，且直接与滩地浅层含水层相连，所以黄河水居高临下，源源不断地侧渗补给地下水。这种地质条件决定了该区地下水径流、补给和排泄的鲜明特征。在综述以往工作的基础上，提出该研究拟采用的技术方案，并开展详细的数据分析和讨论。

5.4.1 计算分析方案

5.4.1.1 方法比选

同位素法、水量平衡法、解析法、电模拟法和数值模拟法等都是研究地下水的重要方法[210-214]，已有学者分别将这些方法应用于黄河水侧渗分析中，并获得了一些认识。

同位素技术自 20 世纪 50 年代被引入到水循环研究领域以来，在对地下水系统的水循环特征、不同含水层系统间的水力联系和转化关系的研究上发挥了重要作用。同位素法是根据稳定同位素的分馏原理和放射性同位素的衰变原理，通过分析地下水的同位素特征，来对地下水的补给、运移、滞留、排泄过程进行研究。吉林大学环境与资源学院在查明研究区内水文地质条件、水文地球化学和水动力条件基础上，于 2000 年 8 月（雨季）和 2001 年 4 月（旱季）在河南省内垂直黄河的 4 个剖面（郑州剖面、新乡剖面、开封剖面、濮阳剖面）上及山东省内取样，取样点为 53 个，其中潜水样点 30 个，承压水样点 14 个，黄河水样点 9 个，共取水样 67 件，分析项目包括 D、^{18}O、^{3}H 等，获得了在空间和时间上的分布规律，认为黄河水与地下水水力联系密切，并确定了黄河对地下水的影响范围，同位素技术在水循环中有标记性和计时性的特点。不同的同位素在水循环示踪上均各有一定局限，开展黄河侧渗影响研究需要多种同位素方法联合运用。

水量平衡法也叫断面测流法或动水法，属于间接计算河道渗漏量的一种方法，是通过测量上、下游两个测流断面间的流量差来计算河道的渗漏量。水量平衡法简单、直观，但精度比较低，其原因在于没有考虑降水补给和蒸发损失。若进一步提高精度，则需要考虑黄河大堤内由降水形成的径流补给和水面蒸发损失。水量平衡法一般用在对精度要求比较低的研究工作中。

解析法是河渠渗漏研究的常用方法，一维渗流模型是进行渗流研究的基本模型，达西定律是地下水渗流计算的理论基础。解析法在渗漏损失机理、结果表达方面是相对精确的，但渗透系数的空间变异性大，初始条件和边界条件严格，推导这些公式时都做了一些简化和假设。这些理想状况在实际中是很少见的，但解析法可以从理论上探讨黄河侧渗的一些规律，有助于进一步认识黄河侧渗的特征和建立合理的黄河侧渗运动模型。图 5-4 为解析法采用的黄河一维渗漏模型，其

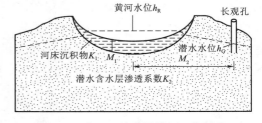

图 5-4 黄河一维渗漏模型（解析法）

中，黄河下渗率可表示为

$$Q_R = WL \, q_R = K_{等效} WL \frac{h_R - h_G}{\Delta L} = \frac{h_R - h_G}{s} \tag{5-1}$$

$$s = \frac{\Delta L}{K_{等效} WL} \tag{5-2}$$

式中：Q_R 为黄河渗漏补给地下水的水量，m^3；W 为河段水面宽，m；L 为河段长度，m；q_R 为黄河河水下渗率，即单位面积单位时间黄河水补给地下水的水量，m/d；$K_{等效}$ 为垂直于河床沉积物与含水层层面的等效渗透系数，m/d；h_R 为黄河水位，m；h_G 为长观孔的地下水位，m；ΔL 为黄河渗漏补给地下水的路径长度，取黄河至长观孔的距离，即 $M_1 + M_2$，m；s 为渗透阻力系数，d/m^2。

图 5-4 中 K_1、K_2 分别为河床沉积物和潜水含水层的垂向、水平渗透系数，M_1 为河床沉积物的平均厚度，M_2 为透过河床沉积物的河水在潜水含水层中渗流至长观孔所经过的路径长度，取为河床沉积物底板至长观孔的距离。垂直于河床沉积物与含水层层面的等效渗透系数 $K_{等效}$ 则可采用如下公式计算得到

$$K_{等效} = \frac{M_1 + M_2}{\dfrac{M_1}{K_1} + \dfrac{M_2}{K_2}} \tag{5-3}$$

一维渗流可以从理论上探讨黄河侧渗的一些规律，有助于认识黄河侧渗的特征，但不能反映黄河侧渗的实际情况。黄河下游水位终年高出两岸平原地区地下水位，且直接与滩地浅层含水层相连，黄河水源源不断地侧渗补给地下水，这种地质条件决定了该区地下水流动具有三维流的特征，因此用三维流刻画黄河侧渗运动，才能真实地反映黄河侧渗的水流运动特征。

在现代计算机问世及未被广泛应用以前，电模拟法曾经是研究地下水问题最重要的方法之一，电模拟法解决了"二元结构"二维流的数学模型求解需进行大量复杂计算的问题，且该法的误差一般不超过 10%。该方法是以电网络的性能方程模拟数学方程，通常用电流、电压、电阻等来代表与其有相似性的变量。20 世纪 80—90 年代，中国地质科学院水文地质工程地质研究所曾采用 NW-1 型 R-网络混合计算机模拟了黄河水侧渗渗流的状态。在 R 网络模型中，只要给出定解条件、边界条件，即可模拟出各网络节点的地下水位。由信息反馈出的渗流量就是黄河水侧渗补给地下水的渗流量。随着现代计算机的发展和广泛应用，地下水数值模拟技术得到了广泛应用。1990 年以后，地下水模拟软件一般都具有可视化功能，黄河下游沿岸的水文地质环境复杂，三维地下水数值模拟模型可以详细描述该地区含水层系统的复杂三维边界条件、水面蒸发损失、初始条件，也可以考虑含水层、水位、补给等参数的空间变异性和随时间的变化，更接近实际情况。

5.4.1.2　技术路线

黄河侧渗的影响范围即黄河对地下水影响带，包括平面和垂向两方面。平面是指黄河水补给地下水的距离和平面范围；垂向是指与黄河侧渗补给量相关的地下水的循环深度。该研究主要采用解析法建立一维渗流模型计算黄河下游渗漏量，针对灌区所在关键断面建

立三维地下水流数值模型，依据各类相关勘察成果划定黄河侧渗影响范围和各分区参数赋值，使建立的模型能更准确地定量描述研究区地下水系统。图5-5给出通过分析黄河下游河水渗漏补给得到沿河灌区地下水过程及其变化趋势。

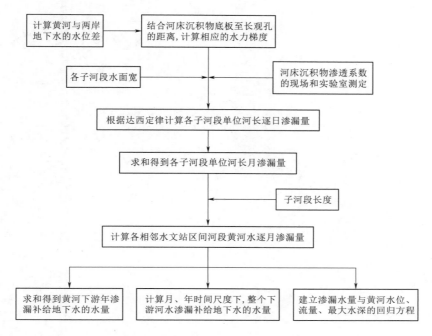

图5-5 黄河沿岸地区地下水动态计算分析工作流程图

该研究在分析黄河下游自然地理、水文地质条件的基础上，采用研究时段内各水文站水位资料、两岸距离黄河较近的长观孔地下水位资料，计算各水文站点附近堤内外水位差，并将计算结果概化至各子河段，结合各子河段的长度、河床沉积物厚度、等效渗透系数等信息，应用河道渗漏计算模型计算黄河下游河段的月、年渗漏耗水量。

需要说明的是：

（1）对黄河侧渗量进行计算时，需要首先确定侧渗的影响范围。黄河侧渗影响带的范围一般根据地下水流场特征、地下水动态特征进行分析和判断，也可以通过地下水化学、环境同位素特征分析等来进行确定，图5-6为黄河侧渗影响范围。

（2）利用数值模拟软件建立三维地下水流数值模型时，需根据水文地质条件对不同含水层划分参数进行分区，并依据各类相关勘察成果给各分区参数赋初始值，通过拟合同时期的流场和长观孔的历时曲线，识别水文地质参数、边界值和其他均衡项，使建立的模型能更准确地计算黄河侧渗量及预测其变化趋势。

1. 一维渗流分析模型

黄河渗漏补给地下水的水量大小不仅与黄河水位、地下水位的高低有关，而且与黄河河床沉积物及浅层含水层的岩性有关。在黄河不断流的情况下，河流渗漏补给地下水为饱和运动，利用解析法，根据地下水动力学的基本定律——达西定律计算黄河下游渗漏量，

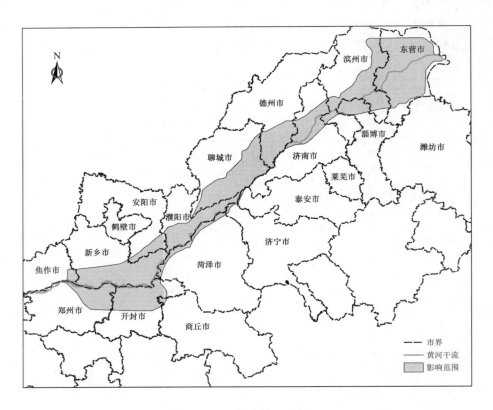

图 5-6　黄河侧渗影响范围

黄河下渗率见式（5-1）和式（5-2）。等效渗透系数由式（5-3）计算得到。

2. 三维数值分析模型

对于黄河侧渗影响带内的非均质各向异性含水介质及多层空间三维结构与非稳定性质的地下水流系统，可用如下微分方程的定解问题来描述：

$$
\begin{cases}
\dfrac{\partial}{\partial x}\left(K_x\dfrac{\partial h}{\partial x}\right)+\dfrac{\partial}{\partial y}\left(K_y\dfrac{\partial h}{\partial y}\right)+\dfrac{\partial}{\partial z}\left(K_z\dfrac{\partial h}{\partial z}\right)+\varepsilon=S\dfrac{\partial h}{\partial t}\,(x,y,z\in\Omega;t\geqslant0)\\[2mm]
K_x\left(\dfrac{\partial h}{\partial x}\right)^2+K_y\left(\dfrac{\partial h}{\partial y}\right)^2+K_z\left(\dfrac{\partial h}{\partial z}\right)^2-\dfrac{\partial h}{\partial z}(K_z+p)+p=\mu\dfrac{\partial h}{\partial t}\,(x,y,z\in\Gamma_1;t\geqslant0)\\[2mm]
h(x,y,z)\big|_{t=0}=h_0(x,y,z)\,(x,y,z\in\Omega;t\geqslant0)\\[2mm]
h(x,y,z,t)\big|_{\Gamma_1}=h_1(x,y,z)\,(x,y,z\in\Gamma_1;t\geqslant0)\\[2mm]
K_n\dfrac{\partial h}{\partial\vec{n}}\bigg|_{\Gamma_2}=q(x,y,z,t)\,(x,y,z\in\Gamma_2;t\geqslant0)\\[2mm]
K_n\dfrac{\partial h}{\partial\vec{n}}-\dfrac{h-h_3}{\sigma}\bigg|_{\Gamma_3}=0\,(x,y,z\in\Gamma_3;t\geqslant0)
\end{cases}
\tag{5-4}
$$

式中：K_x、K_y、K_z 分别为 x、y、z 方向的渗透系数；ε 为含水层的源汇项，$1/\text{d}$；S 为自由水面以下含水层的储水系数，$1/\text{m}$；h 为地下水位，m；Ω 为渗流区；p 为潜水面的

蒸发和降水等，$1/d$；μ 为潜水含水层给水度；h_0 为含水层的初始水位，m；Γ_1 为渗流区域的上边界，即地下水位的自由表面；h_1 为上边界自由表面的水位，m；K_n 为边界面法向渗透系数，m/d；$\vec{n}$ 为边界面的法线方向；Γ_2 为渗流区域的下边界；q 为下边界的面流量，m^2/d；h_3 为黄河水位，m；σ 为河流底部淤积层的阻力系数，$\sigma = L/K_s$，其中 L 为底部淤积层的厚度，K_s 为河流底部淤积层的渗透系数，m/d；Γ_3 为渗流区域的侧向（含河流侧补）边界。

5.4.2 关键参数选择

5.4.2.1 渗透系数

渗透系数 K，也称水力传导系数，是一个重要的水文地质参数。渗透系数越大，岩石的透水能力越强。渗透系数不仅取决于岩石的性质（如粒度、成分、颗粒排列、充填状况、裂隙性质及其发育程度等），而且与渗透液体的物理性质（容重、黏滞性、温度等）有关。空隙大小对 K 值起着主要作用，颗粒越粗，透水性越好。表5-1和表5-2分别为不同地层岩性、松散岩石的渗透系数经验值。

表5-1 不同地层岩性的渗透系数经验值

地层岩性	渗透系数 $K/(m/d)$	地层岩性	渗透系数 $K/(m/d)$
重亚黏土	<0.05	中砂	10～35
轻亚黏土	0.05～0.1	粗砂	25～50
亚黏土	0.1～0.25	极粗的砂	50～100
黄土	0.25～0.5	砾石夹砂	75～150
粉土质砂	0.5～1	带粗砂的砾石	100～200
粉砂	1～5	漂砾石	200～500
细砂	5～10	圆砾大漂石	500～1000

表5-2 松散岩石的渗透系数经验值

松散岩石	渗透系数/(m/d)	松散岩石	渗透系数/(m/d)
亚黏土	0.001～0.1	中砂	5～20
亚砂土	0.1～0.5	粗砂	20～50
粉砂	0.5～1	砾石	50～150
细砂	1.0～5	卵石	100～500

渗透系数表征土渗透性的强弱，是计算渗流量和刻画地下水动力场必不可少的参数。对于砂土、砂粒含量较高的黏性土以及水力坡降较小时的粗粒土，渗透系数变化范围很大，一般为 $10 \sim 10^{-9}$ cm/s，相应地，渗透系数的测定应采用不同的方法。本节总结给出黄河下游土的渗透性和渗透系数 K 的求取方法及测量范围，见表5-3。

表 5 - 3　　　　　　　　　土的渗透性和渗透系数 *K* 的求取方法及测量范围

渗透系数/(cm/s)	渗透系数/(m/d)	渗透性	土的种类	直接法		间接法
10	8640	高	干净的砾	现场抽水实验	特殊的变水头实验	根据粒径分布计算（适用于干净的砂砾）
1.0	864					
1×10^{-1}	86.4					
1×10^{-2}	8.64	中	干净砾及砂砾		常水头实验	
1×10^{-3}	0.864					
1×10^{-4}	0.0864	低	极细砂、粉土、砂、黏土-粉土混合物及层状黏土等	现场注水实验	变水头实验	
1×10^{-5}	0.00864					
1×10^{-6}	0.000864	非常低			特殊的室内渗透实验	根据固结实验结果计算
1×10^{-7}	0.0000864					
1×10^{-8}	0.00000864	实质不渗水	不透水土，如风化的均质黏土			
1×10^{-9}	0.000000864					

5.4.2.2　计算分区

　　按照在同一子河段内应具有河道形态基本均匀、河床沉积物基本处于同一地质单元，每个子河段都应包含一个干流水文站的原则，以两相邻水文站的中点断面作为子河段范围的界定标志，将花园口—利津河段分解为 7 个子河段。取两相邻水文站中点断面处附近的水位作为子河段的河道内水位，距黄河最近的长观孔的地下水位作为子河段的地下水位，中点断面实测水面宽作为子河段的水面宽，中点断面处的等效渗透系数作为子河段的等效渗透系数。经边界概化后，各子河段的河床沉积物渗透系数及长度见表 5 - 4。

表 5 - 4　　　　　计 算 分 区 结 果

子河段编号	渗透系数/(m/d)	子河段长/km
1	0.64	59.0
2	0.47	94.5
3	0.34	100.5
4	0.29	96.5
5	0.24	85.5
6	0.24	141.0
7	0.24	191.0

5.4.3　计算结果分析

5.4.3.1　黄河径流影响范围与程度

　　首先，根据水文地质特点分析；然后，利用地下水数值分析模型获得地下水流场分布情况；最后，计算各子河段的渗漏耗水量，子河段渗漏耗水量之和即为整个黄河下游河段的渗漏耗水量。图 5 - 7 为黄河侧渗影响带水文地质边界条件。图 5 - 7 所示，黄河径流对河南段的地下水位影响较山东段更为明显。①郑州剖面，黄河下游河南段侧渗影响带宽度南岸约为 10.0km，北岸约为 13.4km，北岸由于是古河道主流带，颗粒相对南岸要粗，渗透系数较大，范围相对较大。②中新剖面，黄河影响带范围南岸约为 14.4km，北岸约为 24.0km。③开封剖面，同位素数据是粗糙的，因为取样点分布太稀，但地下水流场特征明显，南岸约为 18.9km，北岸约为 26.2km。④濮阳剖面，黄河影响带范围约为 19.2km。

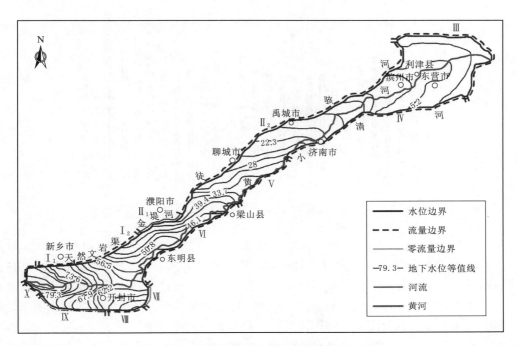

图 5-7 黄河侧渗影响带水文地质边界条件

图 5-8 为 1991—2016 年花园口断面径流量。图 5-8 显示，1991—2016 年间，花园口断面年均径流量达到了 249.3 亿 m³。其中，2012 年的年径流量最大，达到了 388 亿 m³；1997 年的年径流量最小，仅有 142.5 亿 m³，最大年径流量是最小径流量的 2.72 倍。

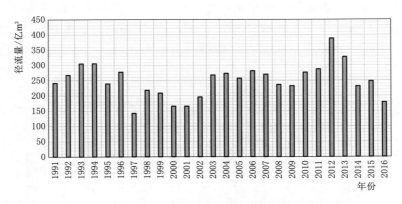

图 5-8 1991—2016 年花园口断面径流量

选取研究时段为 1991—2016 年，研究黄河下游花园口—利津河段多年平均渗漏耗水量。黄河下游花园口—利津河段多年平均渗漏耗水量为 8.223 亿 m³。黄河下游花园口—利津河段各年渗漏耗水量见图 5-9。

由图 5-9 可以看出，2012 年的渗漏耗水量最大，为 11.27 亿 m³，1997 年的渗漏耗

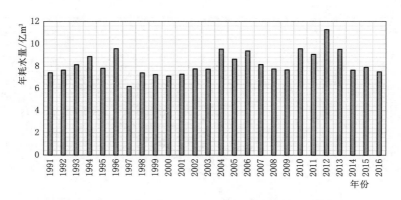

图 5-9　黄河下游花园口—利津河段各年渗漏耗水量

水量最小，为 6.18 亿 m³，最大耗水量为最小耗水量的 1.82 倍，年均渗漏耗水量为 8.223 亿 m³。研究时段内，花园口站实测年均径流量为 249.3 亿 m³，说明下游来水量的 3.29% 消耗于渗漏水量。因此，花园口站实测径流量与下游渗漏耗水量的年际变化过程相对应，但并不完全一致，这是由于下游河道水量除蒸散发与渗漏耗水外，还有人类活动因素的影响。研究认为，黄河下游河道沉积物及含水层的岩性对渗漏耗水量影响不大，渗漏耗水量主要受来水量的影响；当来水量变化不大时，人类活动因素的影响将导致河道水量减少，下游年渗漏耗水量也将会发生变化。

　　图 5-10 为花园口—利津河段月均渗漏耗水量。图 5-10 显示，1991—2016 年黄河下游 8 月的平均渗漏耗水量最大，为 0.947 亿 m³，占年均值的 11.5%。2 月的平均渗漏耗水量最小，为 0.447 亿 m³，占年均值的 5.5%。最大月均渗漏耗水量是最小月均渗漏耗水量的 2.12 倍。黄河下游 8 月月均来水量为 33.62 亿 m³，是来水最丰的月份，其渗漏耗水量也最大。尽管月均来水量 1 月为 11.12 亿 m³，是来水最枯的月份，但是，2 月两岸工农业引水量比 1 月明显加大，导致沿程进入下游河道的水量减少，这是 2 月渗漏耗水量为最小的主要原因。在来水较枯的月份，人类活动是渗漏耗水量发生变化的主要因素。

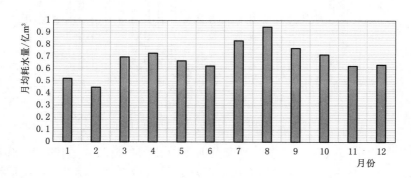

图 5-10　花园口—利津河段月均渗漏耗水量

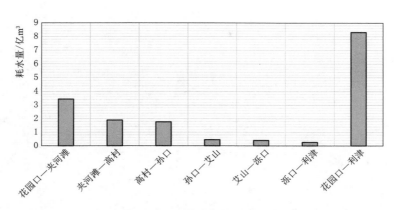

图 5-11 黄河下游河段各区间年均渗漏耗水量沿程变化

图 5-11 为黄河下游河段各区间年均渗漏耗水量沿程变化。由图 5-11 可知，在下游各区间的年均渗漏耗水量中，花园口—夹河滩区间达到 3.438 亿 m³，为最大值。这是因为泥沙进入黄河下游宽浅游荡性河段以后，粗颗粒泥沙绝大部分淤积在该区间，河床沉积物颗粒粗，孔隙率较大，为渗漏提供了有利的条件。越向下游，河床沉积物颗粒越细，孔隙率越小，越不利于渗漏，泺口—利津区间年均渗漏耗水量最小，仅为 0.258 亿 m³。最大区间年均渗漏水量是最小渗漏水量的 13.3 倍。

高村水文站为黄河下游水量调度省际断面，花园口—高村区间年均渗漏耗水量为 5.335 亿 m³，占花园口—利津区间多年平均值的 65.0%，也就是说，黄河下游河段的渗漏耗水量主要发生在花园口—高村区间。

5.4.3.2 水位及其他关键因素影响

本书采用地下水数值分析模型对关键断面、河段进行详细分析，以获取黄河河势、径流流量、水位等变化对沿河地区地下水的影响。

1. 径流影响侧渗分析

本书分别在黄河下游山东和河南两省各选择一处断面进行分析，所选择三处断面位置见图 5-12。

图 5-13 为黄河白龙湾河段水位与单宽侧渗量。图 5-13 显示了该断面的 19 次观测数据，该图显示当黄河水位最高为 21.06m，单宽侧渗量值最大，为 1.225 亿 m³；黄河水位最低为 16.56m，单宽侧渗量最小，约为 0.269 亿 m³。进一步，估算出滨州白龙湾河段北岸年渗漏量约为 0.18 亿 m³，南岸年渗漏量约为 0.2 亿 m³，总渗漏量约为 0.38 亿 m³。

图 5-14 为黄河下游山东聊城河段侧渗量。图 5-14 显示 1989 年黄河聊城河段侧渗量最大，达到了 425m³/(m•d)；1997 年黄河聊城河段侧渗量最小，达到了 137.2m³/(m•d)；1986—2016 年，黄河聊城河段侧渗量平均为 297.3m³/(m•d)。

山东滨州、聊城河段分析结果显示，黄河水位越高，单宽渗侧量越大，则渗漏补给量越大，反之亦然。这种关系离黄河越近越明显。当黄河水位增高到一定程度时，侧渗量逐渐趋于稳定状态，即达到最大渗漏补给能力。黄河水位与观测孔水位之差越大，黄河单宽

图 5-12 选择断面位置

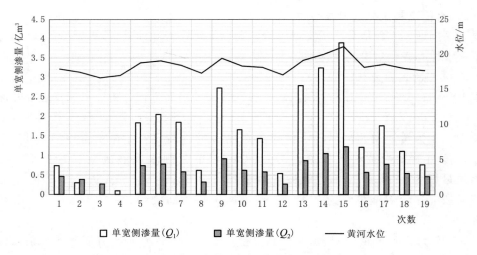

图 5-13 黄河白龙湾河段水位与单宽侧渗量

侧渗量越大，即渗漏补给量越大，反之亦然。不过黄河水位上升（或"下降"）及变化速率对黄河渗漏的影响是不尽相同的，图 5-15 和图 5-16 分别给出了黄河下游河南温县段黄河水位下降、升高变化对黄河渗漏量的影响结果。

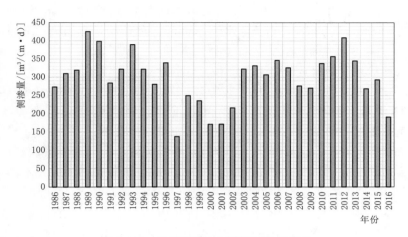

图 5-14 黄河下游山东聊城河段侧渗量

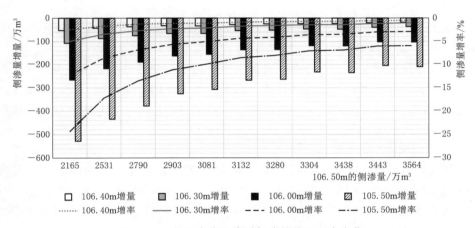

图 5-15 黄河水位下降时侧渗补给地下水变化

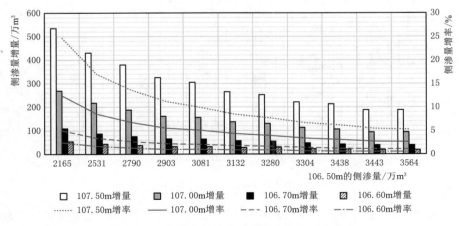

图 5-16 黄河水位升高时侧渗补给地下水变化

由图 5-15 可以看出，在黄河水位下降时，不同黄河水位的侧渗量增量值均为负数。以黄河水位为 106.50m 为基准，当黄河水位 106.50m 处侧渗量增加时，不同黄河水位的侧渗量增量值和增率都逐渐增加并趋于稳定。其中，106.40m、106.30m、106.00m、105.50m 处的侧渗量平均增量值分别为 -30.72 万 m^3、-61.72 万 m^3、-155.09 万 m^3、-308.27 万 m^3，平均增率分别为 -1.07%、-2.16%、-5.43%、-10.78%。当 106.50m 处侧渗量相同时，随着黄河水位的下降，侧渗量增量值逐渐减小，其中 106.40m 处侧渗量增量值最大，105.50m 处侧渗量增量值最小。

由图 5-16 可以看出，在黄河水位上升时，不同黄河水位的侧渗量增量值均为正数。以黄河水位为 106.50m 为基准，当黄河水位 106.50m 处侧渗量增加时，不同黄河水位的侧渗量增量值和增率都逐步减小并趋于稳定。其中，107.50m、107.00m、106.70m、106.60m 处的侧渗量平均增量值分别为 300.09 万 m^3、151.36 万 m^3、61.81 万 m^3、30.63 万 m^3，平均增率分别为 10.56%、5.32%、2.16%、1.06%。当 106.50m 处侧渗量相同时，随着黄河水位的上升，侧渗量增量值逐渐增大，其中 107.50m 处侧渗量增量值最大，106.60m 处侧渗量增量值最小。结果表明，在黄河水位下降到 106.40m 时，黄河对地下水的侧渗补给减少，侧渗量的减少不是很显著，但是当黄河水位下降 1m（105.50m）时，其侧渗量减少了 3391 万 m^3。

总体上看，黄河水位的下降会引起黄河对两侧地下水侧渗补给量的减少，沿黄两岸地下水位将会下降。黄河水位升高时，黄河侧渗补给地下水的量在增加，但是其增加率明显降低，也就是说，随着黄河水位的升高，地下水位有升高的趋势，其侧渗补给量相应的有所减少。

2. 断流影响侧渗分析

黄河断流对周边地下水补给影响很大。20 年前黄河下游经常发生断流，黄河最下游的水文站——利津水文站测得的数据显示，从 1972 年开始到 1996 年的 25 年间，有 19 年黄河都出现了断流现象，平均 4 年 3 次断流，1987 年后出现了全年，甚至连年现断流。图 5-17 总结给出不同断流情况下的黄河侧渗分析结果。

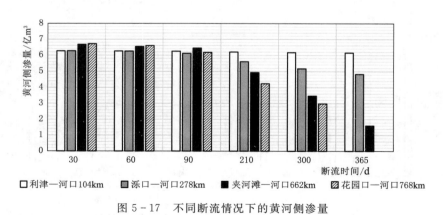

图 5-17　不同断流情况下的黄河侧渗量

图 5-17 显示，①花园口—河口段：全年断流时黄河下游河段无侧渗补给；断流 300 天时，黄河侧渗量较现状年减少了 52.25%。②夹河滩—河口段：全年断流时黄河侧渗量

较现状年减少了 74.4%；断流 300 天时减少了 44.5%。③泺口—河口段：全年断流时黄河侧渗量与现状年相比减少了 22.58%；断流 300 天时减少了 17.06%；断流 90 天时减少了 2%。④利津—河口段：由于该河段地层渗透性小，黄河水位与地下水位差值较小，且随着距入海口越来越近，黄河水位与地下水位差值越来越小，直到趋于零。因此，该河段黄河侧渗量很小，该段全年断流，整个悬河段侧渗量较现状年仅减少了 1.5%，对整个悬河段侧渗量影响不大。

前期长时间的断流是造成堤外地下水位下降的一个直接原因。当汛期河道内有水流通过时，就会加大河道内水位与大堤以外地下水之间的水位差。若汛期来水量较丰，渗漏耗水量较常年偏多；若汛期来水量较枯，渗漏耗水量就会较常年偏少。1996 年利津站断流时间共计 136 天，当年汛期来水量丰沛，花园口站实测年径流量为 277.2 亿 m³，虽然 1996 年下游断流相当严重，但渗漏耗水量仍最大。1997 年是黄河下游有资料记录以来断流最严重的一年，利津站断流 226 天，断流河段长度占花园口以下河长的 91% 左右。花园口站实测年径流量仅为 142.5 亿 m³，汛期来水量枯，所以 1997 年渗漏耗水量最小。

3. 地下水开采影响侧渗分析

不同的部门（地质、水文、河道管理部门等）或研究者由于观测技术或手段、实验及采样方法的不同，还有统计、观测时段等不同，给出相关数据可能会不同、甚至有较大差异。本节将已有数据进行归一化处理，在此基础上分析地下水开采、黄河侧渗等因素相关关系。图 5-18 给出河南进行地下水水源开采 10 年间黄河渗漏及增加量。

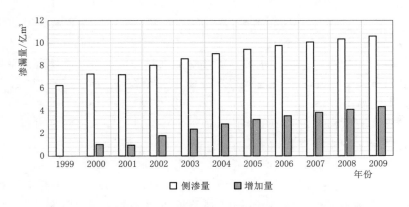

图 5-18　河南地下水开采 10 年间的省域内渗漏量及增加量

图 5-18 显示，1999—2009 年，黄河侧渗量逐步增高，且增加的速度也越来越快。黄河侧渗量已经从 1999 年的 6.24 亿 m³ 增加到了 2009 年的 10.58 亿 m³，侧渗量的平均值为 8.77 亿 m³；2009 年黄河侧渗量增加量也达到了 4.34 亿 m³，达到了 1999—2009 年的最高值，年均增加值为 2.53 亿 m³。黄河下游河南境内 690km 河岸地带，地下水开采量约为 20 亿 m³/a，其中黄河侧渗量约占 60%。扣除天然状态下河水对地下水的补给量（12m³/s），当地下水资源开采量达到 20 亿 m³/a 时，新增加的河水补给地下水量约为 26m³/s，相当于花园口断面黄河多年平均流量（1832m³/s）的 1.4%，多年最小月（2 月）平均流量（716.6m³/s）的 3.6%。可以认为，大规模傍河开采地下水，将会增加

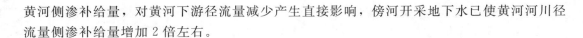

黄河侧渗补给量，对黄河下游径流量减少产生直接影响，傍河开采地下水已使黄河河川径流量侧渗补给量增加2倍左右。

5.5　本章小结

引黄灌区水循环主要体现在当地降水、黄河水与地下水之间的相互转化，地下水位动态变化是灌区水均衡的外部表现，也是衡量水资源开发利用合理与否的重要标志。黄河水是沿河周边地区地下水侧渗补给的源流，黄河下游"地上悬河"的形态为地下水侧渗补给提供了动力，多孔介质地层结构提供了渗透演化的地质环境。本章重点分析了黄河下游沿河地区的地下水侧渗补给过程，主要结论和认识如下：

（1）黄河下游引黄灌区所在地区多是以黄河水为补给源，黄河水在多孔介质含水层中赋存、运移、汇源为沿河地区的地下水。地下水位在引黄灌区用水中具有"指向标"作用，过高和过低的水位均不利于灌区农业生产，本章研究和掌握了黄河水转化为地下水的过程规律，该工作对于沿黄灌区农业节水挖潜及地下水资源评价具有重要科技支撑作用。

（2）本章选取1991—2016年花园口、夹河滩、高村、孙口、艾山、泺口、利津这7个水文站的黄河实测日平均水位、离黄河较近的长观孔逐月地下水位资料，计算黄河水位与地下水位的水位差，进而结合河床沉积物底板至长观孔的距离，计算相应的水力梯度。然后由达西定律计算黄河各子河段的下渗率，最后结合水面宽、子河段长度资料，计算整个下游河水渗漏补给地下水的水量。计算得出每年黄河下游渗漏补给地下水水量为6.0亿～10.0亿 m^3。

（3）黄河水对地下水的侧渗补给宽度、补给强度具有从上游到下游逐渐变小、北岸大南岸小的变化规律，并运用多种方法求得黄河侧渗补给宽度上游为7～9km，下游为3～5km，补给强度上游为3.75 $m^3/(d·m)$，下游为0.63 $m^3/(d·m)$。利津—河口段由于该河段地层渗透性小，黄河水位与地下水位差值较小，且随着距入海口越来越近，黄河水位与地下水位差值越来越小，直到趋于0。

（4）黄河水位的高低对黄河侧渗补给的影响很大。

1）黄河水位下降导致黄河对两侧地下水侧渗补给量的减少，沿黄两岸地下水位会出现下降。在黄河水位升高时，黄河侧渗补给地下水的量在增加，但是其增加率明显降低，说明随着黄河水位的升高，地下水位有升高的趋势，其侧渗补给量相应的有所减少。

2）黄河水位越高，单宽渗侧量越大，则渗漏补给量越大，反之亦然。这种关系离黄河越近越明显。当黄河水位增高到一定程度时，侧渗量逐渐趋于稳定状态，即达到最大渗漏补给能力。黄河水位与观测孔水位之差越大，黄河单宽侧渗量越大，即渗漏补给量越大，反之亦然。

（5）黄河年内径流变化对侧渗补给亦有重要影响。汛期河道内流量较大，河道内水位与大堤以外地下水之间的水位差就会变大。若汛期来水量较丰，渗漏耗水量较常年偏多；若汛期来水量较枯，渗漏耗水量就会较常年偏少，耗水量最小。

（6）黄河断流对周边地下水补给具有较大影响，而且断流时间越长对黄河侧渗量的影响越大，断流 90 天减少了 2％，断流 300 天时减少了 17.06％。黄河下游河段断流 300 天时，花园口—河口段黄河侧渗量减少了 52.25％，夹河滩—河口段减少了 74.4％；泺口—河口段减少了 22.58％。

（7）大规模傍河开采地下水，将大大增加黄河侧渗补给量，对黄河下游径流量产生明显影响。初步分析表明，傍河开采地下水使黄河河川径流量侧渗补给量增加 2 倍左右。

第6章

黄河下游引黄灌区的节水潜力评估

我国将节水作为解决农业水资源危机以及粮食危机的首要途径。节约用水的含义并不是单纯消减用水量，而是强调合理和高效用水。根据水资源状况和农业需水规律所实施的灌溉可以有效节水并提升灌溉水利用率[215]。本章在深入分析灌区水循环特征的基础上开展节水潜力评估，提出综合配置措施以有效提升黄河下游引黄灌区的灌溉水利用率。

6.1 灌区水循环机制及其解析方法

水循环系统一般包括大气圈水循环、地表水循环、土壤水循环和地下水循环等子系统，而灌区水循环主要研究与农业关系最为紧密的由地表和浅层地下水循环系统组成的水循环系统[216-217]，其循环机制主要体现在在一定的降水条件下，地表水与地下水之间的相互转化[218-219]。土壤作为农作物生长所需养分和水分的补给库，土壤水分条件对作物的生长有着非常重要的影响[220]，而土壤水主要来自灌溉、降雨和地下水补给[221-223]。潜水蒸发是水循环的一个重要环节，地下水的补给通过潜水蒸发来实现，特别是在地下水浅埋地区，潜水蒸发是区域蒸散发的主要水分来源之一[224-225]。

6.1.1 灌区内的水循环运行机制

灌区水循环系统是在自然水循环的基础上，增加以灌溉作物为目标的"蓄水—引水—用水—入渗/排水"和"抽水—用水—入渗/耗散"两条地表—地下人工水量移动路线，构成"自然—人工"二元水循环系统，引黄灌区水循环系统概化见图6-1。也就是说，灌区水循环受自然因子和人类活动因子的共同作用，其中气候变化和人类社会用水变化的影响作用最为显著。

在自然因素和人为因素的共同作用下，灌区水循环系统的基本输入项有天然降水、渠

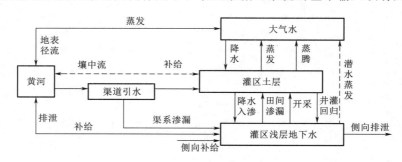

图6-1 引黄灌区水循环系统概化图

首引水及侧向径流补给，基本输出项为侧向径流排泄和蒸发。天然降水和渠首引水是灌区水循环系统最重要的输入项，它们分别代表着自然或人工水循环路线；而蒸发是水循环系统的重要输出，但是蒸发水量主要来自降水和地面的灌溉水，由于埋深较大，地下水直接蒸发量很少。

虽然地下水的生态功能不可忽视，地下水位动态变化对农业安全用水具有重要的影响，水位过高或者过低均不利于灌区用水安全。以引黄灌区为例，灌区可利用的水源除天然降水外，主要还有渠首黄河引水和机井开采的地下水，这些水在自然因素和灌溉活动的共同影响下进行循环转化，渠井结合灌区水循环主要体现在一定降水条件下地表水和地下水之间的循环转化，系统外部影响因子通过补给、径流、排泄、蒸发等水文过程产生作用，并最终表现于地下水位动态的变化。如果大力发展地表水灌溉，大量的渠系和田间渗漏水将对地下水产生强烈的补给，数年后可使地下水位明显上升。地下水位超过一定高度后，潜水无效蒸发加大，水资源利用率降低，并会导致土壤次生盐碱化、涝渍等灾害，严重影响灌区粮食生产和农业生态环境安全。

20 世纪 70—80 年代的关中地区的泾惠渠灌区、宝鸡峡灌区和现在的河套灌区、惠农渠灌区均出现了这样的问题。相应地，如果大力开发地下水，过度抽取地下水灌溉，打破地下水补排平衡，机井竞争加剧，则会导致地下水位持续下降，降落漏斗扩大，并产生地裂缝、地面沉降、抽水费用增加等问题，同时还可能影响地表植被生长和生态环境健康。泾惠渠灌区、宝鸡峡灌区现在正在面临这样的问题。同样的，引黄灌区中也应合理配置地表和地下灌溉水量，调控地下水位在多年平均水平上保持在合理的范围内，以促进灌区的可持续发展。

6.1.2 灌区水循环关键影响因子

影响水循环系统的自然因素包括降水、径流、蒸发和气温等。灌区内人类活动对水循环系统的干扰主要通过种植结构、灌溉用水和灌溉方式的变化来实现，而这些会随着社会经济发展的变化而不断变化，也是人类对灌区水循环进行调节的切入点。农业节水是灌区水循环调控中必不可少的一环，同时也是最重要的一环。

图 6-2 直观展示了灌区农业灌溉用水、本地降雨以及地下水位之间的关联关系。如图所示，当灌溉用水量增加时，会造成蒸腾量的增加，降雨量也会随之增加，同时降雨量的增加，会反过来减少灌溉用水量，同时也会补给地下水，使地下水位升高，但总体的地下水位呈下降趋势，而地下水位的下降，会导致农业灌溉可用水量的减少，造成降雨量减少，地下水位逐渐恢复至原来的水位。反之，如果灌溉用水量减少，会造成地表蒸发量和降雨量的减少，从而会造成地下水位降低，由此影响到浅层地下水对作物的蒸发补给，会造成灌溉用水量的增加，同时降雨量也会增加，地下水位也会得到提高。

农业灌溉技术中，不同灌溉方式的用水量有很大的不同，且会对降雨入渗深度造成影响，从而影响到地下水位。譬如，与传统地面灌溉方式相比，膜下滴灌改变了降雨入渗初始含水率，且在作物不同的生育期，其对降雨入渗初始含水率的影响规律不同。通过不同情景的降雨入渗模拟得到，在初始条件完全相同的情况下，两种方式的降雨入渗深度主要受雨量和时间的影响，在降雨量较小时，膜下滴灌的入渗深度大于地面灌；随着降雨量及

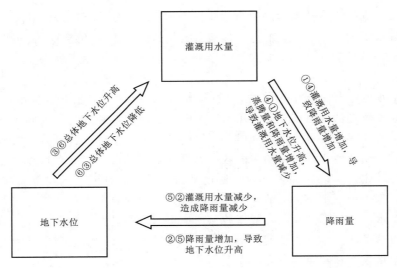

图 6 - 2　降雨量、灌溉用水量、地下水位三者循环关系

时间的增加，两种灌溉方式下的入渗深度逐渐趋于一致。

6.1.3　灌区水循环模拟分析方法

6.1.3.1　农业水资源利用过程模拟

1. 灌区引水过程

灌区引水分为渠灌区引水、井灌区引水和井渠结合灌区引水，见图 6 - 3。对于灌区引水，模型构建在渠灌区设置一条引水干渠，无论灌区是否跨多个子流域，均根据灌区渠系工程图的支渠引水节点位置，从上而下逐个节点进行引水模拟，将水量从支渠分配到各个水循环单元；在井灌区，采用从某水循环单元节点取水的形式，将井灌区的所有井及井群概化到某几个水循环单元，再根据其辐射区域，将井灌水量分配到各个水循环单元，解决地下水模拟计算与井灌区模拟计算的衔接问题。在井渠结合的灌区，由于井灌与渠灌的引水方式均设置为节点，故而只需将上述两个过程同时完成即可。引水模拟的关键计算在于水循环单元灌水量的分配与渠系输水损失计算。

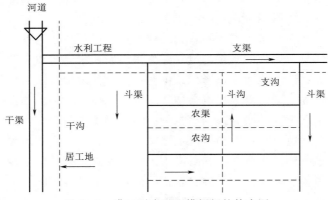

图 6 - 3　灌区引水过程模拟拓扑技术图

2. 农田灌溉过程

灌区农田灌溉是一个受气象条件、灌溉需水量、灌溉可用水量等因素综合影响的过程，特别是，引黄灌区渠首供水不仅是灌区农业，通常还包括灌区所在地区的工业、城市生产和生活用水等。因此，灌区农田实时灌溉模型中考虑灌区类型、非灌区两种单元类型，并根据灌溉水源进一步分为渠灌区、井灌区、井渠结合灌区和雨养农业区，灌区农田实时灌溉模拟分析机制见图 6-4。

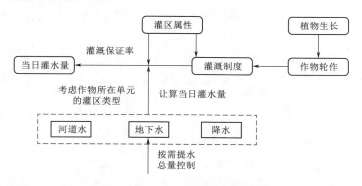

图 6-4 灌区农田实时灌溉模拟分析机制

该模型需要根据不同类型的灌区设定不同的"灌溉保证率"，进一步考虑作物轮作、复种和区域灌溉制度对农田作物灌溉的影响，以降水量、灌区外引水量、当地地表水和地下水灌溉水量等多种水源作为水量控制，实现作物复种条件下的农田灌溉过程模拟。模型的关键是计算每个水循环计算单元的"当日灌水量"（模型计算时间步长为天），它是由单元所在灌区属性、当前灌溉制度和当日可灌总水量决定的。

3. 土壤水过程

该项目为了计算不同下垫面状况对地表径流的蓄存效应，模型在土壤层上考虑设置了地表储流层，根据模拟需要将土壤分为 n 层，采用土壤水模型进行计算，见图 6-5。

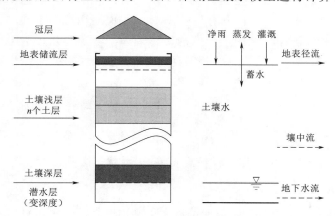

图 6-5 土壤水过程模拟示意图

4. 灌区排水过程

与引水不同的是，灌区排水影响到全流域的产汇流，如何进行排水沟从物理到数学过程的概化是一个关键问题，对于农沟、斗沟、支沟模型概念性的概化到各水循环单元内，体现在排水沟底板高程和渗漏损失上，而排水干沟在每个子流域均设置一条，子流域内属于灌区的单元格按照一定的方式坡面汇流到排水干沟，再通过排水干沟汇到子流域的主河道，而子流域内不属于灌区的单元格，按照天然的方式直接汇到子流域的主河道。这样，在主河道的模拟上需要增加一个排水节点，模拟该断面的水量过程。排水模拟的关键在于水循环单元的排水量计算与排水方式的确定。其中，排水干沟按照一维运动波方法计算排水过程，农田排水的支沟、斗沟、田间排水毛沟等，则基于水量平衡原理来计算其变化过程。

6.1.3.2　主要参变量及边界条件

降水、蒸散发、河道渗漏等都是该模型的输入量、输出量或计算边界，下面给出灌区水循环模型关键因素的确定方法。

1. 降水和入渗

由于降雨是一个随机的过程，通常用随机过程的方法和理论对降雨进行研究，该模型采用灰色马尔可夫 GM（1,1）预测模型预测该年的降雨量。大气降水在下渗补给地下水的过程中受降水时空分布、地表植被覆盖度、水位埋藏深度、地势变化等多种条件影响。根据研究区地层岩性、水文地质资料、地质图、水位埋深等资料确定灌区包气带岩性空间分布和灌区地下水位分布情况，进行降水补给区域划分。该研究所采用的模型采用式（6-1）来计算灌区降水下渗补给浅层地下水量。

$$Q_{降} = 10^{-1} \alpha P \tag{6-1}$$

式中：$Q_{降}$ 为大气降水下渗补给地下水强度，mm/a；α 为降水入渗补给系数；P 为多年平均年降水量，mm。

马尔可夫链可以描绘一个随机变化的动态系统。它根据状态之间的转移概率来推测一个系统未来的发展变化，而转移概率反映了各随机因素的影响程度，反映了各状态之间转移的内在规律性，因此，适合描述随机波动性较大的预测问题。灰色 GM（1,1）预测与马尔可夫概率矩阵预测的优点可以互补，GM（1,1）模型用来揭示预测数据的发展趋势，而马尔可夫概率矩阵预测则用来确定状态的转移规律。灰色马尔可夫 GM（1,1）预测模型是把两者结合起来，该方法大大提高了随机波动性较大数据列的预测精度，为随机波动性较大对象的预测提供一种新方法。

设 $X^{(0)} = (X^{(0)}(1))(X^{(0)}(2))\cdots(X^{(0)}(n))$ 为原始的数据序列，$\hat{X}^{(0)} = (\hat{X}^{(0)}(1))(\hat{X}^{(0)}(2))\cdots(\hat{X}^{(0)}(n))$ 为 GM（1,1）模型求得的拟合序列。令 $\hat{Y}(k) = \hat{X}^{(0)}(k+1)$。对于一个符合马尔可夫链的 $\hat{Y}$，可根据具体情况划分 N 个状态，其任一状态 $\otimes_i$ 可表达为

$$\otimes_i = [\otimes_{1i}, \otimes_{2i}], \otimes_{1i} = \hat{y}(k) + A_i, \otimes_{2i} = \hat{y}(k) + B_i (i = 1, 2, \cdots, N)$$

式中：A_i、B_i 为根据预测值与实测值的偏离大小确定的参数。由于 $\hat{Y}$ 是时间 k 的函数，因而灰元 $\otimes_{1i}$ 和 $\otimes_{2i}$ 也是随时间变化的。

若 $M_{ij}(k)$ 为由状态 $\otimes_1$ 经过 k 步转移到 $\otimes_j$ 的原始数据样本数，M_i 为处于状态 $\otimes_i$ 的原始数据样本数，则称

$$p_{ij}(k) = \frac{M_{ij}(k)}{M_i} \quad (i, j = 1, 2, \cdots, N) \tag{6-2}$$

$p_{ij}(k)$ 为 k 步状态转移概率，记状态转移矩阵为 $R(k)$：

$$R(k) = \begin{bmatrix} p_{11}(k) & p_{12}(k) & \cdots & p_{1n}(k) \\ p_{21}(k) & p_{22}(k) & \cdots & p_{2n}(k) \\ \vdots & \vdots & \vdots & \vdots \\ p_{n1}(k) & p_{n2}(k) & \cdots & p_{nn}(k) \end{bmatrix} \tag{6-3}$$

$R(k)$ 反映了系统各状态之间转移的规律，它是灰色马尔可夫预测模型的基础。通过考察状态转移概率矩阵 $R(k)$，可以预测系统的未来变化趋势。实际应用中，一般只需考察一步转移概率矩阵 $R(1)$ 即可。设预测对象处于 $\otimes_i$ 状态，则考察矩阵 $R(1)$ 中第 i 行，若 $\max\{p_{ij}(1)\} = p_{ij}(1)$，则认为下一时刻系统最有可能由状态 $\otimes_i$ 转向状态 $\otimes_j$。若 $R(1)$ 中第 i 行出现两个以上概率相近或相同时，系统的未来状态转向难以确定，此时，需要考察二步 $R(2)$ 或多步 $R(k)(k \geqslant 3)$ 的转移概率矩阵。同时，通过考察一步或多步转移概率矩阵，确定系统未来的转移状态后，也就确定了预测值的变动区间 $[\otimes_{1i}, \otimes_{2i}]$，最有可能的预测值 $\hat{Y}'(k)$ 可认为是灰区间的中点，即

$$\hat{Y}'(k) = \frac{1}{2}(\otimes_{1i} + \otimes_{2i}) \tag{6-4}$$

由式（6-4）可得 $\hat{Y}'(k) = \hat{Y}(k) + \frac{1}{2}(A_i + B_i)$

2. 蒸散发计算

蒸散发主要包括水面蒸发、裸地蒸发、植被覆盖域蒸散发和不透水域蒸发。其中，①水面蒸发采用 Penman 公式（1948）进行模拟计算。②裸地蒸发采用修正的 Penman 公式（1948）进行计算。③植被覆盖域蒸散发包括土壤蒸发、植被蒸腾、植被截留蒸发，分别采用修正的 Penman 公式（1948）、Penman-Monteith 公式（1973）和 NoilhanPlanton 模型（1989）进行模拟计算。④不透水域蒸发主要根据 Penman 公式计算，并结合降水量、地表（洼地）储流能力和潜在蒸发能力进行模拟计算。

彭曼（Penman）公式是目前国内外水面蒸发量计算的常用模型，水面蒸发是在一定的热力学条件与动力学条件的共同作用下产生的，英国学者彭曼根据水面蒸发的形成机制，通过联解空气动力学方程和能量平衡方程，得出计算水面蒸发量的组合型公式：

$$E = \frac{\Delta R + r E_a}{\Delta + r} \tag{6-5}$$

式中：E 为水面蒸发量，mm；R 为水面辐射平衡值；E_a 为水面附近的空气干燥力；Δ 为饱和水汽压曲线的斜率；r 为干湿球常数。

式（6-5）以 R 和 E_a 的加权平均值作为 E［权重分别为 $\Delta/(\Delta+r)$ 和 $r/(\Delta+r)$］，其物理含义实际是用"热力蒸发"与"动力蒸发"的综合值作为水面蒸发量。由于式（6-5）物理意义明确，而且所包含的水面蒸发诸影响因素的资料易于获得，已成为当前国内外计算水面蒸发量的主要方法。但必须注意到，原型彭曼公式中 R 和 E_a 的计算方法，是依据英国特定的海洋性气候条件下取得的实验资料建立的，而我国绝大多数地方处

在典型的季风气候区内,与原型公式所采用资料的气候背景差异很大,因此,原型彭曼公式不宜在我国应用。我国学者一般采用以下办法修正彭曼公式的原型:

(1)利用布朗特公式或别尔良德公式计算水面有效辐射 F;根据埃斯川姆公式建立计算水面太阳辐射总量 Q 的区域性经验公式;经验估计水面反射率 a 后,由公式 $R=(1-a)Q-F$ 确定水面辐射平衡 R 的数值。

(2)采用 $20m^2$ 蒸发池或漂浮蒸发器的蒸发量与饱和水汽压差及风速等资料,建立以道尔顿模型为基础的半经验公式,用以确定 E_a。

此外,该研究还采用一种使用蒸散发系数计算蒸发排泄量的简化计算方法,计算公式如下:

$$E_{潜}=C×E \tag{6-6}$$

式中:$E_{潜}$ 为潜水蒸发强度,mm/a;E 为多年平均水面蒸发量,mm;C 为潜水蒸发系数。

蒸散发系数与研究区含水层岩性、水位以及植被覆盖率等条件有关。根据灌区提供的水文资料、地下水位实测资料和灌区土壤岩性分布,确定灌区不同岩性和地下水埋深情况下蒸散发系数 C 值,譬如,位山灌区潜水蒸散发系数见表 6-1。

表 6-1　　　　　　　　　位山灌区潜水蒸散发系数

岩性	地 下 水 埋 深 /m							
	0.5	1	1.5	2	2.5	3	3.5	4
亚细砂	0.86	0.61	0.41	0.25	0.13	0.05	0.01	0
粉砂土	0.78	0.53	0.33	0.19	0.09	0.03	0.01	0

地下水在实际蒸散发过程中不仅受气温、风速、土壤岩性等影响,还受地下水位埋深的影响,即当水位降到一定深度时浅层地下水的蒸散发量将会大幅度减小,即存在土壤极限蒸散发深度。根据灌区地下水埋深、岩性、植被覆盖率等相关资料结合灌区蒸散发实验数据和经验数值初步确定灌区潜水极限蒸发深度,见表 6-2。

表 6-2　　　　　　　　　潜水极限蒸发深度数值表

岩性	细砂	黏土质粉砂	粉砂	粉质黏土	砂质黏土
极限蒸发深度/m	2.6	3.5	3.8	4.6	5.8

3. 灌区水资源量

(1)地表水量。地表水资源是指降水形成的地表水体的动态水量,用天然河川径流量表示,国内常用方法为扣损法。扣损法以地表水资源总量为基础,扣除不可利用的地表水资源量,如河道内生态、生产需水量、跨流域调水量和汛期不可利用的洪水量等。扣损法又分倒算法和正算法,其中倒算法在我国南方河流使用较多。

1)倒算法是用多年平均水资源量减去不可以被利用水量和不可能被利用水量中的汛期下泄洪水量的多年平均值,得出多年平均水资源可利用量,是一个倒扣计算过程,可用式(6-7)表示:

$$W_{地表水可利用量}=W_{地表水资源量}-W_{河道内需水量外包}-W_{洪水弃水} \tag{6-7}$$

式中，河道内需水量外包一般为水量的年值。南方河流汛期河道内生态环境及生产需水量与汛期下泄的洪水量具有兼容性，所以汛期一般不考虑河道内生态环境及生产需水量。

2）正算法又叫直接计算法，是根据工程最大供水能力或最大用水需求的分析成果，以用水消耗系数（耗水率）折算出相应的可供河道外一次性利用水量，可用式（6-8）表示：

$$W_{\text{地表水可利用量}} = k_{\text{用水消耗系数}} \times W_{\text{最大供水能力}}$$

或
$$W_{\text{地表水可利用量}} = k_{\text{用水消耗系数}} \times W_{\text{最大供水需求}} \tag{6-8}$$

（2）地下水量。针对引黄灌区，按照灌区地下水来源，分为大气降水补给和黄河侧渗补给，黄河侧渗补给计算方法已在第5章给出。本节主要给出大气降水补给方法。从空间分布上看，大气降水补给属于面上补给；从时间上看大气降水持续时间有限，是间断性的。因此，大气降水的补给受到覆盖层和地层岩性（影响下渗系数）、集水面积、年降水量的共同影响。根据经验公式，大气下渗法计算地下水水量可用式（6-9）：

$$W_{\text{日}} = \frac{1000AFP}{365} \tag{6-9}$$

式中：$W_{\text{日}}$ 为地下水资源量，m^3/d；A 为大气降水渗入系数，取 0.25；F 为地下水入渗区域面积，m^2；P 为区域降水量，mm，采用调查区域气象站发布数据。

6.2　灌区节水潜力分析及计算方法

到目前为止，对节水灌溉与灌区节水虽已开展过大量研究，但有关灌区节水潜力的计算还没有相对固定的或获得一致认可的方法[226-233]。大多数涉及节水潜力的估算，都是从单一的节水灌溉技术出发，计算某单一节水技术下灌溉水利用率的提升幅度。针对黄河下游灌区节水改造的现实需求，本章在对灌溉节水和灌区节水概念解析的基础上，依据节水潜力的概念，以农作物需水量为基础，从灌溉制度优化、种植结构调整、灌溉工程改造等方面，开展引黄灌区节水潜力评估工作。

6.2.1　灌区节水潜力与挖潜原则

节水灌溉也称为高效用水，主要是指在灌溉农业中采取适当的节水技术来挖掘节水的潜力，提高水的利用率和水的利用效率。把节水灌溉仅仅理解为节约灌溉用水是不全面的，节水灌溉应在考虑灌溉的同时把各种可以应用于农业生产的水源，包括地面水、地下水、天然降水、灌溉回归水、土壤水等，都充分、合理地利用起来，采取各种措施提供水的有效利用率。此外，节水措施的实施也是有先后顺序的，首先应当充分利用天然降水满足作物对水的需求，尽量少用或不用人工灌溉补水；其次要优化调配开发利用各种可利用灌溉的水资源；再次是减少输水过程中的损失；最后是减少田间灌水中的损失，提高灌溉水转化为土壤水并为作物吸收利用的效率。

该研究认为灌区节水包括两个层次的含义：通过一定的节水技术措施，直接减少农业用水过程中的水量损失，从而减少对水资源的直接消耗量，这是节水潜力的第一层次，也称为工程性节水潜力。在此基础上，通过施加农艺节水技术措施，提高作物用水向社会需求的农产品转化的效率，使单位用水所产出的农产品数量有明显增加，从而通过提高单位土地的农产品生产能力来减少区域内水资源的总需求量，起到节水作用，这是节水潜力的第二个层次，即农艺节水潜力，主要是通过提高作物水分利用效率而实现的。

所以节水潜力广义上应是在一定区域采取高效节水措施而使应用于农业生产的各种水源减少量的总和。与节水灌溉实施的步骤与层次相对应，灌区节水挖潜计算也应该包括如下几方面考量：

（1）应当充分利用天然降水满足作物对水的需求，尽量少用或不用人工灌溉补水。

（2）要优化调配开发利用各种可利用于灌溉的水资源。

（3）减少田间输水过程中的损失。

（4）减少田间灌水过程中的损失，提高灌溉水转化为土壤水并为作物吸收的比例。

（5）提高作物吸收水分后通过光合作用转化为产量的效率。

6.2.2　作物生长机理及灌溉定额

农作物消耗的水量主要来自灌溉、降雨和地下水补给。灌溉的主要目的是在自然供水不能满足作物正常生长发育需求时为作物提供生长发育所需的水分，从而保证作物能够正常的生长，以获得较好的农产品产出量[234-239]。农田水分消耗的途径主要有植株蒸腾、棵间蒸发和深层渗漏。其中，植株蒸腾和棵间蒸发合称为腾发量，通常腾发量又称为作物需水量。作物需水量是农业用水的主要组成部分。该报告针对黄河下游引黄灌区节水进行初步研究，由于研究区域涉及范围广，数据量大，从作物生长机理，结合节水工程与节水管理等因素，采用前述模拟分析模型制定灌溉定额，并应用于黄河下游引黄灌区的节水潜力评估。

6.2.2.1　定额概念及内涵

定额反映了某种考核指标的平均先进水平，也可作为一种考核指标或衡量尺度。所谓定额，是指在一定的期限内、一定的约束条件下、一定的范围内，以一定的核算单元所规定的某种生产资料的限额（数额）。与灌溉节水相关的定额，有灌溉定额、净灌溉定额、毛灌溉定额、用水定额等，影响定额确定的干扰因素也很多，包括作物种类、水资源条件和地域等。除此，还有灌溉方式等硬影响因素和管理水平等软影响因素，见图6-6。

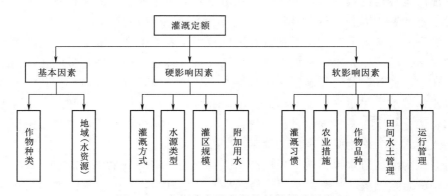

图6-6　定额确定需考虑的关键影响因素

（1）灌溉定额。作物播前及全生育期单位面积的总灌水量，有净定额和毛定额之分，随着节水技术的改进、节水管理水平的提高而变化的管理指标。灌溉定额是规划设计和指导灌溉的依据。

（2）净灌溉定额。依据农作物需水量、有效降雨量、地下水利用量确定的，是满足作物对补充土壤水分要求的科学依据。它注重的是作物需水的科学性。

（3）毛灌溉定额。以净灌溉定额为基础，考虑输水和田间损失后，折算到渠首的亩均灌溉需水量，它遵循灌溉用水在输送、分配过程中发生损失的规律，它还注重灌溉系统运行的科学性。

（4）用水定额。指在一定时期内，用水单位或居民从事某项活动应遵守的用水数量标准，适宜数量表示的一种限额。

从定额的特性来看，可分为 3 种形式，分别为：设计定额，是从设计角度出发，主要为满足用户的需求，其定额一般较宽裕，侧重于"供"；统计定额，经常出现在供用水统计报表或需水预测中，反映的是现状或未来的用水情况；管理定额，是为计划用水和用水管理部门服务的，比较注重于科学性和先进性，侧重于"管"。

6.2.2.2 定额确定的方法

定额确定的方法有多种，包括经验法、统计分析法、类比法、技术测定法和理论计算法，本书的作物灌溉定额通过以下几个步骤来确定：

（1）确定正常生长条件下作物需水量。

$$ET_C = k_C \times ET_0 \qquad (6-10)$$

式中：ET_C 为作物需水量，mm；ET_0 为参考作物需水量，mm；k_C 为作物系数。

（2）确定自然状态下作物缺水量。净灌溉定额是指需要用灌溉等方式来满足作物正常生长的水量。在假定土壤水分不变的条件下，净灌溉需水量等于作物需水量减去有效降水量及作物直接耗用的地下水量，即

$$I_n = ET_C - P_e - Q_r - WS_a \qquad (6-11)$$

式中：I_n 为净灌溉定额，mm；P_e 为有效降水量，mm；Q_r 为地下水补给量，mm，与地下水位、土壤地理等因素有关；WS_a 为非工程措施的节水量，mm。

（3）确定田间灌溉水量。灌溉水从天然状态到被作物吸收并形成产量，有两大环节：第一环节是通过灌溉输配水系统将水引至田间形成土壤水分，这一环节依靠工程措施和田间管理措施实现；第二环节是作物将水分吸收形成干物质，此环节由作物本身的生理实现。这两个环节都存在水分的消耗现象，尤其是第一环节。

由于输水过程中有水的浪费现象，农业灌溉所需的水量要多于净灌溉水量。毛灌溉定额可利用净灌溉定额的各个环节的水分利用率求得，即

$$I_g = I_n / \eta \qquad (6-12)$$

式中：I_g 为田间入水口处的灌溉定额，mm；η 为田间水的利用系数，与各级渠道的大小、长度、流量、渠道工程状况和灌溉管理水平等有关。即在不考虑附加灌溉需水量的情况下，田间入水口处的灌溉定额可用式（6-13）表示：

$$I_g = (k_C \times ET_0 - P_e - Q_r - WS_a) / \eta \qquad (6-13)$$

6.2.2.3　关键参数的确定

在灌溉农业中很多数据都处在动态变化中，随着时间的推移这些数据也在变化。因此，在本书中，重要的数据尽量采用已有的成果，但是相关部分的预测工作也都刚起步，使引用数据受到限制，为了工作的需要，只能在收集资料的基础上，能引用的则引用已有成果，不能直接引用的需要进行详细分析后再确定。

本书需要分析确定的参数大体有以下 4 类：净灌溉定额、灌溉水利用系数、毛灌溉定额、有效灌溉面积。常用的方法是历史资料外延法，外延法可以采用各种数学计算方法：如回归分析法、图解分析法、增长率外延法等。本节以河南典型灌区——位山灌区为例对本书确定上述参数的方法和原则进行说明。

（1）净灌溉定额。农业灌溉净用水定额主要与气候、土壤、农业技术等条件有关，当地气候、土壤植被随着时间的推移变化不显著，而农业技术随着科学技术的发展变化较大，科学技术的发展农作物品种将不断更新换代，抗旱品种的诞生会导致植物的净灌溉定额降低。相应的灌溉面积的不同，计划湿润层厚度不同，次灌水量不同，作物的蒸腾蒸发量将发生变化，有效蒸腾蒸发面积和计划湿润层的不同，将直接影响到农作物净用水定额的变化。根据位山典型灌区的实际情况，分别按农业灌溉类型区、作物类型和灌溉方式等条件，对农作物灌溉的净、毛需水量进行了灌溉用水定额的研究分析，在一定的农业灌溉类型区、作物类型和灌溉方式下，农业灌溉净用水定额可以认为是一定的。

（2）灌溉水利用系数。随着节水投资力度的加大，节水水平的提高，灌溉损失将不断降低，灌溉水利用系数将不断提高。灌溉水利用系数主要与灌区类型、灌溉方式有关。位山典型灌区灌溉水利用系数在 1996—2000 年提高了 7.04％，2000—2010 年灌溉水利用系数的增长率为 14.02％。2010—2020 年灌溉水利用系数的增长率大约为 8.36％；以此为依据，考虑到节水灌溉技术的发展及资金投入的限制等多种因素，灌溉水利用系数增加的幅度会逐渐减小，最后趋于稳定。采用增长率外延法，确定出 2020—2030 年灌溉水利用系数的增长率大约为 7.10％，见表 6-3。这与位山典型灌区农业节水发展研究预测的结果（2020 年、2030 年分别达到 0.65、0.70）基本上一致。

表 6-3　　　　灌溉水利用系数

年　度	2020 年	2030 年
灌溉水利用系数	0.648	0.694

（3）毛灌溉定额。作物的毛灌溉定额主要是根据净灌溉定额和灌溉水利用系数来确定。在一定的农业灌溉类型区、作物类型和灌溉方式下，农业灌溉净用水定额在短时间内可以认为基本是一定的。因此，研究认为毛灌溉定额的数值就只随灌溉水利用系数的变化而变化。在灌溉水利用系数的基础上，表 6-4 给出了规划年位山典型灌区毛灌溉定额（50％）。

表 6-4　　　　　　　　位山典型灌区毛灌溉定额（50％）　　　　　　　单位：m³/亩

作物	小麦	玉米	棉花
2020 年	303	107	196
2030 年	288	92	181

（4）有效灌溉面积。在水土资源、农产品等多种因素的约束下，灌溉面积发展到一定时段，水土资源已充分发挥潜力，便会处于相对稳定的状态，位山灌区便是此种类型。

2010—2020 年期间有效灌溉面积年均提高 0.45%，2020—2030 年期间有效灌溉面积年均提高 0.50%，此后增加速度便放缓，2020 年、2030 年位山典型灌区的有效灌溉面积分别为 449.35 万亩和 471.82 万亩。

6.2.3 灌区节水计算方案与步骤

6.2.3.1 设计思路

本书研究的是相对节水潜力。相对节水潜力是以现状为基准[240-244]，在充分考虑节水的条件下，分析至各水平年指标距离先进用水指标的最大差距，对于灌溉农业，即为农田灌溉净定额可能的最小值与灌溉水利用系数可能的最大值，以此来分析一个时期内用水量可能达到的最大差值。此方法首先以作物需水量为起点，以农作物需水量为基础，预测规划年净灌溉定额和灌溉水利用系数，计算出作物毛灌溉定额，考虑到作物种植比例的变化，得到规划年灌溉用水量，此值与基准年灌溉用水量之差即为相对灌溉农业节水潜力。相对节水潜力计算流程见图 6-7。

在一定的气候、土壤和水文条件下，农作物正常生长所需要的水量即农作物需水量。该研究主要是参照农作物系数及其蒸腾蒸发量来计算农作物需水量的。净灌溉定额即是指通过一系列的灌溉方式来满足农作物正常生长所需要的水量，净灌溉定额和农作物需水量有如下对应关系：净灌溉定额的水量加上有效降雨量和农作物直接利用的地下水量即等于农作物需水量。毛灌溉定额即是指从输水口输出的经过一系列运输途径并能满足净灌溉定额水量的水量，净灌溉定额主要和输水过程中的水分利用率及其净灌溉定额有关。灌区的农业灌溉需水量等于灌区内各种农作物的毛灌溉定额与其灌溉面积乘积之和。

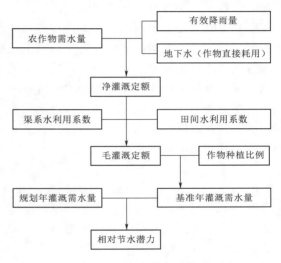

图 6-7　相对节水潜力计算流程图

6.2.3.2 计算步骤

该方法首先以作物需水量为起点，根据作物水分生产函数确定作物的经济需水量，考虑有效降水、作物生长期地下水直接利用量，给出作物的净灌溉需水量；然后，考虑不同条件下的输水损失、田间损失、无效蒸腾等因素后，提出各种作物的毛灌溉需水量；根据区域种植结构以及小范围实验与大田实际灌溉的差别，特别是考虑灌区水源、供水工程等条件，计算区域灌溉需水量，最后将计算出的区域灌溉需水量与基准年实际用水量相比较即为在该种条件下的理论节水潜力，继而利用水资源利用管理水平、大众的节水意识、水的价格、有关水的法规的制定和执行情况、水利投资等限制因子，求得现实节水潜力。

前文已给出作物需水量和毛灌溉定额计算方法，下面对该实验方案所用到的其他参数进行说明。

（1）净灌溉定额。净灌溉定额简写为 I_n，是指需要用灌溉等方式来满足作物正常生长的那部分水量。再假定土壤水分不变的条件下，净灌溉需水量等于作物需水量减去有效降水量及作物直接耗用的地下水，即

$$I_n = ET_C - P_e - G \qquad (6-14)$$

有效降水量简写为 P_e，用同期降雨量（P）乘以降雨入渗系数（α）求得，即

$$P_e = \alpha P \qquad (6-15)$$

式中：α 为降雨入渗系数，一般与一次降雨量、降雨强度、降雨延续时间、土壤性质等因素有关；一般认为一次降雨量小于 5mm 时，α 为 0；一次降雨量为 5～50mm 时，α 为 0.8～1.0；当次降雨量大于 50mm 时，α 为 0.7～0.8。农作物直接耗用的地下水量（G）与地下水位、土壤地理特征等因素有关。

（2）毛灌溉定额。灌溉水从天然状态到被作物吸收最终形成产量可归结为两大环节：第一环节是通过灌溉输配水系统将水引至田间形成土壤水分，这一环节依靠一系列工程技术和管理措施来实现；第二环节是作物将土壤水分形成干物质，这一环节由作物本身的生理来实现。这两个环节都存在水分的浪费现象，尤其是第一个环节浪费更为严重，因此在此主要是考虑第一环节的节水潜力。由于在输水过程中存在着水的浪费现象，农业灌溉所需要的水量肯定要多于净灌溉需水量。在数量上，毛灌溉定额可以利用净灌溉定额和各个环节的水分利用率求得，即

$$I_g = I_n / \eta_{水} \qquad (6-16)$$

$\eta_{水}$ 的大小与各级渠道的长度、流量、沿渠土壤、水文地质条件、渠道工程状况和灌溉管理水平等有关。在目前管理条件下，许多已成灌渠区只能达到 0.40～0.50。

（3）农业灌溉需水量。灌区的灌溉需水量（W_i）等于各种作物毛灌溉定额与该种作物灌溉面积之和，即

$$W_i = \sum K I_{gj} A_j \quad (j = 1, 2, \cdots, N) \qquad (6-17)$$

式中：K 为折算系数，因为理论灌溉定额是毫米深的概念，灌溉面积的单位通常是亩（万亩）等，而理论灌溉用水应该是万（或亿）m^3；I_{gj} 为第 j 种作物的毛灌溉定额；A_j 为第 j 种作物的灌溉面积，m^2；N 为区域（灌区）的作物种类。

（4）某一阶段的相对节水潜力。某一阶段的相对节水潜力的计算是基准年农业灌溉灌水量减去规划年农业灌溉需水量，其通用公式为

$$W_P = W_j - W_g \qquad (6-18)$$

式中：W_P 为某一阶段的相对节水潜力，亿 m^3；W_j 为基准年农业灌溉需水量，亿 m^3；W_g 为规划年农业灌溉需水量，亿 m^3。

相对灌溉农业节水潜力就是以现状为基准，预测出灌溉农业需水量与在充分考虑节水的条件下，分析至各水平年农田净灌溉定额可能的最小值与灌溉水利用系数可能的最大值，以此来分析一个时期内用水量可能达到的最大差值。

6.3　灌区节水潜力评估与计算结果

节水灌溉不是单纯意义上的减少灌溉用水量，而是应考虑多方面因素，在保证灌区生

态系统不被破坏、粮食产量不减少、农业收益不降低等的基础上采取尽可能多的措施以实现灌溉用水的减少[245-262]。所以，本书灌区节水潜力的计算是基于灌区水循环的有效分析而进行的，节水灌溉即高效用水，主要包括在农业灌溉过程中采取合理合适的灌溉方式和灌溉技术措施，来提高农业用水的利用率，进而减少水资源的浪费。

提高农业节水量可以从如下几方面入手：农作物灌溉制度、农作物种植结构以及农业节水灌溉工程措施等。本书从这三方面出发，根据水量平衡法对农作物的灌溉制度进行优化，建立灌区种植结构优化模型，并以农作物的净效益最大、灌溉用水量最少为目标函数对灌区内的主要农作物的种植结构进行优化，并确定其灌溉面积，在保证灌溉用水量减少的同时又能增加收益，实现双赢，在合理可行的基础上增加投资，对农业灌溉节水工程进行改造，提高灌溉水利用系数，实现节水目标。

本书研究的主要是相对节水潜力，相对节水潜力是以现状年为基准，在充分考虑多种与节水灌溉有关的因素改变的情况下，计算优化后的农业灌溉用水量和现状年的农业灌溉用水量做对比，得出相对节水潜力。此方法需要考虑的因素有小麦、玉米、棉花等主要农作物和经济作物的净灌溉定额，并且依据渠系水利用系数和田间水利用系数计算其毛灌溉定额，结合主要农作物和经济作物的种植面积以及灌溉方式的改变计算出优化后的农业灌溉需水量，与现状年实际灌溉用水量对比，得到相对节水潜力。本书给出的 3 种节水潜力计算方案及结果如下。

6.3.1 作物灌溉制度优化

灌溉实践证明，科学合理的灌溉制度，既可使作物适时适量灌溉，又可提高作物单位面积产量，节约用水，提高灌溉效益和灌区内大面积农业获取高产。制定灌溉制度是节水灌溉中非常重要的环节，可以通过灌溉制度控制输水量，既可避免作物因水分不足而减产，也可减少田间不必要的灌水量，起到节水的目的。可以说，灌溉制度的合理制定与正确执行，对于充分发挥灌溉工程效益和改善生态环境有着十分重要的意义。

6.3.1.1 农田水量平衡法

所谓灌溉制度优化，就是在河南、山东两省颁发的农业用水定额基础上，针对灌区特点进一步细化，利用水量平衡法制定具体的灌溉用水制度。

1. 水量平衡方程

对于旱作物，在整个生育期任何一个时间段 t 内，土壤计划湿润层 H 内含水量的变化可用水量平衡方程表示：

$$W_t - W_0 = W_T + P_0 + K + M - ET \qquad (6-19)$$

式中：W_0、W_t 分别为时段初和时段末的土壤计划湿润层内的储水量，mm 或 m^3/hm^2；W_T 为由于计划湿润层增加而增加的水量，mm 或 $m^3/(hm^2 \cdot d)$；P_0 为土壤计划湿润层内保存的有效降雨量，mm 或 m^3/hm^2；K 为时段 t 内地下水的补给量，mm 或 m^3/hm^2，即 $K = kt$，k 为 t 时段内平均昼夜地下水补充的水量，mm/d 或 $m^3/(hm^2 \cdot d)$；M 为 t 时段内的灌溉水量，mm 或 m^3/hm^2；ET 为 t 时段内的作物需水量，mm 或 m^3/hm^2，即 $ET = et$，e 为 t 时段内作物的需水强度，mm/d 或 $m^3/(hm^2 \cdot d)$。

为了能够使作物正常生长，作物吸收范围内的土壤含水量需时刻维持在一个合理的上下限中，即一般不得低于允许含水量下限 $\theta_{\min}$ 和不得大于允许含水量上限 $\theta_{\max}$。当作物根系吸收范围内的平均土壤含水量小于或即将小于允许含水量下限时，则需对作物进行灌溉，提高土壤水分含量，反之就需要进行排水，确保作物正常的生长过程。若在一定时间段内田间既没灌水也没降雨，同时土壤计划湿润层也没有明显波动，在随后的生长期内，土壤含水量会降低至最低值，其水量平衡方程可写为

$$W_{\min} = W_0 + K - ET \tag{6-20}$$

如图 6-8 所示，若时段初土壤含水量为 W_0，则由式（6-20）可以推算出下一次灌水的时间：

$$t = \frac{W_0 - W_{\min}}{e - k} \tag{6-21}$$

而时段末的灌水定额 m（用 mm 表示）为

$$m = W_{\max} - W_{\min} = H(\theta_{\max} - \theta_{\min}) \tag{6-22}$$

式中：H 为作物生长过程中所需计划湿润层深度，mm；$\theta_{\max}$、$\theta_{\min}$ 分别为土壤计划湿润层允许最大体积含水率和最小体积含水率，cm^3/cm^3；其他符号意义同前。

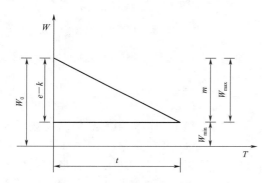

图 6-8　土壤计划湿润层（H）内储水量变化

2. 关键数据资料

（1）有效降水量 P_0。首先需要确定设计降水量。对灌水地区的多年雨量资料进行频率分析，选定典型年（指多年期间降水量能够得到充分满足的概率，与"灌溉设计保证率"类似），根据典型年中雨量以及地区降雨分布状况，得到在不同保证率条件下的降雨量。选择降水典型年的方法有三种：

1）按年降雨的频率来确定典型年。由于在年内的降雨分布不均，特别是在作物生长期内降雨差别较大的地区，降雨情况无法满足设计要求。

2）按作物生长期内的降雨量的频率选择典型年。对于同一地区，作物种植季节相对固定，用此法可以达到很好的效果。

3）按年降雨的变化情况分时期的选择典型年，对湿润和干燥季节的降水情况进行分别整理，分开计算发生的频率。

田间计算的雨量一般都为有效降雨量。通常认为低于 5mm 的降雨对作物的生长无实际意义，视为无效降雨；当降雨较大时，田间一般会产生地表径流和土壤深层渗漏，这部分水量对作物也是无效的。所以，本书选用公式（6-23）作为有效降雨量的计算公式：

$$P_0 = P - P_{径} - P_{渗} \tag{6-23}$$

式中：$P_{径}$ 为地面径流量，mm；$P_{渗}$ 为深层渗漏量，mm；P_0 为有效降雨量，mm。

实际生产中一般采用如下简化方法求取 P_0：

$$P_0 = \sigma P \tag{6-24}$$

式中：σ 为降雨有效利用系数，和一次降雨过程中的雨量、强度、持续时间以及地形等因

素有关，需依照具体情况进行实验获得。无实测资料时可参考下列数值，当降雨量 $P<$ 5mm 时，$\sigma=0$；当 $P>50$mm 时，$\sigma=0.7\sim0.8$；当 $P=5\sim50$mm 时，$\sigma=1.0$。

（2）土壤计划湿润层深度。土壤计划湿润层深度是指旱作物在生长过程中适合作物根系生长发育的土壤适宜含水深度，随着作物生长以及环境影响而变化。湿润层深度通常为 30～40cm。在作物生长过程中，作物根系逐渐粗壮，对水的需求量增大，同时计划湿润层也随之加深，作物接近成熟时，作物根系不再继续发育，对水的需求量也随之减少，计划湿润层一般不超过 0.6m。应当通过实验来确定计划湿润层深度，表 6-5 中给出了冬小麦、玉米、棉花不同生育阶段的计划湿润层深度。

表 6-5　　　　　　　　　　较典型的计划湿润层深度

冬小麦	生长期	幼苗期	分蘖期	拔节期	抽穗期	灌浆期
	计划湿润层深度/m	0.3～0.4	0.4～0.5	0.5～0.6	0.6～0.8	0.8～1.0
玉米	生长期	幼苗期	拔节期	孕穗期	抽穗期	灌浆期
	计划湿润层深度/m	0.3～0.4	0.4～0.5	0.5～0.6	0.6～0.8	0.8
棉花	生长期	幼苗期	现蕾期	开花结铃期	吐絮期	
	计划湿润层深度/m	0.3～0.4	0.4～0.6	0.6～0.8	0.6～0.8	

（3）土壤适宜含水量及上、下限的确定。作物生长过程中最合适的含水量即为土壤适宜含水量，见表 6-6。土壤适宜含水量介于 θ_{max} 与 θ_{min} 之间，随着作物不同种类、需水特点以及土壤属性等因素而变化，通常由经验总结或实验确定。由于作物生长过程中需水的持续性，为确保作物能够正常发育，土壤中的水分含量应该有一个合适的上限（θ_{max}）和下限（θ_{min}）。以发生深层渗漏为临界点，来确定田间允许最大含水量。作物允许最小含水量以作物生长不受缺水影响为准则，应大于凋萎系数，通常以占田间持水量的百分数计，具体数值可由实验来确定。

表 6-6　　　　　　冬小麦、玉米和棉花各生育阶段要求的土壤适宜含水量

冬小麦	生育期	出苗期	分蘖期	越冬期	返青～拔节期	拔节期后
	土壤适宜含水量	＞70%	70%左右	70%左右	60%～70%	70%～80%
玉米	生育期	播种期	苗期	拔节孕穗期	抽穗开花期	灌浆成熟期
	土壤适宜含水量	60%～80%	55%～60%	60%～70%	70%～75%	70%左右
棉花	生育期	播种期	苗期	现蕾期	开花结铃期	成熟期
	土壤适宜含水量	＞70%	55%～70%	60%～70%	70%～80%	55%～80%

（4）地下水补给量。地下水补给量是指通过土壤毛细管作用将地下水输送至作物根系层，从而被作物吸收利用的水量。在一定的土壤质地和作物条件下，地下水利用量其大小与地下水埋深、土壤属性、计划湿润层深度、作物类别及耗水情况、气候环境等有关。越到作物根系活动层毛细管作用越强，地下水补给量也就越多，实验研究中一般通过实验进行确定。

（5）由于计划湿润层增加而增加的水量。在作物生育期内计划湿润层的深度是不断变

化的。由于计划湿润层的增加，可利用一部分深层土壤的原有储水量，此时，W_T 可近似由公式（6-25）进行计算：

$$W_T = (H_2 - H_1)\overline{\theta} \tag{6-25}$$

式中：H_1 为计算时段初计划湿润层深度，mm；H_2 为计算时段末计划湿润层深度，mm；$\overline{\theta}$ 为（$H_2 - H_1$）深度土壤中的平均体积含水率，cm^3/cm^3。

（6）旱作物播前灌水定额（M_1）的确定。为保证作物在生长前期土壤含有较为适宜的含水量，需要在播种前进行一次灌水，可用公式（6-26）表示：

$$M_1 = 1000H(\theta_{max} - \theta_{min}) \tag{6-26}$$

旱作物的总灌溉定额 M 为播前灌水定额（M_1）以及全生育期的灌溉定额（M_2）之和，即 $M = M_1 + M_2$。若作物耗水规律以及降水资料越精确，利用此法计算的结果与田间灌溉实际越接近。这里所讲的灌溉制度是指某一年份一种作物的灌溉制度，如果需要求出多年的灌溉用水系列，还需求出每年各种作物的灌溉制度。

6.3.1.2　节水量计算结果

黄河下游引黄灌区节水计算过程数据及结果见表 6-7～表 6-10。

（1）规划水平年黄河下游引黄灌区不同作物种植面积见表 6-7。

表 6-7　　　　黄河下游引黄灌区不同作物种植面积（2030 年）　　　单位：万亩

区域	小麦	玉米	花生	棉花	蔬菜	水果
河南	1442	1487	587.2	435	585	460
山东	3227	2677.45	412.4	926.51	1353.84	553.82
黄河下游	4669	4164.45	999.6	1361.51	1938.84	1013.82

（2）黄河下游引黄灌区不同作物现状净灌溉定额见表 6-8。

表 6-8　　　　黄河下游引黄灌区不同作物现状净灌溉定额　　　单位：$m^3/$亩

区域	小麦	玉米	花生	棉花	蔬菜	水果
河南	128.3	66.6	77	78.8	259.4	174.9
山东	145.6	52.3	75.5	109.6	271.2	189.7
黄河下游	139.8	57.65	76	97.58	266.39	181.9

（3）水量平衡法计算得到的黄河下游引黄灌区不同作物计算净灌溉定额见表 6-9。

表 6-9　　　　黄河下游引黄灌区不同作物计算净灌溉定额　　　单位：$m^3/$亩

区域	小麦	玉米	花生	棉花	蔬菜	水果
河南	124.1	62.9	73.6	74.9	257.4	170.4
山东	141.2	47.8	72.7	106.7	268.26	184.91
黄河下游	135.6	53.4	73.1	94.59	264.33	178.49

（4）黄河下游引黄灌区农业灌溉节水量见表 6-10。

表 6-10 黄河下游引黄灌区农业灌溉节水量 单位：万 m³

区域	小麦	玉米	花生	棉花	蔬菜	水果	合计
河南	6056.4	5501.9	1996.48	1696.5	1170	2070	18491.28
山东	14198.8	12048.52	1154.72	2686.88	3980.29	2652.8	36722.01
黄河下游	20255.2	17550.42	3151.2	4383.38	5150.29	4722.8	55213.29

根据水量平衡法计算黄河下游引黄灌区主要农作物的灌溉定额，主要目的是在现有灌溉节水措施的基础上优化灌区内主要农作物的净灌溉定额。根据上述计算结果，黄河下游河南段的节水量为 18491.28 万 m³，山东段的节水量为 36722.01 万 m³，黄河下游总的节水量为 55213.29 万 m³。

通过上述节水量的初步计算得知，黄河下游引黄灌区的主要节水方向还应该在于对大田作物（小麦、玉米等）的节水研究。

6.3.2 作物种植结构优化

种植结构调整是目前我国缺水地区减少耗水量的有效措施，实际上，黄河下游引黄灌区已开展种植结构调整相关工作。譬如，在无地表水替代的深层地下水严重超采区，适当压减依靠地下水灌溉的冬小麦种植面积，改冬小麦、夏玉米一年两熟制为种植玉米、棉花、花生等农作物一年一熟制，实现"一季休耕，一季雨养"，充分挖掘秋粮作物雨热同期的增产潜力。棉花属于高耗水的经济作物，在保证粮食产量的基础上可考虑对其面积进行适当减少，改种夏玉米等。此外，考虑到国家和区域粮食安全，大面积减少小麦种植面积的可能性不大，部分灌区尝试对冬小麦种植面积做适当调整。

本小节主要介绍了一个种植结构优化模型，通过调整各作物的种植面积，提高灌溉水利用系数，并达到农业净产出最大。

6.3.2.1 种植结构优化模型

黄河下游引黄灌区种植结构优化的目的在于在提高灌溉水利用系数的前提下，通过调整各作物的种植面积，达到农业产出的净利润最大，同时降低农业灌溉需水量。种植结构优化模型是以各作物的种植面积 A_i 为决策变量，i 为作物的种类。

1. 目标函数

该模型的目标函数为

$$F = \sum_{i=1}^{N} A_i \times [P_i \times Y_i - C_i - P_w \times w_{毛i}] \tag{6-27}$$

式中：F 为黄河下游引黄灌区农业灌溉用水总净效益；A_i 为各作物的种植面积；P_i 为第 i 种作物的市场价格；Y_i 为第 i 种作物的单位面积产量；C_i 为第 i 种作物的单位面积成本，包括种子、肥料和劳动力等；P_w 为水价；$w_{毛i}$ 为第 i 种作物的毛灌溉定额。

其中： $$w_{毛} = w_{净i} / \eta_2 \tag{6-28}$$

需要说明的是，毛灌溉需水量的计算包括现状计算毛灌溉需水量、提高灌溉水利用系数后的毛灌溉需水量和优化种植结构后的毛灌溉需水量 3 部分，计算公式见式（6-29）~

式 (6-31)：

$$W_1 = \sum_{i=1}^{N} A_{0i} \times w_{净i} / \eta_1 \qquad (6-29)$$

$$W_2 = \sum_{i=1}^{N} A_{0i} \times w_{净i} / \eta_2 \qquad (6-30)$$

$$W_3 = \sum_{i=1}^{N} A_i \times w_{净i} / \eta_2 \qquad (6-31)$$

式中：W_1 为现状计算毛灌溉需水量；W_2 为提高灌溉水利用系数后的毛灌溉需水量；W_3 为优化种植结构后的毛灌溉需水量；A_{0i}、A_i 分别为现状各作物的种植面积及优化后各作物的种植面积；$w_{净i}$ 为作物的净灌溉定额；η_1、η_2 分别为现状灌溉水利用系数和提高后的灌溉水利用系数；N 为作物种类。

2. 约束条件

(1) 水量约束：作物的总灌溉需水量不大于提高灌溉水利用系数后的毛灌溉需水量，即

$$\sum_{i=1}^{N} A_i \times w_{毛i} \leqslant W_2 \qquad (6-32)$$

(2) 粮食约束：根据当地居民生活粮食结构，区域每年人均粮食不低于 420kg（将薯类按 5kg 换算成 1kg 粮食计算），人均小麦不低于 200kg，即

$$TF \geqslant 420 \times P \qquad (6-33)$$

$$TW \geqslant 200 \times P \qquad (6-34)$$

式中：TF 为粮食产量；TW 为小麦产量；P 为当年人口总数。

其中：

$$TF = A_{小麦} \times Y_{小麦} + A_{玉米} \times Y_{玉米} + A_{薯类} \times Y_{薯类} / 5 \qquad (6-35)$$

$$TW = A_{小麦} \times Y_{小麦} \qquad (6-36)$$

式中：$A_{小麦}$、$A_{玉米}$、$A_{薯类}$ 分别为小麦、玉米、薯类的种植面积；$Y_{小麦}$、$Y_{玉米}$、$Y_{薯类}$ 分别为小麦、玉米、薯类单位面积的产量。

(3) 面积约束：各种作物的种植面积的总和不大于当地的总灌溉面积，即

$$\sum_{i=1}^{N} A_i \leqslant A \qquad (6-37)$$

式中：A 为当地的总灌溉面积。

(4) 其他约束：根据当地的实际情况确定其他作物的最低产量、最小种植面积、最大种植面积的约束条件。

6.3.2.2　关键数据资料

模型所需关键数据资料如下：

(1) 净灌溉定额及灌溉水利用系数。在假定土壤水分不变的条件下，净灌溉需水量等于作物需水量减去有效降水量及作物直接耗用的地下水。查相关资料后得出黄河下游引黄灌区各种作物生育期多年平均净灌溉定额，见表 6-11。

表 6-11　　　　　　　　　黄河下游引黄灌区主要作物净灌溉定额

作物种类	小麦	玉米	花生	棉花	蔬菜	水果
净灌溉定额 $w_{净i}$/(m³/亩)	139.8	57.65	76	97.58	266.39	181.9

根据相关资料以及合理预测，现状年黄河下游引黄灌区的灌溉水利用系数为 0.503（η_1），如果采取一些节水工程措施，可以将其提高到 0.604（η_2）。

（2）现状种植结构。根据现有资料统计，现状年黄河下游引黄灌区主要农作物的种植面积见表 6-12。黄河下游总有效灌溉面积 5458.2 万亩。

表 6-12　　　　　　　　黄河下游引黄灌区主要作物种植面积及比例

作物种类	小麦	玉米	花生	棉花	蔬菜	水果
现状年种植面积 A_{0i}/万亩	4669	4164.45	999.6	1361.51	1938.84	1013.82
现状年种植比例 a_{0i}/%	85.54	76.3	18.31	24.94	35.52	18.57

（3）作物单位面积产量（单产）、价格及单位面积成本。根据相关资料调查，黄河下游引黄灌区主要作物的单产、市场价格以及单位面积的劳动成本见表 6-13。

表 6-13　　　　　　黄河下游引黄灌区主要作物单产、价格及单位面积成本

作物种类	小麦	玉米	花生	棉花	蔬菜	水果
单产/(kg/亩)	428.6	698	395	98.7	3683.1	398.7
单价/(元/kg)	1.6	1.5	5.2	16.68	1.3	1.7
单位面积成本/(元/亩)	457.3	519.2	1095	819.3	2080	367.8
单位面积利润/(元/亩)	228.46	527.8	959	827	2708	310

6.3.2.3　节水量计算结果

节水潜力由三部分组成，其计算公式如下：

$$\Delta W = \Delta W' + \Delta W'' + \Delta W''' \tag{6-38}$$

式中：ΔW 为节水潜力；$\Delta W'$ 为由于定额降低的节水量；$\Delta W''$ 为由于灌溉水利用系数的提高而产生的节水量；$\Delta W'''$ 为由于种植结构优化而产生的节水量。它们的计算公式分别对应如下：

$$\Delta W' = W_0 - W_1 \tag{6-39}$$

$$\Delta W'' = W_1 - W_2 \tag{6-40}$$

$$\Delta W''' = W_2 - W_3 \tag{6-41}$$

式中：W_0 为现状实际灌溉用水量。

黄河下游引黄灌区当前的种植结构不合理，需要通过优化调整。采用线性规划算法求解种植结构优化模型，得到各种作物的优化种植面积及比例见表 6-14。在此基础上，计算得到种植结构优化产生的节水潜力计算结果见表 6-15。

表 6-14 优化后各种作物的种植面积及比例

作 物 种 类	小麦	玉米	花生	棉花	蔬菜	水果
优化后的种植面积A_{0i}/万亩	4650	4200	800	1200	2000	1000
优化后的种植比例a_{0i}/%	85.2	76.95	14.66	22	36.64	18.32

表 6-15 黄河下游引黄灌区节水潜力计算结果

指 标	灌区范围	小麦	玉米	花生	棉花	蔬菜	水果	合计
现状年种植面积/万亩	河南	1442	1487	587.2	435	585	460	4996.2
	山东	3227	2677.45	412.4	926.51	1353.84	553.82	9151.02
	黄河下游	4669	4164.45	999.6	1361.51	1938.84	1013.82	14147.22
优化后的种植面积/万亩	河南	1433	1502.55	487.6	363.5	609.7	453.64	4849.99
	山东	3217	2697.45	312.4	1271.51	1390.3	546.36	9435.02
	黄河下游	4650	4200	800	1200	2000	1000	13850
现状实际灌溉用水量W_0/万 m³	河南	74985.24	33038.54	17571.70	18310.31	57923.64	31732.11	233561.54
	山东	167806.8	59488.26	12340.89	38999.28	134050.2	38204.09	450889.52
	黄河下游	242792	92526.8	29912.6	57309.6	191973.8	69936.2	684451
现状计算毛灌溉需水量W_1/万 m³	河南	74388.05	32349.27	17164.30	17325.42	57398.95	31575.1	230201.09
	山东	166470.3	58247.17	12054.77	36901.57	132835.9	38015.04	444524.75
	黄河下游	240858.38	90596.44	29219.08	54227	190234.84	69590.14	674725.88
灌溉定额降低的节水量$\Delta W'$/万 m³	河南	597.19	689.27	407.39	984.88	524.69	157.01	3360.43
	山东	1336.43	1241.08	286.12	2097.71	1214.26	189.04	6364.64
	黄河下游	1933.62	1930.36	693.523	3082.60	1738.96	346.06	9725.123
提高灌溉水利用系数的毛灌溉需水量W_2/万 m³	河南	74016.11	32187.52	17078.48	17238.80	57111.96	31417.22	229050.09
	山东	165956.8	56731.2	11589.29	26320.59	128341.4	36884.2	425823.48
	黄河下游	239972.86	88918.72	28667.78	43559.4	185453.36	68301.42	654873.54
灌溉水利用系数提高的节水量$\Delta W''$/万 m³	河南	371.94	161.74	85.82	86.62	286.99	157.87	1150.98
	山东	513.57	1515.97	465.47	10580.97	4494.48	1130.84	18701.30
	黄河下游	885.50	1677.71	551.30	10667.60	4781.48	1288.70	19852.29
优化种植结构的毛灌溉需水量W_3/万 m³	河南	73651.98	32082.23	13984.00	8535.44	58318.85	30561.9	217134.4
	山东	165344.3	57595.55	8959.39	29856.69	132984.6	36808.48	431549.01
	黄河下游	238996.32	89677.78	22943.4	38392.14	191303.42	67370.38	648683.44
种植结构优化的节水量$\Delta W'''$/万 m³	河南	364.121	105.29	3094.48	8703.35	-1206.89	855.32	11915.671
	山东	612.41	-864.35	2629.89	-3536.09	-4643.17	75.71	-5725.6
	黄河下游	976.54	-759.05	5724.37	5167.26	-5850.06	931.05	6190.11
节水潜力ΔW/万 m³	河南	1333.25	956.31	3587.70	9774.86	-395.20	1170.21	16427.13
	山东	2462.42	1892.70	3381.49	9142.59	1065.58	1395.60	19340.38
	黄河下游	3795.67	2849.02	6969.20	18917.47	670.38	2565.83	35767.57

6.3.3 农业节水灌溉工程

　　农业节水灌溉工程优化是指通过田间渠系配套、改造以及改变灌溉方式（喷灌、微灌、滴灌等）以提高灌溉水利用系数产生的节水量。表6-16给出农业灌溉工程的主要优化措施。其中，渠道防渗是诸多农田灌溉节水措施中经济合理、技术可行的主要节水措施之一，同时又是当前农田灌溉节水工程改造的关键环节。研究表明，渠道防渗可使渠系水利用率提高20%～40%，减少渠道渗漏损失50%～90%，目前黄河下游引黄灌区采取渠道衬砌的灌溉面积仅占总有效灌溉面积的28.8%。因此，提高渠道衬砌率节水量十分可观；另外，管道输水灌溉技术在发达国家已被广泛采用，并被认为是节水最有效、投资最省的一种灌溉技术，而该技术目前仅占黄河下游引黄灌区有效灌溉面积的15.5%，如果将来得到推广，其节水潜力也很大。

表6-16　　　　　　　　　　　　农业灌溉工程的主要优化措施

节水技术	节　水　重　点
渠道防渗	减少输水过程中的渗漏损失和蒸发消耗，提高渠系水有效利用系数
管道输水	减少田间输水过程中的渗漏损失和蒸发消耗，提高输配水效率
改进地面灌溉	提高田间灌溉水有效利用系数，缩短灌水时间，提高灌水均匀度
喷灌	提高田间灌溉水有效利用系数，改善农田小气候
滴灌	提高田间灌溉水有效利用系数，降低土面无效蒸发

　　灌溉水有效利用系数是衡量灌溉工程用水状况的重要指标，是指灌入田间水量与取水口总引水量的比值，反映从取水口至田间沿程的损失，它直接反映灌溉工程节水潜力的大小。黄河下游引黄灌区的渠系水利用系数为0.5～0.6，远低于发达国家水平（0.8～0.9）。

　　研究认为，农业节水灌溉工程优化节水潜力可采用现状年和规划年的灌溉水有效利用系数差值，并根据现状年的有效灌溉面积（渠系已经配套，具备灌溉条件）来计算。本书在现状农业用水定额、用水效率指标分析的基础上，参考流域、区域内外、国内外先进用水水平的指标与参数以及相关文献资料，根据黄河下游引黄灌区水资源综合规划现状以及规划年的灌溉定额，结合具体工作经验，给出农业节水灌溉工程优化节水潜力计算公式如下：

$$W_{农潜} = A_0 \times Q_0 \times (1-\mu_0) - A_0 \times Q_t \times (1-\mu_t) \tag{6-42}$$

式中：$W_{农潜}$为农业灌溉通过工程措施的节水潜力；A_0为现状年有效灌溉面积；Q_0为现状年农田灌溉用水定额；μ_0为现状年农业灌溉水利用系数；Q_t为规划年节水指标条件下农田灌溉用水定额（50%保证率），为水资源综合规划强节水条件下的灌溉定额；μ_t为规划年节水指标条件下农业灌溉水利用系数。

　　大型灌区灌溉水有效利用系数平均值$\eta_{w大型}$计算公式为

$$\eta_{w大型} = \sum_{i=1}^{N} \eta_{大i} W_{大i} / \sum_{i=1}^{N} W_{大i} \tag{6-43}$$

式中：$\eta_{大i}$、$W_{大i}$分别为第i个大型灌区灌溉水有效利用系数的平均值和年毛灌溉用水量；

N 为大型灌区个数。

中型灌区首先以样点灌区测算值为基础，按算术平均法分别计算 0.067 万～0.333 万 hm^2、0.333 万～1 万 hm^2、1 万～2 万 hm^2 各规模灌区的灌溉水有效利用系数平均值 $\eta_{0.067\sim0.333}$、$\eta_{0.333\sim1}$、$\eta_{1\sim2}$；然后按统计的 0.067 万～0.333 万 hm^2、0.333 万～1 万 hm^2、1 万～2 万 hm^2 灌区年毛灌溉用水量加权平均得到全省中型灌区的灌溉水有效利用系数平均值，计算公式为

$$\eta_{w\text{中型}} = \frac{\eta_{0.067\sim0.333}\times W_{0.067\sim0.333} + \eta_{0.333\sim1}\times W_{0.333\sim1} + \eta_{1\sim2}\times W_{1\sim2}}{W_{0.067\sim0.333} + W_{0.333\sim1} + W_{1\sim2}} \qquad (6-44)$$

式中：$W_{0.067\sim0.333}$、$W_{0.333\sim1}$、$W_{1\sim2}$ 分别为 0.067 万～0.333 万 hm^2、0.333 万～1 万 hm^2、1 万～2 万 hm^2 灌区的年毛灌溉用水量。

小型灌区灌溉水有效利用系数平均值 $\eta_{w\text{小型}}$ 按照小型样点灌区算术平均值进行计算。

根据式 (6-42)～式 (6-44) 计算出黄河下游引黄灌区节水潜力值 (表 6-17)。

表 6-17　　　　黄河下游引黄灌区基本情况及节水潜力计算值

区域	情景	农田有效灌溉面积/万亩	农田灌溉水利用系数	农田灌溉用水定额/(m³/亩)	农业灌溉节水潜力/万 m³
河南	现状年水平	1982.71	0.517	140.7	23157.71
	规划年水平	2272.53	0.61	125.9	
山东	现状年水平	3070.37	0.495	146.2	53094.05
	规划年水平	3124.45	0.6	138.9	
黄河下游	现状年水平	5053.08	0.503	143	76251.76
	规划年水平	5396.98	0.604	133.8	

通过农业节水工程措施的实施，黄河下游引黄灌区河南段规划年农田灌溉水利用系数达到 0.61，农田灌溉用水定额降至 125.9m^3/亩。经计算，河南段规划年农业灌溉节水潜力为 23157.71 万 m^3；黄河下游引黄灌区山东段规划年农田灌溉水利用系数达到 0.6，农田灌溉用水定额降至 138.9m^3/亩，山东段规划年农业灌溉节水潜力为 53094.05 万 m^3；黄河下游引黄灌区规划年农田灌溉水利用系数达到 0.604，农田灌溉用水定额降至 133.8m^3/亩。黄河下游引黄灌区规划年农业灌溉节水潜力为 76251.76 万 m^3。

6.4　有关灌区节水潜力计算的讨论

灌区节水潜力的计算是基于灌区水循环的有效分析而进行的，节水灌溉即高效用水，主要包括在农业灌溉过程中采取合适的灌溉方式和灌溉技术措施，来提高农业用水的利用率，进而减少水资源的浪费。把节水灌溉单纯地理解为节约灌溉用水是不行的，节水灌溉应考虑多方面因素，在保证灌区生态系统不被破坏、粮食产量不减少、农业收益不降低等的基础上采取尽可能多的节水措施以实现灌溉用水量的减少，其中的难点就是确定农业灌溉用水量的下限值。

农业节水必须有一定的标准，而这个标准的依据主要是农作物需水量，它是灌区农业

用水的理论下限。而在灌区节水实践中，采用了定额管理制度，定额反映了某种考核指标的平均先进水平，也可作为一种考核指标或衡量尺度。所谓定额，是指在一定的期限内、一定的约束条件下、一定的范围内，以一定的核算单元所规定的某种生产资料的限额（数额）。影响定额确定的因素也很多，包括作物种类、各地的降水条件、水资源条件、地域等，除此，还有灌溉方式等硬影响因素和管理水平等软影响因素。且定额也有很多表现形式，譬如，净灌溉定额是指通过一系列的灌溉方式来满足农作物正常生长所需要的水量，净灌溉定额和农作物需水量有如下对应关系：净灌溉定额的水量加上有效降雨量和农作物直接利用的地下水量即等于农作物需水量；毛灌溉定额是指从输水口输出的经过一系列运输途径并能满足净灌溉定额水量的水量，净灌溉定额主要和输水过程中的水分利用率及其净灌溉定额有关。不过，这些定额都是建立在农作物需水量确定的基础上。不同灌区所处地区的气候、土壤和水文条件有差异，因此，针对灌区特点核算出灌区内农作物正常生长所需要的水量是节水潜力评估的基础工作，直接影响节水评估的准确性和精度。

本书研究的主要是相对节水潜力，相对节水潜力是以现状年为基准，在充分考虑多种与节水灌溉有关的因素改变的情况下，将计算优化后的农业灌溉用水潜力和现状年的农业灌溉用水潜力做对比，得出相对节水潜力。此方法需要考虑的因素有小麦、玉米、棉花等主要农作物和经济作物的净灌溉定额，并且依据渠系水利用系数和田间利用水系数计算其毛灌溉定额，结合主要农作物和经济作物的种植面积以及灌溉方式的改变计算出优化后的农业灌溉需水量，与现状年实际灌溉用水量对比，得到相对节水潜力。

6.5 本章小结

提高灌区农业节水量可以从农作物灌溉制度、农作物种植结构以及农业节水灌溉工程措施等方面入手。本书从上述三方面出发，根据水量平衡法对农作物的灌溉制度进行优化，建立灌区种植结构优化模型，并以农作物的净效益最大、灌溉用水量最少为目标函数对灌区内的主要农作物的种植结构进行优化，并确定其灌溉面积，在保证灌溉用水量减少的同时又能增加收益，实现双赢，在合理可行的基础上增加投资，对农业灌溉节水工程进行改造，提高灌溉水利用系数，实现节水目标。本书给出的三种节水方案及其节水潜力计算方式如下：

（1）第一种节水方案是优化农作物的灌溉制度。不再采纳传统的让农田"吃饱喝足"的灌溉制度，而是运用新的灌溉理论——灌作物而不灌地，简单地讲即是在农作物需水时才去灌它。水量平衡法所需要的资料主要包括：灌区内的有效降雨量、土壤计划湿润层深度、土壤适宜含水量及上、下限的确定、地下水补给量以及由于计划湿润层的增加而增加的水量，根据上述资料可计算得到农作物在全生育期的灌溉定额，加上播种前的灌溉定额即得某一种农作物的总灌溉定额。计算结果表明，黄河下游河南段的节水量为 18491.28 万 m^3，山东段的节水量为 36722.01 万 m^3，黄河下游总的节水量为 55213.29 万 m^3。

（2）第二种节水方案是优化农作物的种植结构。在保证农作物产量不减少的条件下，根据黄河下游引黄灌区的相关规划，调整农作物的种植结构需要在没有地表水替代的深层地下水超负荷挖潜区，采取适当减少依靠地下水灌溉的冬小麦的种植面积，改冬小麦、夏玉米一年两熟制为种植玉米、棉花、花生等农作物和经济作物一年一熟制,实现"一季休耕,一季雨养"的目标,充分挖掘秋粮作物雨热同期的增产潜力,以实现粮食产量不减少而灌溉用水量减少的目标。此方案主要是建立种植结构优化模型,求解一系列方程组,得到满足目标函数的解,进而求得优化后的各种农作物的种植面积。计算结果表明,黄河下游河南段的节水量为 16427.13 万 m^3,山东段的节水量为 19340.38 万 m^3,黄河下游总的节水量为 35767.57 万 m^3。

(3) 第三种节水方案是农业灌溉工程优化。主要目的在于通过一系列田间配套措施、改造以及改变灌溉方式等来提高灌溉水利用系数,以此来减少农业灌溉用水量。节水措施可以分为工程措施和非工程措施。工程措施主要是渠道防渗、管道输水、改进地面灌溉、增加滴灌和喷灌等;非工程措施主要是改进灌溉制度、秸秆覆盖、节水作物品种的选择以及加强用水管理等。通过这些有效的节水措施的实施,能够大幅度提高农田灌溉水利用系数,减少农田灌溉用水量。经计算,河南段规划年农业灌溉节水潜力为 23157.71 万 m^3,黄河下游引黄灌区规划年农田灌溉水利用系数达到 0.6,农田灌溉用水定额降至 138.9m^3/亩;山东段规划年农业灌溉节水潜力为 53094.05 万 m^3,黄河下游引黄灌区规划年农田灌溉水利用系数达到 0.604,农田灌溉用水定额降至 133.8m^3/亩;黄河下游引黄灌区规划年农业灌溉节水潜力为 76251.76 万 m^3。

这三种方案可独立使用也可叠加实施,叠加实施得出水量节约的最大值为 167232.62 万 m^3,总结得出黄河下游引黄灌区节水潜力区间为:35767.57 万～167232.62 万 m^3,节水区间即 [3.6,16.7] 亿 m^3。

第 7 章

黄河下游农业及灌区节水效益分析

发展节水农业是解决我国水资源危机以及粮食危机的首要途径，同时也是建设现代化农业的必然需要，水土资源的高效利用不仅关系人民生活、经济发展，还涉及环境、生态、社会效益等多方面因素。节水灌溉技术是农业经济发展的必要基础，灌溉用水是农业生产中用水量最大的环节。

但是过度的农业节水会造成地下水位下降，土地盐碱化，影响区域的生态水循环，阻碍植被正常生长，甚至会影响到周边区域的生态系统平衡等问题，而对农业节水的生态环境效益进行评估是选取合适的农业节水方案中的关键环节。在节水灌溉效益研究方面，由于受水资源短缺的影响，首先主要致力于研究其节水效益，即水资源的节水水平、节水潜力及高效利用。

7.1　农业节水层次分析

传统的农业生产方式是以单纯追求产量为目标的资源消耗型农业生产方式，随着以水资源短缺为代表的各种资源危机威胁农业的可持续发展，以节水高产和可持续为目标的节水农业生产方式成为必然选择。节水农业涵盖 3 个层面，即节水农业技术的应用，节水型用水管理方式的建构和节水观念的建立。在节水农业推广过程中，节水农业通过这 3 个层面对区域社会经济和生态环境产生全方位的影响。节水农业综合效益评价就是通过一定的理论和评价方法，评价节水农业生产方式对区域可持续发展所产生的社会效益、经济效益、生态环境效益以及综合效益的影响程度。合理的节水农业综合效益评价结果应该能够比较客观地反映节水农业的综合效益，能够对节水农业生产方式的推广和应用进行动态检测和诊断，及时发现节水农业生产方式推广中出现的各种问题，指导节水农业的未来发展方向，为进一步提高水资源持续利用提供科学依据。与此同时，节水农业综合效益评价结果还可以作为区域农业可持续发展状况评价的参考，衡量区域可持续发展程度。

节水效益是指采取农业节水措施后节约的水量，是农业节水所追求的主要目标之一。不同的节水措施，其节水效果存在较大差异。在我国大范围采用的节水工程措施中，以微灌节水效果最好，喷灌次之，低压管道输水及渠道防渗也有明显的节水效果。

7.1.1　完善节水技术体系

节水工程项目本身就是较为复杂且系统化的工程项目，要想合理性提高其运行水平和管控效果，就要按照标准化流程约束具体工作，在维护管理模式的基础上，保证节水措施能真正实现农业节水。第一，要秉持长远的发展态度，从根本上完善节水技术管理体系，有效地提出相应的管控机制，维护管理模式的同时，也要整合具体技术结构，从而整合管理流程。并且，水利部门和相关农业部门要进行系统化支持和监督，有效整合财政管理结构，保证各个部门之间能形成良好的互动，秉持合作关系的态度，有效践行节水技术体系的相关要求。第二，要结合市场发展动态落实标准化管理模式。在节水灌溉理念形成的基础上，技术部门要积极整合技术流程，顺应科学发展观的理念，最重要的就是要保证节水灌溉技术和运行模式贴合地区的实际发展需求以及特点，完善配置流程的完整性和有效性。

7.1.2　优化水资源配置

结合我国水资源发展现状可知，要想从根本上提高管理工作的整体水平，就要积极建立健全完整的水资源配置机制，合理性提升水资源利用率，并且完善优化管控体系的合理性，维护管理模式和管理效果。最重要的是，农业节水灌溉技术人员要对节水设备予以统筹设计和改良，结合地区实际发展进行深度的信息收集和处理，以保证能制定更加贴合实际的水资源配置管理模式，保证在水资源分配的过程中能按照标准化原则提高利用效率，从源头完成水资源总量的控制，然后结合需求进行配额管理，保证水资源能发挥其实际价值和最大化利用效率，一定程度上减少水资源的浪费。另外，节水灌溉工程项目建设的过程中，也要将农业的可持续发展作为基础，在此基础上形成相应的处理机制和管理流程。最关键的是，节水灌溉体系以及水资源配置路径都要将环境保护作为根本，从而完善水资源优化处理和发展效果，促进管控机制的全面可持续发展。

7.1.3　引进高效节水灌溉技术

在科学技术不断发展的时代背景下，有效引进高科技技术能为管理水平和管控效率的全面升级奠定基础，也为后续不同领域内的管控效果优化提供保障。在农业发展进程中，传统灌溉技术已经不能完全满足目前的灌溉需求，这就需要相关技术部门结合实际需求进行新技术的引进和处理。目前，较为关键的新型节水技术包括以下两种：第一种，基于"3S"技术的高效节水灌溉技术，主要是利用遥感技术、地理信息技术以及全球卫星定位技术建立更加系统化的节水处理方案，有效整合基础信息，确保能为灌溉效率的提升奠定基础。第二种，基于生物技术的节水灌溉技术，在科学技术不断发展的基础上，生物技术中一些抗旱节水性能较好的灌溉机制和处理体系被广泛应用，能有效提升生物链循环中节水植物的水资源利用效率，最大化提升水资源应用水平和效果。并且，利用生物技术能有效完善植物品种的管理，整合水利工程灌溉节水控制机制的完整性，优化发展实际价值，也为后续监督管控流程的全面升级和优化奠定基础。最重要的是，将生物技术和节水灌溉技术结合在一起，充分顺应了环保理念，具有较好的推广价值。

7.1.4　减少面源污染问题

在农业水利灌溉工作开展的过程中，除了要整合技术体系和运行类型外，也要对可能出现的污染问题予以重视，在积极整合管理流程的基础上，确保控制机制的完整性。最重要的是，要合理应用节水技术，以保证真正实现减量化处理、无害化处理以及资源化管

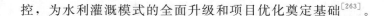

控，为水利灌溉模式的全面升级和项目优化奠定基础[263]。

7.2　农业节水评价方法

伴随着市场经济的不断发展和进步，农业水利工作成为了农村农业经济发展和进步的核心，相关部门要积极整合管理流程和管控机制，在完善水利体系的基础上，将水利工作整合体系和水利灌溉模式优化升级作为根本[264-266]。由于单一的数学模型或单一的定性解释都无法完全对节水综合灌溉效益进行精确的描述，必须采用定性和定量集成方法才能比较清晰地表示。传统的评价方法就显得心有余而力不足，人工智能、模糊系统、神经网络等为处理包含大量不确定性、高度非线性和信息复杂性的问题提供了有效的处理手段。表7-1给出了几种方法的对比。

表7-1　　　　　　　　　　　　不同评价方法的优劣对比

评价方法	优　点	不　足
模糊综合评价法	可有效避免"非此即彼"的确定性评价，防止判断矩阵信息传递的流失。数学模型简单，容易掌握，对多因素、多层次的复杂问题评判效果比较好	模糊评价的权重通常由专家给出，难免带有主观性。不能解决评价因素间的相关性所造成的评价信息重复的问题
主成分分析法	消除评价指标之间的相关影响，有助于更客观地描述样品的相对低位	评价的实际结果受评价指标间的相关程度影响较大。主要处理线性问题，对于非线性问题处理效果较差
灰色关联法	可以解决小样本和缺少信息的不确定性问题，其特点是少数据建模，具有广泛的实用性	大多数模型是从单一视角来分析系统因素间的关系，缺少整体层面视角的考虑
层次分析法	将复杂问题中的各因素划分为相互关联的有序层次并使其条理化的多目标、多准则的决策方法，是一种定量分析与定性分析相结合的有效方法	在采用定性法构造评判矩阵时容易受到主观因素干扰，造成判别矩阵的决策信息丢失，使判别结果过于主观
人工神经网络法	借助并行式分布方法可以快速实施运算。提升隐藏层数量或者隐藏神经元个数可增强神经网络的表达能力	过度的隐藏层和神经元节点会导致过拟合的问题，使模型泛化性能下降。人工神经网络具有"黑箱"的特征，在实际应用中对具体问题的物理意义解释性差

7.3　农业节水效益计算

7.3.1　直接效益

7.3.1.1　节水经济效益

节水改造工程实施后，根据原有的灌溉方式，对其灌溉方式的组合进行了优化，灌区灌溉水利用系数由原来的0.503提高到优化后的0.604，而且灌区进行管理体制与运行机制改革后，增强了农民的节水意识，促进了灌区主要作物节水灌溉技术的推广应用，使主要作物的灌溉定额大幅度下降。从节水角度出发，水价应该维持在一定水平上，让用水者感受到水的价值，使其具有节水意识。传统的水价形成机制在确定水价时只是部分地考虑了供水工程成本，缺乏可持续发展观，没有考虑保证水资源质与量的代际公平所耗费的成本，也没有考虑人与自然和谐相处的社会成本。显然，传统的水价形成机制不能保证水资源可持续利用。水费是灌区进行简单再生产的唯一经济支柱，是调整灌区用水矛盾促进节水的有效手段。按照国家规定，水资源费与工程水费之和为 0.08 元/m³，灌区的供水成本为 0.072 元/m³。若按年节水 76251.76 万 m³ 计算，则每年的节水经济效益 B_1 为 11590.3 万元。

不同的技术措施其节水效果往往差异较大。我国现阶段推广的节水灌溉方法中，微灌一般可节水 30%～50%，喷灌可节水 20%～30%，管道输水及渠道防渗可节水 10%～20%，水稻浅湿灌溉、膜上灌、膜下灌等也都有一定的节水作用。节水量计算公式为

$$\Delta W = \frac{1}{\eta_{水0}} \sum_{q0=1}^{m} m_{q0} \cdot AA_q - \frac{1}{\eta_{水1}} \sum_{q1=1}^{m} m_{q1} \cdot A_q \qquad (7-1)$$

假如单位节水量的价格为 b_1，则节水经济效益为

$$B_1 = b_1 \cdot \Delta W \qquad (7-2)$$

式中：ΔW 为节水量，m³；$\eta_{水0}$ 为传统方法（即无农业节水项目）的灌溉水利用系数；$\eta_{水1}$ 为农业节水项目实施后的灌溉水利用系数；m_{q0} 为传统灌溉（即无农业节水项目）时 q 作物的净灌溉定额，m³/亩，可通过实验测得；m_{q1} 为农业节水项目实施后 q 作物的净灌溉定额，m³/亩，可通过实验测得；A_q 为 q 作物的灌溉面积，亩；$q = 1, 2, \cdots, m, m$ 为作物种类；B_1 为节水经济效益，元；b_1 为单位节水量的价格，元/m³，可按当地核定成本水价计列。对于灌溉水利用系数 $\eta_{水0}$ 和 $\eta_{水1}$，将通过实验测得，即通过选择几个具有代表性的断面进行测试，然后再加权平均求得。

7.3.1.2　粮食增产效益

增产效益指采取农业节水措施后增加的产量和产值。采取农业节水措施后一般会增加农产品产量，提高产品品质。农业节水措施之所以能增产，主要有以下 3 方面原因：①先进的农业节水措施能按作物需水量要求适时适量供水，灌水均匀度高。②在总水量及灌溉面积不变的情况下缩短了灌溉周期。③在水少控制面积大的灌区，可扩大实际灌溉面积和提高灌溉保证率。

增产效益的计算公式为

$$B_2 = \sum_{q=1}^{m} b_q \cdot \Delta y_q \qquad (7-3)$$

$$\Delta y_q = (y_{q1} - y_{q0}) \cdot A_q \cdot \eta_q \qquad (7-4)$$

式中：B_2 为增产效益，元；b_q 为 q 作物单位产量的价格，元/kg，可取当地多年价格的平均值；Δy_q 为 q 作物的增产量，kg；y_{q1} 为农业节水项目实施后 q 作物的平均单产，kg/亩；y_{q0} 为传统灌溉（即无农业节水项目）q 作物的平均单产，kg/亩；A_q 为 q 作物的灌溉面积，亩；η_q 为 q 作物的增产效益分摊系数，可根据当地实际情况确定；m 为作物种类。

目前引黄补源灌区大多是引黄自流灌溉条件较差，或无自流引黄灌溉条件的地方，有的则是远离引黄灌区，以前根本就没有引黄工程的纯井灌区，基本上是一种望天收的困窘局面，在发展引黄补源灌溉以前，这些地区的农业产量一般都很低，而且极不稳定。有些老井灌区的情况同样令人忧虑。地下水位的连续下降，使灌区农业生产条件不断恶化，发

展严重受阻，有的甚至减产。如河南省濮清南清丰县引黄补源灌区，也是离黄河较远的老灌区，从 1972—1990 年每年超采地下水 4000 万～7000 万 m^3，致使地下水位严重下降。截至 1990 年提水机具更新换代了 5 次。由于井灌成本提高，农民的经济负担也明显加重。引黄补源发展起来以后这些地方的农业生产面貌都发生了巨大的变化。如河南省濮清南清丰县巩营乡的引黄补源灌区，1985 年粮食总产量 1407 万 kg，引黄补源后的 1988 年，粮食总产量增加到 2020 万 kg，三年间提高了约 43.6%。从 1988 年开始，利用已有沟渠形成的补源工程网络以灌代补，除为预备河沿岸的农田提供灌溉用水外，同时也补充了地下水资源，该井灌区的地下水位明显回升。实际观测表明，引黄补源使附近的地下水位大幅度迅速回升，为农业丰收提供了重要的灌溉水源。与补源相比，粮食产量增加了 20% 左右。

在注重研究节水灌溉的节水效益的同时，也要重视节水灌溉的经济、产量效益。因为一味地提高节水水平而忽视经济效益，在实际中也是不可行的。节水灌溉工程费用的投入比一般灌溉技术要高，高投入要有高产出、高效益，因此对节水灌溉经济效益的研究，对其技术的应用和推广，具有十分重要的意义。

预计工程改造实施后，黄河下游新增灌溉面积 343.9 万亩。据统计，增加灌溉面积后粮食产量比灌溉无保障时的产量增产 120kg/亩，粮食作物的单价按 1.2 元/kg 计算，灌溉效益分摊系统取 0.3，则由灌溉面积扩大而增加的效益（B_2）为 343.9×120×1.2×0.3=14856.48（万元）；黄河下游工程实施后改善灌溉面积 343.9 万亩，使得所改善的灌溉面积单产明显提高，据 2000—2002 年的统计，平均增产 25kg/亩，在其他农业技术措施相同的情况下，灌溉保证率的提高是增产的主要原因，则改善灌溉面积增加的效益 B_3 为 343.9×25×1.2=10317（万元）。

7.3.1.3　节能效益计算

节能效益指实施农业节水措施后节约的能源。该效益主要发生在机井灌区、提水灌区，这类灌区少用水即意味着提水耗能也相应减少。自流的引水灌溉区无此项效益。

节能效益可用式（7-5）计算：

$$\Delta N = N \cdot \Delta W \qquad (7-5)$$

假设单位能耗的价格为 b_2，则节能效益为

$$B_3 = b_2 \cdot \Delta N \qquad (7-6)$$

式中：ΔN 为节能量，kW·h；ΔW 为节水量，m^3；N 为单方水提（抽）水能耗量，$(kW·h)/m^3$，根据实际情况计列，对于无需靠动力提（抽）水的自流、自压灌溉，不存在节能效益；B_3 为节能效益，元；b_2 为单位能耗的价格，元/(kW·h)，可取当地的农业用电价格。

7.3.1.4　节地效益计算

节地效益指采取农业节水措施后节约出的耕地面积。采用喷微灌、管道输水后可取消农渠、毛渠。采用渠道防渗后，通过相同流量所需断面减少，因此可以少占用耕地。

节地效益可用式（7-7）计算：

$$\Delta S = S_0 - S_1 \qquad (7-7)$$

假定单位面积节地效益为 b_4，则节地效益为

$$B_4 = b_4 \cdot \Delta S \tag{7-8}$$

式中：ΔS 为节地面积，亩；S_0 为传统灌溉渠道系统的占地面积，亩，可通过测算求得；S_1 为节水灌溉渠道系统的占地面积，亩，可通过测算求得；B_4 为节地效益，元；b_4 为单位面积节地效益，元/亩，可取无农业节水项目时多年农田净效益的平均值。

7.3.1.5　省工效益计算

省工效益指实施农业节水措施后节省的灌溉用工数量。喷微灌等先进灌溉技术符合现代化生产要求，可以减轻灌溉劳动强度，减少灌溉用工。

省工效益可用式（7-9）计算：

$$\Delta G = (G_0 - G_1) \cdot A \tag{7-9}$$

假定每工日的价格为 b_5，则省工效益为

$$B_5 = b_5 \cdot \Delta G \tag{7-10}$$

式中：ΔG 为节约工日，工日；G_0 为传统灌溉单位面积灌溉用工，工日/亩，可根据实际情况计列；G_1 为节水灌溉单位面积灌溉用工，工日/亩，可根据实际情况计列；B_5 为节约用工效益，元；b_5 为每工日的价格，元/工日，可取当地中级工工日的价格。

7.3.1.6　转移效益计算

转移效益指采取农业节水措施后，将节约出来的水用于工业及城市生活而产生的效益。随着工农业生产的发展和城镇化速度的加快，社会用水大量增加，在总的供水量满足不了要求的前提下，灌溉向其他行业让水不可避免。节水量未转移出去者不计此项效益。

在水资源紧缺地区，可将农业节约下来的水转为城市生活用水及工业用水，从而得到转移效益。转移效益可用式（7-11）计算：

$$B_6 = b_6 \cdot W_{转} \tag{7-11}$$

式中：B_6 为灌溉水转移效益，元；b_6 为转移后单方水产生的净效益，元/m^3，可按实际情况计算得出；$W_{转}$ 为灌溉转移水量，m^3，可根据实际情况计列。

7.3.1.7　替代效益计算

我国大部分地区都不同程度地存在缺水问题，解决用水量短缺的办法不外乎开源和节流。采取农业节水措施后，使农业用水量减少，需要新增供水量相应减少，用于开辟新水源的投入降低。减少的这部分新水源投入即为农业节水的替代效益。

替代效益可用式（7-12）计算：

$$B_7 = b_7 \cdot \Delta W \tag{7-12}$$

式中：B_7 为替代效益，元；b_7 为新辟水源单方水成本，元/m^3，结合当地情况求得；ΔW 为节水量，m^3。

7.3.1.8　节水灌溉总效益

节水灌溉总效益为

$$B = (B_1 + B_2 + B_3 + B_4 + B_5 + B_6 + B_7)/10000 \tag{7-13}$$

式中：B 为节水灌溉总效益，万元。

应用式（7-13）计算节水灌溉总效益时需要注意扣除分项效益中可能重复和交叉的部分，避免重复和遗漏。

效益计算以年为单位，改造工程的总效益 $B = B_1 + B_2 + B_3 = 36817.78$（万元），年

总效益计算见表 7-2。

表 7-2　　　　　　　　　　黄河下游效益分析　　　　　　　　　单位：万元

节水效益	新增面积节水效益	改善面积节水效益	年总效益
11590.3	14856.48	10371	36817.78

7.3.2　间接效益

7.3.2.1　农业灌溉效益

项目实施前，干旱缺水、无法引水、输水对灌区农业和农村生产造成的损失极为严重，骨干工程破损严重、建筑物变形、配套设施陈旧老化，现有的渠道带病运行，输水能力极为低下，致使灌溉效益低下。尤其在灌溉高峰期，群众还需花费劳力、物资进行修修补补，轮流浇水，拉长了灌水轮期，致使作物不能适时灌水。项目实施后，可使渠道输水能力增强，提高水的利用率和工程运行的安全性和可靠性，减少用水矛盾。

目前黄河流域河川径流开发利用率与国内外大江大河相比，水资源利用程度属较高水平。节约用水有效地控制需求过度增长，遏制了水资源的过度开发，黄河下游地区灌溉水利用系数由现状的 0.503 提高到 0.604，节水型社会建设将显著提高水资源利用效率，并为当地重点工业项目用水创造了条件，促进了区域水资源配置向合理、高效方向发展。这些措施在鼓励下游县、市、区在非适时灌溉季节蓄水灌溉，调动中上游县、市、区在适时季节按计划比例引水中发挥了杠杆的调节作用。

灌区农业节水各项措施加快了农田水利现代化进程，从而带动了科技进步。譬如，位山灌区积极引进现代化的技术设备和先进的管理理念，以此来提高工程建设和管理的科技含量，保障工程效益最大化。几年来，完成了灌区水情自动采集系统、通信及计算机网络系统、基础数据库管理系统、用水管理决策支持系统、办公自动化系统和闸门远程监控系统的建设，初步形成了位山灌区信息化综合体系。同时，灌区还积极探索管养分离和用水户参与管理的改革，大力推广计量收费到乡村的工作，努力完善"按面积配水"有效实现形式，取得了明显成效。广大群众的节水意识明显增强，灌区管理人员技术水平明显提高[267]。

7.3.2.2　经济社会效益

社会效益指组成社会的人的部分或整体从人的时间活动中所获得的利益。农业节水的社会效益体现在其能缓解缺水给社会经济带来的沉重压力，促进农业结构的调整，使粮食产量增加、农产品品质得到改善，提高群众生活水平和质量。在水资源总量不变的情况下，由于减少了农业用水量，从而可增加工业用水量，相应地就提高了工业总产值，促进了区域经济的发展。农业节水效益可以概括为以下 3 个方面：

（1）推动农业结构调整，加快发展农业生产。随着农业结构战略性调整和高效农业、现代农业的发展，都对以水为重点的生产条件提出新的、更高的要求。即农业结构调整客观上对灌溉的高效性和先进性提出新的要求，推动节水农业的发展；而现今的农业节水技术可以为农业结构调整提供良好的基础条件，加快农业结构调整的步伐。

（2）加快农业基础设施建设，改善农业生产条件，保障粮食安全。随着农业现代化建设的不断深入，对农田水利建设提出越来越多的要求。实施农业节水，可以改变我国长期以来农田水利基础设施建设与经济发展不相适应的状况，促进农田水利再上新台阶。这对加快农业基础设施的建设，改善农业生产条件起到巨大的促进作用。可以最大限度地提高农田水分生产率和粮食产出率，稳定和促进农业生产，解决我国人多地少的矛盾。

（3）随着国民经济和其他社会事业的飞速发展，工业、旅游、人民生活用水以及环境生态用水的总量急剧增长。实施农业节水，使农业用水量大为减少。除了节省农田灌溉成本外，节约水资源的更大意义在于促进水资源的可持续利用，使有限的水资源为工业、生活以及扩大农业灌溉面积提供相对充足的水源保证。所节约的水量备用于更需要、更急用、水分生产率更高的部门及厂矿企业、餐饮服务业、旅游业等开发性行业中。由此带动了小城镇建设、第三产业迅速崛起、招商引资加快经济发展等全社会的国民经济建设。农业用水量比重逐步下降，可以缓解农业与工业、城市争水矛盾，增加工业、生态环境用水。实施节水工程可大大节约渠道占地，有效提高土地利用率，增加土地复耕面积，为拓宽生产道路提供便利。实施节水工程使灌溉工程的维护、管理用工更加精简，使一些原来从事粗放农田灌溉管理的农村劳动力得到解放，转向第二、第三产业，致力于农村致富。实施农业节水，可以有效地促进农村水利管理体制和水价制度的改革。

实际上，近年来灌区实施农业节水改造及续建配套工程，农业基础设施得到极大改善，受益区群众的用水秩序得以规范，上下游用水矛盾得到有效缓解。促进了整个灌区在引水量逐年减少的情况下，改善灌溉面积，增加了农民人均纯收入。此外，各地政府利用灌区改造机遇，加大城市建设力度，大作水本报告，充分发挥水在城市建设、环境改善中的主导作用。如今干渠供水工程已成为城市的靓丽风景线，工程两岸平整治理后全部进行了植树绿化，城区段树木苍翠，郁郁葱葱，已成为居民体育锻炼和休闲的好地方[268]。同时，沿渠群众的法律意识进一步增强，爱护工程设施、依法用水和按时交费已成为自觉行动。破堤取水、破堤排水、垦堤种植、违章建筑、盗伐树木、拒交水费等违规违法案件大幅度减少。群众认识到衬砌改造是党中央为"三农"服务的具体体现，是改善农业生产条件，增加农民收入，减少水费支出的有效途径。维护好、使用好工程设施，使之发挥更大效益是农民群众应尽的义务。

7.3.2.3 生态环境效益

生态环境效益是指生物种群能量、物质转化效率及维持生态环境稳定的能力，它反应于生态质量、环境质量的变动上。从某种意义上讲，农业节水项目的实施将会不可避免地对生态环境产生一定的影响，农业节水将使水资源的配置更为合理，产生更好的效益，增加农业收入，提高人们的生活水平，为水资源的保护创造经济条件，将会促进水资源的持续利用。同时，农业节水项目的实施也将在某种程度上改善水体质量和农田小气候，防止土壤侵蚀及盐碱化。农业节水的生态环境效益主要表现在两个方面：

（1）改善农村的水环境质量。据有关资料分析，现状灌溉条件下，农业面源污染对水体中氨氮的贡献率达到 60% 以上，因此，农业面源污染的控制对农村水环境的治理十分重要。农村面源污染的产生与过量使用化肥、农药以及不合理的灌溉方式与种植模式等许多因素有关。实施农业节水，可以促进农田化肥、农药的充分利用，减少田间化肥、农药的随水流失，对减轻面源污染具有十分重要的作用。同时，农业节水可以减少抽江、河、湖水量，增加水体环境容量，提高水体的自净能力；减少地下水的超采和地下水的恶化。农业节水不但保护了水环境，而且增加了可以利用的洁净水源。

（2）带动农村基础设施建设，改善村容村貌和当地的生态环境。实施农业节水工程，带动了道路、农田林网绿化的建设，促进村容村貌、交通等农村基础设施建设，对实现农村现代化和农业现代化起着十分重要的作用。其中：管道输水灌溉可以避免对农田和自然生态的破坏。

实施农业节水项目后，当地生态环境有了明显改观。首先是大量优质水供给城镇作生活和生产用水，不仅提高了人民群众的生活质量和企业产品质量，而且缓解了地下水超采的局面，维持了水资源的平衡和良性循环。其次是渠系硬化防渗建设后，除提高渠系水利用系数外，也明显减少渠道坍塌造成的水土流失。一些靠近小城镇的渠道衬砌后，渠道断面标准化，坡面平整光滑。渠坡不长杂草，渠底不积污水，减少蚊蝇滋长源地，减少疾病传播媒介，改善并提高了人民群众的生活环境和健康水平。在实施喷滴灌的地区，局部小气候得到改善，空气中尘埃含量减少，气候清爽宜人。适宜的气候条件加快了各种生物量的恢复增长，促进了生态环境的良性循环。山地林木生长旺盛，地表植被快速增长，最大限度地涵养水土，极大地增添了自然生机和活力。绿色屏障还产生大量氧气，及时补充空气中的氧气含量，维持着大自然的生态平衡。据环保部门测试，喷滴灌地区空气中尘埃较同类型其他地区减少 $10\%\sim20\%$，空气中的氧的含量增加 $5\%\sim10\%$，生态环境效益十分明显。

在这一时期的效益研究中，人们往往以节水和经济效益最大化作为优化的目标，而忽视了生态环境效益，虽然带来了作物的稳产高产，却引发了灌区生态环境的日益恶化。随着资源与环境之间的矛盾越来越突出，为了促进环境与经济的和谐发展，克服以牺牲环境为代价发展经济的弊端，生态环境效益方面的研究受到重视。

黄河下游引黄灌区存在的主要问题是池渠泥沙淤积严重，处理困难，工程配套率低，渠道渗漏严重，渠系水利用率不高，灌区水资源供需矛盾突出。并且水资源短缺是黄河上中游地区生态环境保护和改善的主要制约因素，区域生态建设和环境保护最重要的任务是解决水的问题。依存于稀缺水资源的生态系统十分脆弱，水资源一经开发，必然打破自然条件下的生态平衡。要维持荒漠绿洲的有限生存环境，保持生态平衡，必须向生态补还必需的水量[269]。

工程改造后，灌区渠道渗漏损失减少，调配控水能力提高，有效地降低了沿渠两侧的地下水位，遏制了土壤次生盐碱化的加剧，渠道大规模衬砌改造，增大了水流速度，提高了细粒泥沙的入田比例，减少了渠系清淤量，减少了新的风沙危害，同时大量泥沙入田，增强了土壤肥力，有利于作物生长[270]。另外，干、支渠衬砌后，两岸堤防种植了果林草木，建设起了高标准的防风固沙林带，既能改善当地生态环境，又可增加经济收入，为灌区良性运营、可持续发展打下了坚实的基础，为建设现代化灌区创造了良好的开端[271]。

7.4 本章小结

节水灌溉的实施是人与自然、环境交互作用的集中体现，是典型的生态—经济—社会复合系统。在此系统中，每个因素都是该系统的一个子系统，其变化经过系统的耦合作用，或者加大系统的变化，或者减小系统的变化，或者系统发生微小的扰动。因此，节水灌溉的效益研究应该同时考虑生态，经济和社会的耦合效应，这也是构建节水灌溉效益研究体系的基石。

节水农业的发展离不开节水技术，同样离不开灌溉项目的实施运行。我们既要加强对节水灌溉技术的学习研究，又要对农田节水灌溉项目进行合理的布局。

正确评价节水农业的综合效益对于区域实现农业可持续发展具有重要意义。影响节水农业的因素有很多，因此，评价中涉及的指标也较多，地区不同，评价指标也不同。节水农业指标体系的构建是研究节水农业效益的关键，正确评价节水农业效益依赖于合理的评价指标体系。合理构建节水农业评价指标体系的关键是对初选的节水农业评价指标采取数学方法进行分析，选出具有代表性的指标。

目前，我国评价框架的建立随意性与偏重性较强。中国的不同地域、自然条件、经济发展水平以及水资源量等大不相同，从国外引进的新的评价理论模型需要做进一步探索来适应我国的实际情况。而且应该要注意在整个评价过程中应该与农业生产相结合，根据当地的实际情况对生产方式进行改变，推动农业现代化和规模化的发展。另外，目前绝大多数综合评价模型的指标权重确定主观性太强，权重的大小直接影响评价结果。因此，一种可以最大限度地避免主观赋权干扰的综合评价模型理论还有待于进一步研究。

第 8 章

结论与展望

8.1　主要结论

节水灌溉的主要目的之一是降低灌溉用水的无效损耗，依据农作物的实际需求量，结合当地实际水资源情况，以提高灌溉用水的效率，获取最优的经济效益、生态环境效益和社会效益。我国作为水资源最贫乏的国家之一，农业节水问题一直深受国家和社会的关注。我国农业用水大约占用水量的 70%，然而全部耕地中只有 40% 的耕地能确保足量灌溉，农业年缺水量超过 300 亿 m³，每年因缺水造成的农业损失超过 1500 亿元。2000 年以来，我国大力推广节水灌溉，我国农田亩均灌溉用水量由 420m³ 下降到 361m³，另外粮食不断增加，采用节水灌溉措施亩均增产粮食 10%～40%。黄河下游引黄灌区主要涉及河南、山东两省，通过调研分析发现黄河下游引黄灌区存在着严重的灌溉用水利用率低的问题，水资源浪费严重，急需开展节水潜力评估，实施节水改造以缓解水紧张。

节水措施包括技术、工程、管理三个方面，本书通过对黄河下游引黄灌区三个方面节水措施的调研，摸清了黄河下游河南、山东的农业情况，重点关注黄河下游灌区的特点并开展相关分析，找到了灌区一系列供水、用水特点以及节水情况，并对其节水潜力进行了进一步的评估，分析认为其还有进一步的节水空间。但对于灌区节水的研究，不仅仅只是简单的考虑节约水量，还要考量生态保护等方面，详细结论如下：

（1）本书系统地回顾了我国农业节水情况，并针对我国农业节水的特点、技术发展以及河南、山东两省农业结构等进行了整体的阐述。尤其是针对黄河流域与其他地方的差异，以及黄河下游灌区的特点进行了详细的描述，分析了黄河下游引黄灌区河南段 17 处大型灌区、各处中小型灌区和引黄灌区涉及的 14 个地市的供用水情况，以及山东段 10 个大型灌区、各处中小型灌区和引黄灌区涉及的 9 个地市的供用水情况。

（2）黄河下游引黄灌区河南段地处华北平原，区域降水较少且季节分布不均，农业生产高度依赖引黄灌溉。节水工程大多以管灌、喷灌、微灌为主，其中管灌占据主要地位，传统的灌溉方式逐渐被代替，此外河南引黄灌区节水重点仍然是粮食作物。近年来，灌区农业用水量、河南省域黄河关键测量断面水量、所在地市降雨量、黄河流域降雨量四者均呈减少趋势，而灌区粮食产量连续丰收，节水效果明显。

山东省引黄灌区与河南省引黄灌区的用水、节水特征明显不同。由于用水水平、气候、土壤、作物、耕作方法、灌溉技术以及渠系利用系数等因素的影响，农业灌溉用水量存在明显的地域差异。山东省灌溉水平均利用率仅为 57%，种植业灌溉定额每 666.7m² 高达 280m³，而发达国家可达 60%～70%，以色列水分利用系数高达 90%。如果推行节水农业，灌溉水利用率可提高 $10\%\sim15\%$，节水潜力巨大。

黄河径流对其下游地下水的影响主要体现在侧渗补给量上，黄河水位下降时，黄河对两侧地下水侧渗补给量也有所减少，沿黄两岸地下水水位也会出现下降；在黄河水位升高时，黄河对两岸的地下水侧渗补给量在增加，但其增加率在逐渐减少，这说明两岸地下水水位在逐渐升高，补给量亦随之减少。黄河水位越高，单宽侧渗流量越大，渗漏补给量越大，反之亦然。当黄河水位增高到一定程度时，侧渗流量趋于稳定状态即达到最大渗漏补给能力。黄河水位与观测孔水位之差越大，黄河单宽侧渗流量越大，即渗漏补给量越大，反之亦然。

（3）不同区域用水定额反映了区域的水资源、种植结构、管理制度的特点。通过计算发现，河南、山东两省的用水定额能有效保证当地农业发展需要。通过对河南、山东两省用水定额的进一步分析发现，黄河下游引黄灌区的用水定额要大于其他地区。但在不引黄灌区的不同区域，受河南、山东两省不同管理条件的影响，用水定额还存在一定的差异，这些差异可能与管理制度有关。不同地区的节水在工程技术上差别不大，因此考虑管理制度将对节水产生重要影响。

（4）从农作物灌溉制度、农作物种植结构以及农业节水灌溉措施等三方面出发，根据水量平衡法对农作物的灌溉制度进行优化，建立灌区种植结构优化模型，制定节水方案并计算节水潜力。通过计算表明，三种方案实施后出水量节约的最大值为 167232.64 万 m^3，总结得出黄河下游引黄灌区节水潜力区间为：35767.59 万～167232.64 万 m^3，节水区间即 [3.6，16.7] 亿 m^3。

（5）综合来看，本书的研究可能还不够深入，部分研究内容分析的不够全面，考虑到地下水的补源问题，黄河下游节约的 10 多亿立方米的用水量可能并不准确。河南、山东两省处于黄河地下水最大的渗漏区，存在着地下水的补源问题，需要对补源的水量进行计量，因此可能节水量比计算的数值要小。

（6）在本书中，我们还发现引黄灌区沿河灌区出现黄河水不可用的问题。通过分析认为，黄河水水量的年度、季节分布是不均衡的，会出现在作物需水期水量不够，而其他时期水量充沛的情况，导致黄河水在某些季节出现可见不可用的现象，水量不够时需要采用井水灌溉的模式。片面的采用常规计算方法计算这一时期的节水量，计算值的量级可能并不十分符合实际情况。此外，还发现引黄灌区因为黄河侧渗的原因，在近黄河的岸区会出现盐碱增多的问题。地表水增多，渗漏量增加，会对地下水产生强烈的补给，导致地下水水位增高，无效蒸发加大，土壤出现盐碱化，因此侧渗对地下水的补给量不应该简单认为是水量的加减问题。本书在渗漏过程中已经进行了初步的分析，未来将进一步讨论侧渗的影响。

总体来说，黄河下游引黄灌区的节水潜力是巨大的。

8.2　研究展望

在未来的发展中，只有不断地对水资源进行合理的配置，并发挥出水资源的合理效益，才能使灌区的水资源能够满足农业生产和生活的需要。灌区所提供的水资源最主要的目标就是满足灌区内的植物生长，未来可以通过对灌区内生态需水量的计算，实现对水资源的合理配置。与此同时，应该多注重节水技术的运用，并根据节水的高效和生态优良目标，实现节水灌溉技术的引进，提高节水的实际效果。在确保合理灌区灌溉的同时，努力探索智慧型的灌区模式，并以此提高灌区水资源的综合利用率。

本书在以下方面还不够完善，需进一步研究。

（1）灌区分布的调查：由于时间、人力、资金的局限性，在调查黄河下游不同引黄灌区具体情况时，得到的灌区实际情况不够具体。

（2）在灌区种植结构以及灌溉方式的研究中，只调查了部分典型引黄灌区，而并非黄河下游所有的引黄灌区。因此，该项研究只能代表部分灌区的种植结构和灌溉方式，不能以点带面，作为整个黄河下游引黄灌区的代表。

（3）节水潜力的预测：由于相关部分的预测工作也都刚起步，使引用数据受到限制，只能在收集资料的基础上，能引用的则引用已有成果，大部分数据借鉴了中国水利水电科学研究院"十一五"规划的成果。对于有效灌溉面积、种植结构比例以及灌溉利用系数等的预测需做进一步探讨。

（4）本书仅计算了灌溉节水潜力（即工程性节水潜力），在实施非工程措施中，不但不增加灌溉水量，还提高了单位面积产量，实质上还提高了区域的水分生产率，对于利用非工程措施通过提高作物水分生产效率来计算节水潜力，还有待于深入研究。

参 考 文 献

[1] 左其亭，张志卓，李东林，等. 黄河河南段区域划分及高质量发展路径优选研究框 [J/OL]. 南水北调与水利科技（中英文）：1-8 [2021-02-05].

[2] 陈霁巍，穆兴民. 黄河断流的态势、成因与科学对策 [J]. 自然资源学报，2000 (1)：31-35.

[3] 张永凯，孙雪梅. 黄河流域水资源利用效率测度与评价 [J/OL]. 水资源保护：1-13 [2021-03-25].

[4] 刘凯，董磊，赵彦龙，等. 浅议黄河水资源的利用与保护 [J]. 科技创新导报，2017，14 (24)：118，122.

[5] 杨培岭，任树梅. 发展我国设施农业节水灌溉技术的对策研究 [J]. 节水灌溉，2001 (2)：7-9，43.

[6] 许杰民. 浅谈山西农业节水灌溉技术发展的主要措施 [J]. 湖南水利水电，2014 (1)：56-57.

[7] 袁寿其，李红，王新坤. 中国节水灌溉装备发展现状、问题、趋势与建议 [J]. 排灌机械工程学报，2015，33 (1)：78-92.

[8] 罗金耀，李少龙. 我国设施农业节水灌溉理论与技术研究进展 [J]. 节水灌溉，2003 (3)：11-13，45.

[9] 周维博，李佩成. 我国农田灌溉的水环境问题 [J]. 水科学进展，2001 (3)：413-417.

[10] 何生兵，邵孝侯，袁定炜，等. 水稻生态节水技术理论研究与探讨 [J]. 江苏农业科学，2006 (6)：425-429.

[11] LI J P，ZHANG Z，YAO C S，et al. Improving winter wheat grain yield and water -/nitrogen - use efficiency by optimizing the micro - sprinkling irrigation amount and nitrogen application rate [J]. Journal of Integrative Agriculture，2021，20 (2)：606-621.

[12] 王综武，梁彦芳. 略谈我国卷管式绞盘喷灌机的引进和开发中的几个问题 [J]. 节水灌溉，2000 (1)：33-34.

[13] L K，Z W，S B G，et al. Application of Updated Sage - Husa Adaptive Kalman Filter in the Navigation of a Translational Sprinkler Irrigation Machine [J]. Water，2019，11 (6)：1269.

[14] 史少培，谢崇宝，高虹，等. 喷灌技术发展历程及设备存在问题的探讨 [J]. 节水灌溉，2013 (11)：78-81.

[15] 李英能. 对我国喷灌技术发展若干问题的探讨 [J]. 节水灌溉，2000 (1)：1-3，43.

[16] MAHMOUD E M，EL DIN M M N，EL SAADI A M K，et al. The effect of irrigation and drainage management on crop yield in the Egyptian Delta：Case of El - Baradi area [J]. Ain Shams Engineering Journal，2021，12 (1)：119-134.

[17] 李杰，曹玉华. 以色列节水农业对我国的启示 [J]. 现代农业科技，2011 (7)：274-277，279.

[18] 许平. 我国微灌技术和设备现状及市场前景分析 [J]. 节水灌溉，2002 (1)：33-36.

[19] 崔远来，袁宏源，李远华. 考虑随机降雨时稻田高效节水灌溉制度 [J]. 水利学报，1999 (7)：41-46.

[20] 霍传旺. 现代农业与生态节水的技术创新与未来研究重点 [J]. 农技服务，2017，34 (1)：162.

[21] 韩子鑫，郑永鑫. 生态节水微灌技术设计实例 [J]. 农业与技术，2013 (11)：58.

[22] 董美芳. 浅析喷灌技术应用的优点 [J]. 宿州教育学院学报，2011，14 (5)：89-90.

[23] 王迪，李久生，饶敏杰. 喷灌田间小气候对作物蒸腾影响的田间试验研究 [J]. 水利学报，2007 (4)：427-433.

[24] 张丽霞，尹钧，武继承，等. 滴灌水肥一体化对小麦产量和品质及水肥利用的影响 [J/OL]. 河

南农业大学学报：1-16 [2021-03-20]

[25] 杨宁. 浅谈生态农业节水灌溉中滴灌技术的应用 [J]. 资源节约与环保，2014（10）：41.

[26] I García-Garizábal，J Causapé. Influence of irrigation water management on the quantity and quality of irrigation return flows [J]. Journal of Hydrology（Amsterdam），2010，385（1-4）：36-43.

[27] 许志方，董文楚. 论我国喷微灌发展前景和实施建议 [J]. 节水灌溉，2004（3）：1-4.

[28] 穆罕默德，赵莹莹，孙刚，等. 节水灌溉技术研究进展 [J]. 农业与技术，2001（4）：27-32.

[29] 张毅功. 以色列旱作农业概况 [J]. 干旱区研究，2000（1）：78-81.

[30] 张东霞. 农田水利建设中节水灌溉技术的思考 [J]. 农业开发与装备，2021（2）：3-4.

[31] 李久生，栗岩峰，王军，等. 微灌在中国：历史、现状和未来 [J]. 水利学报，2016，47（3）：372-381.

[32] 王宇. 滴灌技术在生态农业节水灌溉中的应用 [J]. 黑龙江水利科技，2017，45（1）：115-117.

[33] 牛瑶瑶. 大洼灌区节水灌溉技术评价 [J]. 地下水，2020，42（4）：100-101.

[34] 卢山雄，陈艳. 生态节水理念在村镇规划中的应用 [J]. 民营科技，2015（1）：239.

[35] 井涌. 黄河流域地表水可利用量分析计算 [J]. 人民黄河，2008，30（8）：58-59.

[36] Van Hoorn J W. Quality of irrigation water, limits of use and prediction of long-term effects. Salinity Seminar, Bajhdad, Irrigation and Drainage paper. Rome FAO. 1971.

[37] 迟彩霞. 不同生态区玉米节水灌溉技术研究 [J]. 现代农业，2015（3）：10-11.

[38] 李应海，田军仓. 膜上灌技术的研究进展 [J]. 宁夏农学院学报，2003（4）：96-100.

[39] 李援农，刘玉洁，李芳红，等. 膜上灌水技术的生态环境效应研究 [J]. 农业工程学报，2005（11）：68-71.

[40] 王金霞，邢相军，张丽娟，等. 灌溉管理方式的转变及其对作物用水影响的实证 [J]. 地理研究，2011，30（9）：1683-1692.

[41] 韩丙芳，田军仓，杨金忠. 膜上灌水对玉米田土壤水盐变化特征的影响 [J]. 水土保持学报，2015，29（6）：252-257.

[42] 张永玲，肖让，成自勇. 膜上灌对河西绿洲灌区玉米水分利用效率和产量的影响 [J]. 节水灌溉，2010（5）：9-10，14.

[43] 高真伟，迟道才，阎滨. 水稻膜上灌的节水增产试验研究 [J]. 节水灌溉，2001（1）：18-19，21-43.

[44] 韩丙芳，田军仓，杨金忠. 玉米膜上灌溉条件下土壤水、热运动规律的研究 [J]. 农业工程学报，2007（12）：85-89.

[45] 张永玲，成自勇，肖让. 河西内陆灌区春小麦、玉米膜上灌水技术和地膜覆盖效应试验 [J]. 甘肃农业大学学报，2005（1）：59-64.

[46] 陈丽娟，张新民，王小军，等. 不同土壤水分处理对膜上灌春小麦土壤温度的影响 [J]. 农业工程学报，2008（4）：9-13.

[47] 张振华，蔡焕杰，柴红敏，等. 膜上灌作物需水量和地膜覆盖效应试验研究 [J]. 灌溉排水，2002（1）：11-14.

[48] 王小军，邓岚，成自勇，等. 膜上灌春小麦调亏效应研究 [J]. 灌溉排水学报，2006（6）：82-85，93.

[49] 马香玲. 膜上灌的灌水效果及其影响因素的研究 [J]. 河北水利水电技术，2001（3）：34-35.

[50] 张群，成自勇，张芮，等. 膜上调亏灌溉对制种玉米产量的影响 [J]. 灌溉排水学报，2012，31（1）：141-142.

[51] 张圣凯，盛亚男. 推广节水灌溉技术 加强农业生态建设 [J]. 价值工程，2010，29（27）：155.

[52] 王旭，孙兆军，杨军，等. 几种节水灌溉新技术应用现状与研究进展 [J]. 节水灌溉，2016（10）：109-112，116.

[53] 李顺平. 新一代节水灌溉技术——痕量灌溉 [J]. 农业技术与装备, 2012 (13)：46 - 47.

[54] 周继华, 王志平, 刘宝文. 痕量灌溉对温室生菜生长和产量及水分利用效率的影响 [J]. 北方园艺, 2013 (13)：51 - 53.

[55] 康绍忠, 蔡焕杰, 冯绍元. 现代农业与生态节水的技术创新与未来研究重点 [J]. 农业工程学报, 2004 (1)：1 - 6.

[56] 黄思瞳, 张建. 生态节水理念在村镇规划中的应用 [J]. 给水排水, 2014 (5)：125 - 128.

[57] 李世英. 对我国节水灌溉技术发展的几点思考 [J]. 排灌机械, 2000 (1)：6 - 8.

[58] 彭世彰, 纪仁婧, 杨士红, 等. 节水型生态灌区建设与展望 [J]. 水利水电科技进展, 2014, 34 (1)：1 - 7.

[59] 诸钧. 可按需供水的灌溉技术-痕量灌溉 [C] //. 2013 中国（国际）精准农业与高效利用高峰论坛 (PAS2013) 论文集, 2013：71 - 95.

[60] 刘旭东, 王正中, 闫长城, 等. 基于数值模拟的双层薄膜防渗衬砌渠道抗冻胀机理探讨 [J]. 农业工程学报, 2011, 27 (1)：29 - 35.

[61] 冯广志, 周福国, 季仁保. 渠道防渗衬砌技术发展中的若干问题与建议 [J]. 节水灌溉, 2004 (5)：1 - 4.

[62] 李安国. 渠道防渗工程技术 [J]. 节水灌溉, 1998 (4)：6 - 8, 45.

[63] 周维博, 李立新, 何武权, 等. 我国渠道防渗技术研究与进展 [J]. 水利水电科技进展, 2004 (5)：60 - 63, 70.

[64] 赵公亮. 浆砌块石渠道防渗技术 [J]. 农业科技与信息, 2017 (13)：106 - 107.

[65] 林峰. 土工膜在渠道防渗节水改造工程中的应用 [J]. 民营科技, 2014 (4)：207.

[66] 解祥余, 常磊. 对渠道防渗工程技术的分析与选择 [J]. 江西建材, 2014 (2)：134.

[67] 李学军, 费良军, 穆红文. U 形衬砌渠道冻胀机理与防渗技术研究 [J]. 干旱地区农业研究, 2006 (3)：194 - 199.

[68] 叶知晖, 吴建东. 浅析我国农田灌溉渠道防渗技术研究进展 [J]. 水利规划与设计, 2020 (6)：113 - 115, 167.

[69] 曹政权, 齐广平, 李涛, 等. 灌溉渠道防渗措施应用现状分析 [J]. 甘肃农业大学学报, 2006 (4)：116 - 120.

[70] 狄仲花. 农田水利建设中节水灌溉技术的思考 [J]. 农业科技与信息, 2020 (1)：98 - 99.

[71] 林性粹, 张新平. 利用正交表优化设计自压式低压管灌系统 [J]. 灌溉排水, 1993 (4)：25 - 29.

[72] 王景成, 薛业章, 陈平. 低压管道输水灌溉技术及其在现阶段农业发展中的作用 [J]. 现代农业科技, 2009 (23)：258 - 261.

[73] 梁春玲, 刘群昌, 王韶华. 低压管道输水灌溉技术发展综述 [J]. 水利经济, 2007 (5)：35 - 37, 76 - 77.

[74] 吴普特, 冯浩. 中国节水农业发展战略初探 [J]. 农业工程学报, 2005 (6)：152 - 157.

[75] 朱林. 低压管道输水灌溉优势及应用 [J]. 河南水利与南水北调, 2018, 47 (9)：24 - 26.

[76] 雷慧闽, 蔡建峰, 杨大文, 等. 黄河下游大型引黄灌区蒸散发长期变化特性 [J]. 水利水电科技进展, 2012, 32 (1)：13 - 17.

[77] 李琳. 节水型生态灌区建设与展望 [J]. 农业与技术, 2016, 36 (10)：50.

[78] 程爱珠. 安徽旌德县土壤墒情动态变化分析及节水保墒技术 [J]. 农业工程技术, 2017, 37 (29)：35.

[79] 陈德春. 中耕深松蓄水保墒技术 [J]. 新农业, 2019 (21)：19 - 20.

[80] CHEN Z K, L P, JIANG S S, et al. Evaluation of resource and energy utilization, environmental and economic benefits of rice water - saving irrigation technologies in a rice - wheat rotation system [J]. Science of the Total Environment, 2021, 757 (9)：143748.

［81］ 彭世彰，郝树荣，刘庆，等. 节水灌溉水稻高产优质成因分析［J］. 灌溉排水，2000（3）：3 - 7.

［82］ 彭世彰，高焕芝，张正良. 灌区沟塘湿地对稻田排水中氮磷的原位削减效果及机理研究［J］. 水利学报，2010，41（4）：406 - 411.

［83］ 姚友新，孙义传，林光. 农艺节水技术在农艺发展中的应用研究［J］. 乡村科技，2018（29）：82 - 83.

［84］ 张晓明. 作物化学调控研究进展［J］. 现代农业科技，2017（10）：135 - 136.

［85］ 李桂芳，张建凤. 谈发展节水灌溉型高效生态农业［J］. 中国科技信息，2005（14）：21.

［86］ 潘晓莹，武继承. 水肥耦合效应研究的现状与前景［J］. 河南农业科学，2011，40（10）：20 - 23.

［87］ 张秋英，刘晓冰，金剑，等. 水肥耦合对玉米光合特性及产量的影响［J］. 玉米科学，2001（2）：64 - 67.

［88］ 杜健，郭兴亮，常宗堂，等. 棉花生态抗旱节水关键技术［J］. 中国棉花，2004（10）：28 - 29.

［89］ 赵振懿，张影. 节水潜力及不同节水方案的拟定探究［J］. 黑龙江水利科技，2016，44（10）：33 - 35.

［90］ 许桃香，韩永翔，刘芬民. 石羊河中下游绿洲水资源现状分析与对策研究［J］. 干旱区资源与环境，2013，27（5）：174 - 178.

［91］ 唐登银，罗毅，于强. 农业节水的科学基础［J］. 灌溉排水，2000（2）：1 - 9.

［92］ 彭世彰，徐俊增，丁加丽，等. 节水灌溉与控制排水理论及其农田生态效应研究［J］. 水利学报，2007（S1）：504 - 510.

［93］ 张路线，智炜. 5 种节水技术值得推广［J］. 山西农业：农业科技版，2006（9）：28.

［94］ WASIF Y，WAKAS K A，MUHAMMAD K，et al. A paradigm of GIS and remote sensing for crop water deficit assessment in near real time to improve irrigation distribution plan［J］. Agricultural Water Management，2021，243：106443.

［95］ PAL B，SRNGH C，SINGH H. Barley yield under saline water cultivation［J］. Plant and soil. 1984，81（2）：221 - 228.

［96］ 曹丹，易秀，陈小兵. 基于黄河三角洲农业灌溉需水量计算的作物结构优化研究［J/OL］. 水资源保护：1 - 12［2021 - 03 - 25］.

［97］ 中国主要农作物需水量等值线图协作组. 中国主要农作物等值线图研究［M］. 北京：中国农业科技出版社. 1993.

［98］ JAHANI B，MOHAMMADI A S，ALBAJI M. Impact of climate change on crop water and irrigation requirement（case study：Eastern Dez plain，Iran）［J］. Polish Journal of Natural Science，2016，31（2）：151 - 167.

［99］ ABU B A. NAJM，I M. A，SADEQ O. S Water Requirements of Crops under Various Kc Coefficient Approaches by Using Water Evaluation and Planning（WEAP）［J］. International Journal of Design & Nature and Ecodynamics，2020，15（5）：739 - 748.

［100］ 代小平，陈菁，张晓红，等. 基于灌溉多功能性理论的农业水权转让影响评价研究［J］. 节水灌溉，2009（10）：34 - 37.

［101］ 陈金水. 灌区信息化发展［J］. 中国水利，2003（16）：35 - 38.

［102］ 徐万林，粟晓玲. 基于作物种植结构优化的农业节水潜力分析——以武威市凉州区为例［J］. 干旱地区农业研究，2010，28（5）：161 - 165.

［103］ 苏建娥，刘文政. 农业灌溉制度的分析计算和探讨［J］. 河南水利与南水北调，2013，（17）：67 - 73.

［104］ 乔婧，朱京德，丁伟. 现代生态灌区建设的思考［J］. 陕西水利，2020（11）：92 - 94.

［105］ 姜开鹏. 建设生态灌区的思考——用生态文明观，拓展思路，促进灌区可持续发展［J］. 中国农

村水利水电，2004（2）：4-10.

[106] 杨培岭，李云开，曾向辉，等.生态灌区建设的理论基础及其支撑技术体系研究 [J].中国水利，2009（14）：32-35，52.

[107] 王超，王沛芳，侯俊，等.生态节水型灌区建设的主要内容与关键技术 [J].水资源保护，2015，31（6）：1-7.

[108] 姜树斌.关于生态灌区建设中的若干问题探讨 [J].民营科技，2014（2）：100.

[109] 顾斌杰，王超，王沛芳.生态型灌区理念及构建措施初探 [J].中国农村水利水电，2005（12）：7-9.

[110] 耿卫华，耿正峥.河南省平原地区农业用水状况与粮食安全若干问题 [J].河南农业，2017（2）：61-62.

[111] 许迪，吴普特，梅旭荣，等.我国节水农业科技创新成效与进展 [J].农业工程学报，2003（3）：5-9.

[112] 张会敏，李占斌，姚文艺，等.灌区续建配套与节水改造效果多层次多目标模糊评价 [J].水利学报，2008（2）：212-217.

[113] 河南省推进农业用水"革命"节水灌溉达2700万亩 [J].种业导刊，2017（11）：37.

[114] 吴勇，张赓，陈广锋，等.中国节水农业成效、形势机遇与展望 [J].中国农业资源与区划，2021，42（11）：1-6.

[115] 吴普特，冯浩.中国节水农业发展战略初探 [J].农业工程学报，2005（6）：152-157.

[116] 崔焱斌，李万明.基于现代节水技术的干旱区绿洲生态农业发展潜力分析 [J].新疆农垦经济，2011（12）：53-56.

[117] 刘亚克，王金霞，李玉敏，等.农业节水技术的采用及影响因素 [J].自然资源学报，2011，26（6）：932-942.

[118] 张喜英，裴冬，由懋正.太行山前平原冬小麦优化灌溉制度的研究 [J].水利学报，2001（1）：90-95.

[119] 蔺海明，张志山，谢忠奎.黄土高原西北部春小麦集雨微灌的产量及水分效应 [J].生态学报，2003（3）：620-626.

[120] 李兴，史海滨，程满金，等.集雨补灌对玉米生长及产量的影响 [J].农业工程学报，2007（4）：34-38.

[121] 张文曲.洋河二灌区农业节水综合改造项目建设管理实践 [J].中国水利，2021（1）：44-45.

[122] 刀静梅，樊仙，赵俊，等.旱地甘蔗不同类型土壤各耕层水分特征常数分析——以开远、元江为例 [J].西南农业学报，2017，30（2）：389-393.

[123] 毕继业，王秀芬，朱道林.地膜覆盖对农作物产量的影响 [J].农业工程学报，2008（11）：172-175.

[124] 高静.地膜覆盖对农作物产量的影响分析 [J].中国农业信息，2015（16）：29-30.

[125] 邢英英，张富仓，张燕，等.膜下滴灌水肥耦合促进番茄养分吸收及生长 [J].农业工程学报，2014，30（21）：70-80.

[126] 刘彦随，陆大道.中国农业结构调整基本态势与区域效应 [J].地理学报，2003（3）：381-389.

[127] 王晶.河南省农业产业结构调整问题研究 [J].中小企业管理与科技（上旬刊），2009（5）：141.

[128] 段鹏，张玉珍，黄喜良.河南引黄灌区节水灌溉综合技术模式研究 [J].河南水利与南水北调，2014，（15）：62-63.

[129] 门如玲.黄河下游引黄灌区节水研究 [J].江西农业，2016（21）：48-49.

[130] 王安迪，康艳，宋松柏.基于SD-MOP模型的生态型灌区水资源优化配置研究 [J].节水灌溉，2019（8）：68-74.

[131] 王延贵，万育生，刘峡.引黄供水灌溉模式的特点及其应用前景 [J].泥沙研究，2002（5）：

43 - 47.

[132] 张守平，蒲强，李丽琴，等. 基于可控蒸散发的狭义水资源配置 [J]. 水资源保护，2012，28 (5)：13 - 18.

[133] 宋常吉，李强坤，崔恩贵. 农田排水沟渠调控农业非点源污染研究综述 [J]. 水资源与水工程学报，2014 (5)：222 - 227.

[134] 赵然杭，杜欣澄，韩军，等. 引黄灌溉对黄河下游盐碱地土壤水盐含量的影响研究 [J]. 中国农村水利水电，2019 (4)：47 - 52，57.

[135] 裴冬，王振华，张喜英，等. 井灌区节水农业技术集成综合示范节水效益评价——以河北省三河试区为例 [J]. 中国生态农业学报，2006，14 (2)：180 - 184.

[136] 程改芳. 河南省陆浑灌区续建配套节水改造的必要性和可行性 [J]. 北京农业，2014 (6)：206 - 207.

[137] 尚三林，黄介生，李修印. 人民胜利渠灌溉用水管理损失及对策研究 [J]. 中国农村水利水电，2001 (12)：54 - 57.

[138] 杨林同. 人民胜利渠灌区井渠结合灌溉初探 [J]. 中国农村水利水电，2001 (3)：24 - 25.

[139] 胡艳玲，黄仲冬，齐学斌，等. 基于线性规划和 MODFLOW 耦合技术的人民胜利渠灌区水资源优化配置研究 [J]. 灌溉排水学报，2019，38 (12)：85 - 92.

[140] 马斌，解建仓，汪妮，等. 多水源引水灌区水资源调配模型及应用 [J]. 水利学报，2001 (9)：59 - 63.

[141] MAGZUM N，张彦，张嘉星，等. 引黄灌区地下水动态变化影响因素及种植结构优化分析——人民胜利渠灌区为例 [J]. 中国农村水利水电，2018 (3)：190 - 195.

[142] 杨林章，周小平，王建国，等. 用于农田非点源污染控制的生态拦截型沟渠系统及其效果 [J]. 生态学杂志，2005 (11)：121 - 124.

[143] 杨林同，周万银，张锡林. 人民胜利渠灌区引黄灌溉 50 年成就回顾 [J]. 人民黄河，2002 (3)：23 - 24.

[144] 谷红梅，李秀秀，任影. 人民胜利渠灌区水资源可持续利用综合评价 [J]. 人民黄河，2016，38 (2)：63 - 66.

[145] 王贻森，殷欢庆，王菊霞，等. 人民胜利渠引水现状及解决引水问题的思路 [J]. 河南水利与南水北调，2017 (1)：45 - 46.

[146] 李浩鑫，邵东国，何思聪，等. 基于循环修正的灌溉用水效率综合评价方法 [J]. 农业工程学报，2014，30 (5)：65 - 72.

[147] KOVACIC D A，DAVID M B，GENTRY L E，et al. Effectiveness of constructed wetlands in reducing nitrogen and phosphorus export from agricultural tile drainage [J]. Journal of Environment Quality，2000，29 (4)：1262.

[148] 阿不都外力. 结合实例探讨灌区生态节水防污技术 [J]. 珠江水运，2016 (9)：48 - 49.

[149] 薄宏波，胡健，刘新兵，等. 山东省引黄灌区节水灌溉的必要性与主要措施 [J]. 水利科技与经济，2013，19 (3)：1 - 3.

[150] 杨林同. 人民胜利渠灌区水资源优化配置探讨 [J]. 人民黄河，2001 (5)：26 - 27，29.

[151] 李庆朝. 黄河下游引黄灌区的节水灌溉 [J]. 山东师范大学学报（自然科学版），2004，19 (2)：70 - 72.

[152] 张珂，王栋. 浅谈黄河下游引黄灌区的节水灌溉 [J]. 科技创新导报，2011 (13)：151 - 152.

[153] 楚万强，万晓丹，张博，等. 黄河下游灌区可持续发展的对策研究 [J]. 安徽农业科学，2012，40 (13)：7934 - 7936.

[154] 贾大林. 21 世纪初期农业节水的目标和任务 [J]. 节水灌溉，2002 (1)：9 - 10，46.

[155] 王自英，李会安，黄福贵，等. 黄河下游引黄灌区节水现状问题及对策 [J]. 节水灌溉，

2003 (1): 23 - 24, 45.

[156] 基于农业标准化的山东省节水灌溉分区研究 [D]. 泰安: 山东农业大学, 2016.

[157] 王薇, 冯永军, 李其光, 等. 山东省农业灌溉发展态势及分区节水模式探析 [J]. 中国农村水利水电, 2012 (12): 1 - 4, 8.

[158] 黄福贵, 卞艳丽, 侯爱中, 等. 黄河下游引黄灌区水资源与灌溉用水分析 [C] // 第三届黄河国际论坛论文集. 黄河水利科学研究院, 山东海河流域水利管理局, 2007: 182 - 192.

[159] 陈立革, 姜海波, 张传刚. 位山灌区节水改造规划 [J]. 山东水利, 2013 (z1): 54 - 55.

[160] 李洪亮, 王建华, 申国安. 德州市李家岸灌区规模研究 [J]. 山东水利, 2012 (1): 10 - 11.

[161] 晁凤. 闫潭引黄灌区节水存在的问题及建议 [J]. 工程建设与设计, 2017 (10): 120 - 121.

[162] 赵春燕. 菏泽市闫潭引黄灌区建设存在的问题及改造措施 [J]. 科技信息, 2011 (18): 729 - 730.

[163] 韦静峰. 无公害茶叶加工技术研究与示范 [J]. 广西农学报, 2007, 22 (2): 36 - 39.

[164] 李磊. 位山灌区灌溉水源开发利用分析 [J]. 山东水利, 2020 (9): 44 - 45.

[165] 唐莉华, 雷慧闽, 刘新兵, 等. 位山灌区农业活动对地下水水质的影响 [J]. 水资源保护, 2010, 26 (5): 33 - 37.

[166] 姚杰, 郭宗楼, 陆琦. 灌区节水改造技术经济指标的综合主成分分析 [J]. 水利学报, 2004 (10): 106 - 111.

[167] 刘英学. 地表水资源量分析计算 [J]. 地下水, 2014 (4): 153.

[168] 胡健, 戴清, 史红玲, 等. 位山灌区沉沙池输沙通道减淤效果研究 [J]. 人民黄河, 2014, 36 (11): 16 - 19.

[169] 白林龙. 淮河上游地表水资源可利用量计算分析 [J]. 人民长江, 2013, 44 (17): 45 - 48.

[170] 王俊霞. 地表水资源可利用量计算方法探讨 [J]. 中国新技术新产品, 2009 (18): 175.

[171] 金新芽, 张晓文, 马俊. 地表水资源可利用量计算实用方法研究——以浙江省金华江流域为例 [J]. 水文, 2016, 36 (2): 78 - 81.

[172] 张光辉, 申建梅, 张翠云, 等. 甘肃西北部黑河流域中游地表径流和地下水补给变异特征 [J]. 地质通报, 2006 (Z1): 251 - 255.

[173] 俞双恩, 左晓霞, 赵伟. 我国灌区量水现状及发展趋势 [J]. 节水灌溉, 2004 (4): 35 - 37.

[174] 郝芳华, 欧阳威, 岳勇, 等. 内蒙古农业灌区水循环特征及对土壤水运移影响的分析 [J]. 环境科学学报, 2008 (5): 825 - 831.

[175] 裴源生, 张金萍. 平原区复合水循环转化机理研究 [J]. 灌溉排水学报, 2006, 25 (6): 23 - 26.

[176] 刘钰, 蔡甲冰, 蔡林根. 黄河下游灌区农田灌溉制度与供需平衡分析 [C] // 中国水利学会学术年会. 2005.

[177] 薛桂先, 陈文清. 浅议位山灌区节水灌溉发展方向 [J]. 地下水, 2002 (4): 222 - 223.

[178] 周振民. 黄河下游引黄灌溉排水河道淤积研究 [J]. 人民黄河, 2002 (11): 34 - 35.

[179] 尚恒帅, 吕冠南, 王刚. 位山灌区引黄灌溉的环境效应分析 [J]. 北京测绘, 2018, 32 (4): 418 - 422.

[180] 张巨磊. 山东省位山灌区引黄工程泥沙综合治理与效益分析研究 [D]. 长沙: 中南林业科技大学, 2011.

[181] 张长江, 徐征和, 贠汝安. 应用大系统递阶模型优化配置区域农业水资源 [J]. 水利学报, 2005 (12): 1480 - 1485.

[182] 黄晓荣. 灌区水循环模拟研究进展 [J]. 水资源与水工程学报, 2010, 21 (2): 53 - 55.

[183] 侯传河, 肖素君, 侯玉玲. 黄河下游引黄灌区水资源及利用特点分析 [J]. 灌溉排水学报, 2000, 19 (3): 62 - 65.

[184] 谢新华, 刘新征. 位山灌区节水灌溉技术研究 [J]. 节水灌溉, 2008 (7): 31 - 32, 36.

[185] 樊铭京, 谢清华, 宋玉娟, 等. 作物智能化精准灌溉监测控制技术应用研究 [J]. 山东农业大学

学报（自然科学版），2012，43（2）：299-303.

[186] 姜明梁. 基于选择模型的灌区信息化水平评价指标研究 [J]. 节水灌溉，2020（4）：95-99.

[187] 朱洪清，于利娟，汪烨欢，等. 基于物联网的太阳能远程精准灌溉系统的研制和应用 [J]. 中国农机化学报，2014，35（2）：246-249.

[188] 纪晓华，汤方平. 灌区灌溉自动化监控系统的设计与研究 [J]. 灌溉排水学报，2002，21（4）：25-27.

[189] 河海大学. 农田灌区水量监控及调配信息系统：江苏，2015SR070151 [P]. 2014-09-10.

[190] 陈文清，李春涛. 位山灌区节水改造效益评价 [J]. 水利科技与经济，2006（10）：663-664.

[191] 王通，徐征和，张立志，等. 邢家渡灌区地下水动态特征及驱动因素研究 [J]. 人民黄河，2017，39（8）：49-54.

[192] 傅国斌. 引黄灌区节水灌溉分区与节水途径初探 [J]. 地理科学进展，2000（2）：167-172.

[193] 田元. 沧州市李家岸引黄工程引水规模分析 [J]. 河北水利，2017（2）：26-27.

[194] 王耀琳. 以色列的水资源及其利用 [J]. 中国沙漠，2003（4）：130-136.

[195] 赵玉兰. 大力推广高效节水技术再造绿洲生态农业 [J]. 新疆农垦经济，2004（2）：26-29.

[196] HU Y K, JUANA P M, YANG Y H, et al. Agricultural water-saving and sustainable groundwater management in Shijiazhuang Irrigation District, North China Plain [J]. Journal of Hydrology, 2010，393（3-4）：219-232.

[197] 王艳芳，吴晓明，李向光. 加大节水灌溉力度提高农业综合生产能力 [J]. 黑龙江水利科技，2007，35（4）：169-170.

[198] 付成让. 位山灌区节水改造工程效益评价 [J]. 水科学与工程技术，2020（3）：61-63.

[199] 朱发昇，董增川. 跨流域引水灌溉对地下水变化响应的数值分析 [J]. 水利水电技术，2008（2）：58-60.

[200] 王文科，孔金玲，段磊，等. 黄河流域河水与地下水转化关系研究 [J]. 中国科学E辑：技术科学，2004（S1）：23-33.

[201] 张智印. 贵德拉西瓦灌区引水灌溉对地下水环境的影响研究 [D]. 西安：西北大学，2014.

[202] 董华，王彦俊，阎震鹏，等. 黄河下游浅层地下水资源潜力与含水系统调蓄能力分析 [J]. 地理与地理信息科学，2004（3）：92-95.

[203] 林学钰，廖资生，石钦周. 黄河下游傍河开采地下水研究——以郑州—开封间黄河段为例 [J]. 吉林大学学报（地球科学版），2003（4）：495-502.

[204] 雷万达，罗玉峰，缴锡云. 黄河下游侧渗研究进展 [J]. 人民黄河，2009，31（1）：61-64.

[205] 侯宏冰，刘长礼，叶浩，等. 黄河下游悬河温县段河水位变化对侧渗的影响研究 [J]. 南水北调与水利科技，2007（5）：109-112.

[206] 袁红卫，崔绍峰，张安昌. 黄河聊城段侧渗分析研究 [J]. 地下水，2005（4）：247-249.

[207] 傅国斌，于静洁，刘昌明，等. 灌区节水潜力估算的方法及应用 [J]. 灌溉排水，2001（2）：24-28.

[208] 张艳妮，白清俊，马金宝，等. 山东省灌溉农业节水潜力计算分析——以2002—2004年为例 [J]. 山东农业大学学报（自然科学版），2007，38（3）：427-431.

[209] 刘柏君，侯保俭，王林威，等. 青海省西宁海东地区节水潜力与节水对策研究 [J]. 灌溉排水学报，2020，39（S1）：65-70.

[210] 王金龙，靳孟贵，刘延峰. 干旱内陆灌区土壤水分平衡计算及灌溉利用效率分析 [J]. 安全与环境工程，2004（1）：54-56.

[211] 代俊峰，崔远来. 灌溉水文学及其研究进展 [J]. 水科学进展，2008（2）：294-300.

[212] 马宝强，王潇，汤超，等. 同位素技术在地下水研究中的主要应用 [J/OL]. 环境工程技术学报：1-13 [2021-03-21].

[213] 杨雪娟, 王成龙, 王俊杰. 同位素技术在地下水起源研究中的应用 [J]. 石家庄职业技术学院学报, 2013, 25 (4): 30 – 32.

[214] 欧阳威, 黄浩波, 张璇, 等. 基于 SWAT 模型的平原灌区水量平衡模拟研究 [J]. 灌溉排水学报, 2015, 34 (1): 17 – 22.

[215] 薛禹群, 叶淑君, 谢春红, 等. 多尺度有限元法在地下水模拟中的应用 [J]. 水利学报, 2004 (7): 7 – 13.

[216] 刘勇, 李培英, 丰爱平, 等. 黄河三角洲地下水动态变化及其与地面沉降的关系 [J]. 地球科学 (中国地质大学学报), 2014, 39 (11): 1655 – 1665.

[217] 王浩, 钮新强, 杨志峰, 等. 黄河流域水系统治理战略研究 [J]. 中国水利, 2021 (5): 1 – 4.

[218] 金江跃. 基于 NSGA – Ⅲ 的渠井结合灌区水资源模拟优化模型研究 [D]. 咸阳: 西北农林科技大学, 2020.

[219] 高旺. 宁夏地表水资源可利用量估算方法探讨 [J]. 东北水利水电, 2010, 28 (12): 23 – 24.

[220] 张宗祜, 张光辉. 大陆水循环系统演化及其环境意义 [J]. 地球学报, 2001 (4): 289 – 292.

[221] 仇亚琴. 水资源综合评价及水资源演变规律研究 [D]. 北京: 中国水利水电科学研究院, 2006.

[222] 田慎重, 王瑜, 李娜, 等. 耕作方式和秸秆还田对华北地区农田土壤水稳性团聚体分布及稳定性的影响 [J]. 生态学报, 2013, 33 (22): 7116 – 7124.

[223] 张大伟, 赵冬泉, 陈吉宁, 等. 芝加哥降雨过程线模型在排水系统模拟中的应用 [J]. 给水排水, 2008, 44 (S1): 354 – 357.

[224] 孙才志, 张戈, 林学钰. 加权马尔可夫模型在降水丰枯状况预测中的应用 [J]. 系统工程理论与实践, 2003 (4): 100 – 105.

[225] 孙才志, 林学钰. 降水预测的模糊权马尔可夫模型及应用 [J]. 系统工程学报, 2003 (4): 294 – 299.

[226] 宋妮, 孙景生, 王景雷, 等. 基于 Penman 修正式和 Penman – Monteith 公式的作物系数差异分析 [J]. 农业工程学报, 2013, 29 (19): 88 – 97.

[227] 韩松俊, 张宝忠. 基于 Penman 方法和互补原理的蒸散发研究历程与展望 [J]. 水利学报, 2018, 49 (9): 1158 – 1168.

[228] 刘路广, 崔远来, 王建鹏. 基于水量平衡的农业节水潜力计算新方法 [J]. 水科学进展, 2011, 22 (5): 696 – 702.

[229] 张义盼, 崔远来, 史伟达. 农业灌溉节水潜力及回归水利用研究进展 [J]. 节水灌溉, 2009 (5): 50 – 54.

[230] 段爱旺, 信乃诠, 王立祥. 节水潜力的定义和确定方法 [J]. 灌溉排水, 2002 (2): 25 – 28, 35.

[231] 彭世彰, 丁加丽. 国内外节水灌溉技术比较与认识 [J]. 水利水电科技进展, 2004 (4): 49 – 52, 60.

[232] 张东霞. 农田水利建设中节水灌溉技术的思考 [J]. 农业开发与装备, 2021 (2): 3 – 4.

[233] 崔远来, 董斌, 李远华, 等. 农业灌溉节水评价指标与尺度问题 [J]. 农业工程学报, 2007 (7): 1 – 7.

[234] 傅国斌, 李丽娟, 于静洁, 等. 内蒙古河套灌区节水潜力的估算 [J]. 农业工程学报, 2003 (1): 54 – 58.

[235] 赵令, 雷波, 苏涛, 等. 我国粮食主产区农业灌溉节水潜力估算研究 [J]. 节水灌溉, 2019 (8): 130 – 133.

[236] 肖怀玺. 浅析高效节水灌溉技术 [J]. 农业与技术, 2013 (3): 37 – 41.

[237] 姚林, 郑华斌, 刘建霞, 等. 中国水稻节水灌溉技术的现状及发展趋势 [J]. 生态学杂志, 2014, 33 (5): 1381 – 1387.

[238] 张霞, 程献国, 张会敏, 等. 宁蒙引黄灌区田间节水潜力计算方法分析 [J]. 节水灌溉,

2006（2）：20－23.

[239] 吴鉴，李志琴，王君勤，等.都江堰灌区农田灌溉水有效利用系数测算研究［J］.四川农业与农机，2020（5）：40－42.

[240] 汤庆新，张保华，张怀珍，等.山东省有效灌溉面积时空动态变化［J］.山东农业大学学报（自然科学版），2019，50（5）：784－789.

[241] 张光辉，刘少玉，张翠云，等.黑河流域地下水循环演化规律研究［J］.中国地质，2004（3）：289－293.

[242] 雷波，刘钰，许迪.灌区农业灌溉节水潜力估算理论与方法［J］.农业工程学报，2011，27（1）：10－14.

[243] 蔡晓东，陈新明，李普超.咸阳市农田灌溉水有效利用系数测算与分析［J］.节水灌溉，2018（1）：82－85，89.

[244] 崔远来.非充分灌溉优化配水技术研究综述［J］.灌溉排水，2000（1）：66－70.

[245] 高焕芝，彭世彰，茆智，等.不同灌排模式稻田排水中氮磷流失规律［J］.节水灌溉，2009（9）：1－3，7.

[246] 连维强.位山灌区建管模式与节水效益分析［J］.节水灌溉，2004（5）：66－67.

[247] 吴丽.农作物灌溉制度分类与制定［J］.现代农业科技，2011（11）：244.

[248] 方小宇.贵州省农作物节水高效灌溉制度探讨［J］.水利科技与经济，2014，20（3）：30－33.

[249] 赵秀霞.向阳山水库灌区灌溉制度设计分析实例［J］.黑龙江水利科技，2011，39（3）：23－25.

[250] 康绍忠，粟晓玲，杜太生.西北旱区流域尺度水资源转化规律及其节水调控模式：以甘肃石羊河流域为例［M］.北京：中国水利水电出版社，2009.

[251] 张尊福.新时期节水型农业种植结构优化措施［J］.粮食科技与经济，2020，45（12）：101－102.

[252] 陈守煜，马建琴，张振伟.作物种植结构多目标模糊优化模型与方法［J］.大连理工大学学报，2003（1）：12－15.

[253] 慈红卫.引水灌溉工程的水利计算［J］.黑龙江水利科技，2012，40（3）：217－218.

[254] 杨准，徐文芳，吴瑞莲.太河水库水质调查报告［C］// 2013年中国环境科学学会学术年会论文集（第四卷）.

[255] 赵振国，黄修桥，徐建新.灌区水文循环研究现状［J］.安徽农业科学，2011，39（26）：16080－16081.

[256] 刘钊良，侯晶东，曹兵，等.银川市节水型生态绿地构建技术探讨［J］.安徽农业科学，2008，36（1）：192－193.

[257] 张治昊，聂莉莉，戴清，等.黄河下游典型引黄灌区节水改造综合效益评价［J］.水利经济，2008（5）：27－29，76.

[258] REY D，HOLMAN I P，KNOX J W. Developing drought resilience in irrigated agriculture in the face of increasing water scarcity［J］. Regional Environmental Change，2017，17（5）：1527－1540.

[259] 王启见.高效节水灌溉工程优化设计分析［J］.建筑技术开发，2018，45（7）：37－38.

[260] 王少丽，许迪，刘大刚.灌区排水再利用研究进展［J］.农业机械学报，2016，47（4）：42－48，28.

[261] 黄琳琳，王会肖.节水灌溉效益研究进展［J］.节水灌溉，2007（5）：45－48.

[262] 赵伟，俞双恩，王学秀.皂河灌区节水改造工程效益分析［J］.水利经济，2005，23（2）：37－38.

[263] 雷波，姜文来.节水农业综合效益评价研究进展［J］.灌溉排水学报，2004（3）：65－69.

[264] 新疆维吾尔自治区农业综合开发办公室.推广节水灌溉技术 加强农业生态保护［J］.中国财政，2009（16）：19－20.

［265］ 何淑媛，方国华. 农业节水综合效益评价指标体系构建 ［J］. 中国农村水利水电，2007 (7)：44 - 46，50.

［266］ 方崇，张春乐，陆明本. 基于熵权的 TOPSIS 模型在右江灌区节水改造效益综合评价中的应用 ［J］. 节水灌溉，2011 (2)：52 - 54，65.

［267］ 布仁巴图. 节水灌溉技术在格尔木林业生态建设中的作用 ［J］. 陕西林业科技，2013 (6)：81 - 83.

［268］ 周锁明. 高效节水灌溉技术在农田水利工程中的应用 ［J］. 科技资讯，2022，20 (5)：43 - 45.

［269］ 刘兴跃，杨宇星，王琼. 一个"海绵城市"绿化景观智能节水微灌项目案例的初探及分析 ［J］. 黑龙江科学，2017，8 (14)：161 - 165.

［270］ 尤小兵，潘振东. 现代生态水利灌区节水改造技术相关研究 ［J］. 水能经济，2018 (1)：134.

［271］ 徐涛，姚柳杨，乔丹，等. 节水灌溉技术社会生态效益评估——以石羊河下游民勤县为例 ［J］. 资源科学，2016，38 (10)：1925 - 1934.

［272］ 张占庞，韩熙. 生态灌区基本内涵及评价指标体系评价方法研究 ［J］. 安徽农业科学，2009，37 (18)：8621 - 8623.